Krisenfall Andromeda

Geheimakte MARS 7

© 2023 D. W. McGillen

Umschlagsfoto: Mit Lizenz

Paperback: ISBN: 9781507892558
Imprint: Independently published

Hardcover: ISBN: ISBN: 9798355755966
Imprint: Independently published

ISBN-e-Book: ebenfalls erhältlich:

D.W. McGillen, 02.11.2023

Auch erhältlich:

Geheimakte Mars 01: Suche nach dem Ursprung
Geheimakte Mars 02: Erde in Gefahr
Geheimakte Mars 03: Entscheidung an der Dunkelwolke
Geheimakte Mars 04: Rebellion auf Proxima-Centauri
Geheimakte Mars 05: Flug in die zweite Dimension
Geheimakte Mars 06: Die versunkene Basis
Geheimakte Mars 07: Krisenfall Andromeda

Inhaltsverzeichnis

AUF DEM PLANETEN LIZZIT 4

AUF CENTROS 16

DER GEBURTSTAG VON MAJOR TRAVIS 36

DER ÄLTESTEN-RAT VON LIZZIT 96

KONTAKTAUFNAHME 192

BITTE UM UNTERSTÜTZUNG 239

START DER FLOTTE 438

VORSCHAU 544

Auf dem Planeten Lizzit

Zaran Hawil blickte auf die holographische Darstellung des umliegenden Weltraumes. Alles lief nach der Vorstellung der Netzwerkdenker. Die Invasions-Flotte wuchs und wurde größer. Täglich konnten neue Schiffe fertiggestellt und in eine Warteposition in den Orbit gebracht werden. Zaran war der Leiter des 17. Produktions-Regimentes auf Lizzit. Seine Einheit galt als die erfolgreichste Gruppe, von 43 Produktions-Stätten. Die Besatzungs-Soldaten kontrollierten weite Teile des Planeten und alle Brutstätten der Green-Lizards. Zaran gehörte mit seinem Kollegen zu dem Herren-Volk dieser Hemisphäre. Sie waren die Herrscher über große Teile des bekannten Universums. Er war ein Worgass und war stolz hierauf.

»Ich weiß, dass dieser Name bereits nach Aussprache, in vielen Teilen des Universums für Angst und Schrecken sorgt«, dachte er. »Ich gehöre zu den 250 Technikern, die den Aufbau und die Produktion einer neuen Invasionsflotte überwachen sollen, stationiert am Ende des bekannten Universums. Schon manchmal habe ich mich gefragt, ob die 75.000 Worgass-Soldaten, die uns global zur Seite gestellt wurden, für eine kontinuierliche Beruhigung des Zuchtplaneten ausreichen werden. «

Er blickte kurz zur Seite. Dort arbeiteten viele der grünen Sklaven unter schwersten Bedingungen.

»Die Züchtung der Echsen läuft auf Hochtouren«, freute er sich. »Derzeit bevölkerten 30 Millionen von ihnen diese Welt. Leider ist es heute wieder zu einigen Unruhen gekommen. Dieses Aufbäumen einer unterdrückten Rasse wird von den geschulten und schwer bewaffneten Eingreifkräften der Infanterie bereinigt. «

Die große Übereinkunft war die Regierungsform der Worgass. Sie setzte sich aus vielen Vertretern aus unterschiedlichen Worgass-Clans zusammen.

Die Regierung unseres Zentral-Planeten hat uns die Produktion einer riesigen Invasionsflotte befohlen«, erinnerte er sich. » Die Nachbar-Galaxie soll gereinigt werden. Angeblich verstecken sich dort viele humanoide Rassen. Sie alle wurden von der großen Übereinkunft als nicht lebenswürdig angesehen. «

Zaran wusste, dass die Regierung seit ewigen Zeiten schlecht auf humanoide Rassen zu sprechen war. Sie bemühte sich, ihr Reich kontinuierlich zu vergrößern. Doch aus irgendeinem Grunde wurden zwischendurch immer wieder alle auffindbaren humanoiden Rassen vernichtet, egal wo sie angetroffen wurden. Woher der Hass der großen Übereinkunft gegen die humanoiden Wesen kam, konnte Zaran nicht sagen. Doch dies war ihm egal. Die Entscheidungen der Regierung wurden durch alle Vertreter der Worgass-Clans unterstützt. Sie dienten ausschließlich dem Wohle des Ganzen.

Zaran Hawil dachte über die Situation des Imperiums nach. Der Hass der Regierung auf alle humanoide Völker irritierte ihn.

»Aber so war es immer gewesen und so würde es auch zukünftig sein«, dachte er. »Unsere Administration gibt nur spärliche Informationen aus. Ich gehöre zu den Technikern der zweiten Generation, die erst vor geraumer Zeit ihre Arbeit aufgenommen haben. «

Es war durchgesickert, dass die frühere Einsatzleitung auf Lizzit einen Fehler begangen hatte und einen Angriff von Fremden auf die Produktions-Flotte nicht hatte abwehren können. Entsprechend dieser Misere gelang es den Bergungs-Flotten nur wenige Schiffe zu retten. Die ganze bisherige Arbeit war umsonst gewesen. Ressourcen und Besatzungen wurden vernichtet. Ein immenser Verlust für das große Worgass-Reich. Aber viel schlimmer war die Vernichtung des Wurmloch-Knotens. Er ermöglichte den Eintritt in die Milchstraße. Die Führung der Worgass war außer sich gewesen und hatte die vorige Planeten-Leitung vollständig hingerichtet. Derartige Fehler wurden von der großen Übereinkunft nicht geduldet.

»Mein Team hat sich nichts vorzuwerfen«, flüsterte er. »Wir liegen derzeit noch über dem Plan der Produktions-Vorgaben. «

Mit Stolz schaute er auf die Zahlen.
»Die einsatzbereiten 620.000 Schiffe müssen nur noch eingerichtet, ausgestattet und bemannt werden«, dachte er. »Die Brut-Zentren des Planeten arbeiteten mit höchster Effizienz. Jedes Zahnrad greift in das nächste. «
Doch Zaran Hawil wusste, dass es mit dem Brüten allein nicht getan war.

»Die von unseren Herren gezüchteten Green-Lizards sollten nach dem Erreichen eines gewissen Alters, eine technische Ausbildung durchlaufen, die ihnen die Funktionen der Schiffe vermittelt«, erinnerte er sich. »Ebenso erhalten sie eine kriegerische Ausbildung, falls es zu einem Boden-Einsatz kommen sollte. Ich kenne die Abläufe zur Genüge.«

Es schauerte ihn, wenn er hieran dachte.
»Die gezüchteten Wesen der großen Übereinkunft wurden ausschließlich für den Kampf erschaffen«, grübelte er. »Sie besitzen kein Gewissen. Die Vernichtung der humanoiden Rassen ist ihr einziges Ziel. Dafür haben die Netzwerk-Denker gesorgt. Oder sollte ich mich täuschen? Steckt in den Echsen vielleicht doch mehr, als ich von ihnen weiß? Es bleibt ein gefährliches Spiel, das unsere Regierung da treibt. Sind die Massen der Green-Lizard bei einer großen Auseinandersetzung noch in Schach zu halten? «

Er wischte seine unangenehmen Gedanken beiseite.

Zaran Hawil schaute wieder auf die holografische Darstellung des umliegenden Welt-Raumes.

»Die Bahndaten der Schiffe auf Orbit-Kreis 357 verändern sich«, erkannte Zaran entsetzt in dem Halbdunkel der Kontroll-Stelle. »Eine große Flotte driftet in die Richtung unseres Planeten ab. Kazan bringe die Schiffe sofort wieder auf den richtigen Kurs. Warum haben wir keinen

Alarm-Impuls erhalten? Es sind doch genug Sensor-Bojen installiert worden. «

»Ich habe keinen Hinweis gemeldet bekommen«, antwortete Kazan. »Die Sensoren haben nicht reagiert. «

»Das ist unmöglich«, sagte Zaran Hawil. »Es ist alles fabrikneue Ware. Die Sensor-Bojen müssen etwas anzeigen. Gib mir die neuen Ortungsdaten. «

Unruhig schabte Zaran Hawil mit seinem rechten Fuß über den Boden und fuhr sich mit der Hand durch seine strohigen Haare.

»Die Daten auf dem Hologramm justieren sich neu«, antwortete Kazan.

»Zoome alle Schiffe im Orbit-Kreis 357 heran. «
Der Offizier tat wie ihm befohlen. Das Hologramm zeigte die neuen Daten an.

»Die Abweichung vom bisherigen Kurs beträgt 17 Prozent«, antwortete Kazan.

Er war für die Koordination der Bahndaten zuständig.
»Sofort die automatische Steuerfunktion aktivieren«, befahl Zaran Hawil. »Sie driften auf die Schiffe des Orbit-Kreises 356 zu. Wir müssen eine Kollision verhindern. Warum fällt dir so etwas nicht auf? «

Er schüttelte seinen Kopf.

»Ich frage mich, ob du die richtige Person für diese verantwortungsvolle Aufgabe bist«, grollte der Leiter der Abteilung ungehalten seinen Kollegen an. »Man kann sich nicht nur auf die Sensoren verlassen. «

Zaran Hawil schaute seinen Kollegen an und bemerkte, wie sich in der spärlichen Beleuchtung sein tief vernarbtes Gesicht in eine Kraterlandschaft verwandelte.

»Die Steuerdüsen wurden aktiviert«, antwortete Kazan Tyrill. »Die Schiffe korrigieren ihren Kurs auf die alte Umlaufbahn. Sie sind in diesem Moment wieder auf Position. «

Er war der erste Offizier, Stellvertreter von Zaran Hawil und Koordinator der fertigen Schiffe in der Umlaufbahn.

»Perfekt«, antwortete Zaran Hawil. »Das ist noch einmal gut gegangen. Die Netzwerk-Denker wären nicht erfreut gewesen. Du weißt, was das bedeuten würde. «

Betroffen schaute Karan zu ihm herüber und senkte seinen Kopf.

Die Leitstelle und die Produktionsstätte waren vor 2.600 Jahren erbaut worden. Es wurden zeitweise technische Aktualisierungen durchgeführt, aber im groben war das Produktions-Regiment noch so, wie sie seinerzeit konstruiert worden war. Sie hatte immer alle Dienste geleistet und ohne Störungen ihre Arbeiten durchgeführt. Zaran Hawil blickte noch einmal auf das Hologramm und erkannte, dass die Schiffe wieder in einer exakten Umlaufbahn den Planeten umrundeten. Er schaltete das Hologramm auf die Produktions-Stätten um. Mit Freude erkannte er, dass neue Schiffe kurz vor der Fertigstellung standen.

»Irgendwann wird die Milchstraße auch zu unserem Hoheitsgebiet gehören«, dachte er.

Ob das kurzfristig erfolgen konnte, entzog sich jedoch seiner Kenntnis. Er wusste, dass die Worgass nicht aufgeben würden, diese Galaxis zu erobern. In den vergangenen Jahrtausenden mussten sie viele Rückschläge hinnehmen, weil unerwartet viele humanoiden Rassen in der Milchstraße Widerstand leisteten. Hierauf war man nicht vorbereitet gewesen. Die ehemaligen Flotten der Worgass-Clans wurden komplett vernichtet. Der Zorn der Netzwerk-Denker war unbeschreiblich gewesen.

Zaran Hawil war hier auf Lizzit gebrütet worden. Obwohl diese Welt den Green-Lizards gehörte, fühlte er sich hier beheimatet. Er hatte diese neue Aufgabe übernommen, weil er einen Teil zum Erfolg des Ganzen beitragen wollte. Sein Wunsch nach einer produktiven Tätigkeit war in Erfüllung gegangen. Jetzt konnte er seinen Anteil zum Ruhme der Worgass beitragen. Sein früherer Wunsch, einmal die Geburtswelten seiner Rasse kennenzulernen, hatte er lange aufgegeben. Dieser Wunsch wurde von der Führung als nicht relevant abgetan. Von dem gelegentlichen Funkverkehr abgesehen, kümmerten sich die Green-Lizards nicht um diese planetare Produktionseinheit. Ihnen war es anscheinend egal, was auf ihrem Planeten gefertigt wurde. Er war mit 2 Metern Größe, bereits ein sehr groß gewachsener Worgass. Mit einem Alter von 130 Jahren hatte er noch mehr als die Hälfte seines Lebens Zeit, um zu Ruhm und Ehre zu gelangen. Mit ihm arbeiteten noch zehn weitere Worgass in der Leitstelle des Produktions-Regimentes 17.

Ein Aufschrei, von einem Kollegen eilte zu ihm herüber. »Die Netzwerk-Denker melden sich per Hyperkomm-Funkverbindung«, erkannte Ötazan Kniezal.

Er war für den Hyper-Funk-Bereich zuständig.

»Vermutlich ist es eine dringliche Depesche«, ergänzte er. »Es ist das Büro der Produktions-Koordinatoren. «

»Was wollen die denn? «, fragte Zaran Hawil unwillig. »Die Nachricht kommt als Datenpaket. Wir müssen es erst noch dechiffrieren. Ich lege sie auf das Hologramm«, antwortete der Funk-Offizier.

Zaran drehte seinen Kopf und blickte in das rotierende Hologramm und wartete ab.
Endlich erschien das Zeichen der Netzwerk-Denker auf dem Schirm.

»Hier spricht das Produktions-Koordinations-Büro der Netzwerk-Denker«, tönte es aus den Lautsprechern. »Nachfolgende außerordentliche Order betrifft alle

Produktions-Regimente des Planeten Lizzit. Ab sofort sind für alle Regimenter die Produktionszahlen der Raumschiffe zu erhöhen. Akquirieren sie zusätzliche Arbeiter ihres Planeten und verdoppeln sie ihre Produktionszahlen. Wiederhandlungen ziehen Strafmaßnahmen nach sich. Unsere Entscheidungen werden von der großen Übereinkunft mitgetragen. Wir erwarten eine kurzfristige Erfolgsbestätigung. Die Zuspitzung der galaktischen Situation zwingt uns zu diesen Maßnahmen. Sämtliche Forschungs- und Entwicklungsbereiche werden im Augenblick für diese spezielle Mission personell heruntergefahren. Erhöhen sie die Brütungen von Lizards und bilden sie diese als Flug-Personal aus. Wir erwarten eine positive Nachricht. Ruhm und Sieg den Worgass. Ende der Mitteilung. «

Das Logo der Netzwerk-Denker erlosch.

Karan starrte mit offenem Mund seinen Vorgesetzten an. Gequältes Lächeln erschien auf den Mundwinkeln von Zaran Hawil.

»Kein Wort von unseren bisherigen Erfolgen«, sagte er. »Ich bin sichtlich enttäuscht. Wir haben mit Mühe die besten Produktionszahlen auf unserem Planeten erreicht. Ich weiß nicht, wie wir die Produktionszahlen nochmals verdoppeln können? «

»Ich verstehe die ganze Hektik nicht«, antwortete Kazan. »Bisher war doch anscheinend auch genug Zeit da, um eine solide Produktion durchzuführen. Warum jetzt nicht mehr? Wollen die hochnäsigen Netzwerkdenker unbedingt in den Krieg, um ihr Vorhaben umsetzen? «

Zaran Hawil schmunzelte.
»Die Netzwerk-Denker werden nicht besonders erfreut sein, wie du sie benennst«, antwortete sein Vorgesetzter.

Kazan lachte laut auf.
»Hast du bereits einmal daran gedacht, dass wir für sie gleichgültig sein könnten? «, fragte er. » Solange ich mich zurückbesinnen kann, haben sie immer mit aller Härte ihre Ziele durchgedrückt. Es sollte mich nicht wundern, wenn die anderen Fertigungs-Regimenter einen Protest einlegen. «

»Was kann ein einzelnes Fertigungs-Regiment gegen die Befehle der Netzwerk-Denker ausrichten? «, erkundigte sich Zaran Hawil.

»Ein Einzelnes nicht viel«, antwortete Kazan. »Aber was ist, wenn alle 43 Fertigungs-Regimenter ihre Produktion verweigern sollten? Das sollte etwas bewirken können. «

Zaran Hawil dachte nach.

»Du hast Recht«, erwiderte er. » Wir sollten uns nicht alles gefallen lassen. Ich werde eine heimliche Zusammenkunft vereinbaren. «

»Das mache ich lieber«, erwiderte Kazan leise. »Ich habe entsprechende Kontakte. «

»Sei aber vorsichtig«, bemerkte Zaran Hawil. »Der planetare Worgass-Kurator darf nichts mitbekommen. Ansonsten haben wir direkt die Soldaten der Netzwerk-Denker hier in der Produktion. «

»Keine Sorge«, antwortete Kazan Tyrill. »Es ist lediglich ein Vorfühlen, inwieweit unsere Kollegen mit dem Vorgehen der Gill-Grimm einverstanden sind. «
Zaran nickte nachdenklich.

Auf Centros

Aritron stand mit Brontan und Thoran, vor der gigantischen metallischen Pyramide auf Capite, der größten Stadt auf dem Planeten Centros. Hier war die Hohe-Empore ansässig, der Ältesten-Rat der Lantraner, der alle Entscheidungen des unsterblichen Volkes traf. Die Mitglieder versammelten sich in dem Parlaments-Palast. Die drei Männer der Exekutive unterhielten sich. Sie warteten auf Heran, der sein Erscheinen angekündigt hatte. Nur widerwillig hatte Aritron auf Drängen von Heran die Regierung einberufen, um Gespräche über die Zukunft der Milchstraße zu führen.

»Wo ist Heran? «, fragte Brontan. » Er sollte schon längst hier sein. «

»Du kennst ihn doch«, antwortete Aritron. »Pünktlichkeit war noch nie seine Stärke. «

»Wir haben noch etwas Zeit«, entgegnete Thoran. »Die Hohe-Empore hat sich noch nicht vollständig versammelt. «

»Unsere Eingabe wird dem Ältesten-Rat nicht gefallen«, antwortete Aritron. »Zu verkrustet sind seine Strukturen und viel zu lange wurden keine Aktionen mehr in der Milchstraße gestattet. «

»Das sehe ich anders«, bemerkte Thoran. »Man kann nicht nur davon reden, wieder stärker in die Geschehnisse der Milchstraße einzugreifen, ohne sich die Hände schmutzig zu machen. Die Aussagen von Brontan sind eindeutig. Sein Akteur-System hat in Verbindung mit dem allwissenden Energie Rad herausgefunden, dass die Worgass bereits wieder eine ziemlich große Invasions-Flotte produziert haben. Ferner konnten sie ihren Wurmloch-Knoten bereits zu dreiviertel fertigstellen. Die Gefahr lässt sich nicht nur mit gutem Zureden abwenden. Der Einfall der Worgass wird kommen. «

Brontan nickte.
»Das ist sicher «, pflichtete er ihm bei. »Auf mein Energie-Rad konnten wir uns stets verlassen. Wir haben bereits einmal durch unser Nichtstun zugesehen, wie viele humanoide Rassen in unserer Milchstraße vernichtet wurden. Das war eine Schmach, die sich nicht wiederholen darf. Leider ist auch der Name unseres Volkes, bei den jungen Species der Milchstraße nicht mehr in Erinnerung. Keine von ihnen kennt uns namentlich mehr, obwohl wir den Samen ihres Daseins gelegt haben. Auch unsere kurze Erscheinung auf diversen Planeten, wo uns die jungen Rassen als Götter huldigten, hat nicht gefruchtet. Sie nahmen unsere Ratschläge nicht an. Bezogen auf unsere Unsterblichkeit, war das ein Zwischenspiel von nur wenigen Minuten. Wir betrachten die Milchstraße als unsere Sterneninsel. Dann sollten wir auch dazu beitragen, dass sie es wieder wird und bleibt. «

»Ich stimme euch zu«, sagte Aritron. »Wir alle wissen, dass die Worgass die Pest des Universums sind. Zu verdanken haben wir diese künstliche Brut den Aller-Ersten. Diese haben sich mittlerweile leider aus dem Staub gemacht, ohne ihren Unrat zu beseitigen. Wir haben sie noch gewarnt, nicht mit verunreinigter DNA zu experimentieren, jedoch sie haben nicht auf uns gehört.«

»Schon damals hätten wir einschreiten sollen«, bemerkte Thoran. »Dann stünden wir heute nicht vor dem Problem.«

»Das zeigt aber auch wieder die Unentschlossenheit unserer Empore«, erwiderte Brontan. »Damals konnte sie sich nur schwer zu einer Entscheidung durchringen. Die Versammlung hatte gedacht, abwarten und die Zeit aussitzen würde eine Lösung bringen. Das Problem ist weit entfernt und betrifft uns nicht. Jetzt sehen wir das Ergebnis. Den Worgass sind Andromeda und alle anderen besetzten Sternen-Inseln zu klein geworden. Sie wollen immer mehr. Getrieben von einem immensen Hass, alles humanoide Leben in der Galaxis zu vernichten. «

»Ich sehe, wir sind uns einig«, entgegnete Aritron. »Wir werden auf eine Entscheidung bei der Hohen-Empore drängen und Heran unterstützen. Nicht aktiv werden, hilft uns in diesem Fall nicht weiter. Wir sollten den jungen Rassen, ich spreche hier von den Terranern, die sich die Hinterlassenschaften des natradischen Imperiums zu Eigen machen, eine Unterstützung geben, die sie gebrauchen können. «

»Mein Blick in die Zukunft zeigt viele Varianten«, antwortete Brontan. »In fast allen Zeitdimensionen übernehmen die Terraner die führende Rolle in unserer Milchstraße. Anders als die Natrader führen sie das

Universum in eine Gleichberechtigung, Klugheit und Fairness hinein, zum Wohle einer Weiterentwicklung aller Rassen und Planeten. «

»Diese Varianten einer möglichen Zukunft kommt unseren Plänen sehr gelegen«, antwortete Aritron. »Für uns bedeutet das, weniger von unserer Technik in die Unterstützung zu investieren. «

»Das sehe ich genauso«, sagte Thoran. »Aber wir sollten die Terraner erst einmal auf dem anfänglichen Weg begleiten. «

Aritron kniff seine Augen leicht zusammen und blickte über den großen Platz zu der breiten Allee, die eine der vielen Hauptstraßen in der Stadt darstellte. Er hatte am Ende eine Bewegung wahrgenommen.

»Heran kommt«, sagte er.
Seine Begleiter drehten sich um und blickten die Allee entlang. Heran kam auf einem Anti-Gravitations-Brett herangeeilt. Kurz vor den Wartenden bremste er und stellte sein Anti-Grav-Brett arglos ab.

»Wartet ihr schon lange? «, schmunzelte er.

»Nein«, antwortete Aritron. »Wir wissen, dass du immer auf die letzte Minute kommen musst. Ich habe auf deinen Wunsch hin die Hohe-Empore zusammengerufen. Nach deiner Rückkehr von der Atlantis-Basis hast du uns mitgeteilt, dass sich die Terraner bereit erklären, mit unserer Unterstützung und mit der Hilfe befreundeter Rassen einen Angriff auf den Worgass-Stützpunkt in Andromeda durchzuführen. Thoran, Brontan und ich haben im Vorfeld bereits die Mitglieder der Regierung geimpft. Sie wollen jetzt von dir hören, ob das wirklich notwendig ist. Viel zu lange wurden von der Hohen-Empore keine Aktivitäten mehr in der Milchstraße gestattet. Versaue es bitte nicht. Wir unterstützen dich bei deinem Vorhaben. «

»Danke«, antwortete Heran. »Das habe ich nicht anders von euch erwartet.

»Lasst uns hineingehen«, bemerkte Aritron. »Die Hohe-Empore ist jetzt vollständig versammelt. «

Ohne weitere Worte drehten sich die drei Lantraner um und gingen der großen Eingangs-Pforte entgegen. Heran folgte ihnen wortlos. Er wusste, dass es nicht einfach werden würde, den Ältesten-Rat der Lantraner zu einem Eingreifen gegen die Worgass zu überzeugen. Sie schritten an lantranischen Elite-Soldaten vorbei, die sich mit 3 Meter großen Kampf-Robotern den Eingang sicherten. Die Korridore wirkten wie Ruhmeshallen. Die gezeigten Bilder und Skulpturen erinnerten an ein Museum, zeigten aber Epochen der lantranischen Vergangenheit. Auch viele fruchtbare Planeten, mit Rassen und Species, die längst untergegangen waren, hingen immer noch aus.

»Interessante Eindrücke aus vergangenen Zeiten«, dachte Heran beim Vorbeigehen. »Ob hier irgendwann einmal wieder fremde Rassen als Freunde ein und ausgehen würden? «

Sie mussten in die 36. Etage des Gebäudes. Hier lag der große Tagungs-Saal der Hohen-Empore. Die Männer schritten zu einem Energielift, der transparent und durchsichtig schien. Das Energiefeld des Bodens wirkte nebelig. Die Lantraner traten ein. Aritron sprach einen Code als Eingabe aus. Kaum spürbar beschleunigte der Lift, um sofort wieder zu verzögern. In Sekundenschnelle waren die 36 Stockwerke bewältigt. Sie traten in den Korridor. Auch diese Räume wurden durch Spezialeinheiten und lantranische Roboter gesichert. Nach einigen Schritten lag vor ihnen der große Saal der Legislative.

Aritron klopfte und öffnete die Tür. Der Saal war recht groß und geräumig. Skulpturen und Kunstgemälde vieler unterschiedlicher Rassen säumten die Wände. Die Hohe-Empore hatte sich bereits vollständig versammelt. Die vier Lantraner schritten durch den Raum auf das Podium zu. Hier saßen die Ältesten und Weisesten ihrer Rasse. Sie waren in schwarzen Kapuzenmänteln gehüllt. Nur ihre glitzernden Augen betrachteten die Besucher durchdringend. Die Entscheidungsfindung dieser Gruppe war rechtsbindend für alle Lantraner. Die vier Besucher stoppten vor dem Podium und verbeugten sich

Eisige Stille herrschte in dem Raum. Der Älteste des Rates saß standesgemäß in der Mitte. Ihm stand das Sprachrecht zu. Er richtete sich auf und sah auf die Besucher.

»Seid gegrüßt, edle Lantraner«, empfing er die Besucher. »Diese Empore wurde aufgrund von Aritrons Eingabe nach den beurkundeten Gesetzen einberufen. Die Anhörung gilt als rechtens. Gemäß der Eingabe wurde die Angelegenheit als dringlich bewertet. Sprich zu uns, Weiser unseres Volkes, welches ist dein Anliegen? «

Aritron trat einen Schritt vor.
»Den Wünschen vieler Lantraner folgend, wurde von der Hohen-Empore vor vielen Zyklen beschlossen, wieder aktiver in die Geschehnisse der Milchstraße, unserer heimatlichen Sterneninsel, einzugreifen«, erklärte er. »Uns allen ist klar geworden, dass auch wir in der Vergangenheit viele Fehler begangen haben. Die Auslöschung unzähliger junger Rassen in unserer Sterneninsel hätten wir nicht zulassen dürfen. Der von den Worgass gesteuerte Einfall ihrer gezüchteten Rigo-Sauroiden in die Milchstraße, war letztendlich für die Vernichtung des natradischen Kaiser-Imperiums und vieler bekannter Welten verantwortlich.

Das hat unsere Milchstraße zurück in eine dunkle Vergangenheit geworfen. Den Samen, den wir ausgestreut hatten, verdorrte. Der Name unseres Volkes ist verloren gegangen unter den Völkern der Milchstraße.

Sie erkennen in uns nicht mehr die Rasse, die den Grundstein zu ihrem Dasein gelegt hat. «

»Die Geschichte unserer Vergangenheit ist bekannt«, antwortete der Älteste der Empore. »Sie lässt sich nur durch eine Zeitreise wieder verändern. Doch hierzu geben wir keine Zustimmung. Eine zu große Unberechenbarkeit liegt in einer solchen Expedition. Unsere Trägheit, in die damaligen Geschehnisse der Milchstraße nicht einzuschreiten, folgte dem Wunsch aller Lantraner. Diese Entscheidung stellte sich später als massiver Fehler heraus. Wir haben dem Untergang der humanoiden Rassen zugesehen, aber hieraus kein nötiges Handeln abgeleitet.

Es ist daher nicht verwunderlich, dass viele Rassen in unserer Sterneninsel unseren Namen nicht mehr in Erinnerung haben. Diesen Schritt wollen wir nicht noch einmal gehen. Deswegen haben wir vor Jahrhunderten beschlossen, wieder aktiver in die Geschehnisse der Milchstraße einzugreifen. Ich verweise noch auf unsere Recherchen. Es ist nicht bewiesen, ob die Worgass die Herren der Rigo-Sauroiden waren. Wir nehmen es an, können es aber nicht eindeutig bestätigen. «

Er blickte die vier Personen an.
» Worauf willst du hinaus, Aritron? «, fragte er.

Aritron nickte.
»Eure Entscheidung ist uns bekannt«, sagte er. »Ich fordere die Umsetzung. «

Er zeigte auf Heran.

»Unser Spezialist für Wurmloch-Anlagen und Freund vieler junger Rassen kommt von einer Reise von den Terranern zurück. Sie treten derzeit die Nachfolge des natradischen Imperiums an. Diese beeindruckenden Terraner haben sich mittlerweile, ebenfalls wie früher die Natrader, den Unmut der Worgass zugezogen. Brontan hat sein allwissendes Energie-Rad gedreht und mit Schrecken festgestellt, dass die Worgass wieder eine Invasions-Flotte aufbauen, mit der sie in Kürze in die Milchstraße einfallen werden. «

»Immer wieder die Worgass«, stöhnte der Älteste. »Langsam werden uns die Worgass überdrüssig. «

»Lassen wir Heran die Situation schildern«, antwortete Aritron. »Er besitzt die neusten Informationen. «

Heran trat vor und verbeugte sich.
» Hohe-Empore, danke für die Redezeit, die sie mir gewähren«, sagte er.

»Ist die Situation so schlimm, wie Aritron sie vorgetragen hat? «, erkundigte sich der Rats-Älteste. » Teile uns deine neusten Beobachtungen mit. «

»Das mache ich gerne«, erwiderte Heran.
»Wie sie wissen, bin ich einer von wenigen Spezialtechnikern für die Wartung unserer geheimen Wurmloch-Stationen. Diese Arbeit bringt mich zu

unterschiedlichen Koordinaten und Sektoren. Eine unserer äußersten Stationen ist ein Wurmloch, das in der Andromeda-Galaxie endet. Diese letzte Station ist nahe dem Planeten Lizzit installiert, den die Worgass als Produktions-Stätte für ihren Raumschiff-Bau auserkoren haben. Nennen wir es einfach Glück, das die Position unserer letzten Station so nahe an ihrem Produktions-Planeten angesiedelt ist. Jedenfalls ist es hilfreich für uns, um an neue Informationen zu gelangen.

Bei einer kürzlichen Kontrolle dieser Station, habe ich die Gelegenheit genutzt, um mir die Aktivitäten der Worgass näher anzusehen. Derzeit stellt sich die Situation so dar. Die Worgass und ihre gezüchteten Green-Lizards verfügen derzeit exakt über 621.750 Raum-Schiffe, die sie auf unterschiedlichen Umlaufbahnen ihres Planeten geparkt haben. Sie produzieren emsig weiter, so dass sich jeden Tag ihre Flotte vergrößert. Ferner sind sie mit dem Aufbau ihres neuen Wurmloch-Knotens bereits zu dreiviertel fertig. Dies bedeutet, dass der Zugang zu unserer Milchstraße in geraumer Zeit wieder zur Verfügung steht.

Ich habe einen regen Hyperkomm-Funkverkehr registriert. Sie scheinen sich ihres Vorhabens sehr sicher zu sein. Die Hyperkomm-Funknachrichten waren nicht verschlüsselt. Hieraus konnte ich entnehmen, dass die Netzwerk-Denker alle Produktions-Standorte aufforderten, den Ausstoß an Schiffen zu verdoppeln. Wodurch diese plötzliche Eile entstanden ist, ging aus den Mitteilungen nicht hervor. Ich bin mir aber sicher, wenn der Wurmloch-Knoten erst einmal fertig gestellt ist, wird der Einfall ihrer Flotte nicht mehr lange auf sich warten lassen. «

»Mit welcher Anzahl Schiffe rechnen wir? «, fragte ein Mitglied des Rates.

»Das lässt sich nur schwer ermitteln«, antwortete Heran. »Die Worgass können aus ihren anderen unterjochten Galaxien, ebenfalls Schiffe anfordern und diese in ihre Invasions-Flotte integrieren. Falls wir jetzt von einer Verdoppelung der Produktion ausgehen, ist es durchaus möglich, dass ihr Planungsbüro als Ziel eine Flottenstärke von 1.200.000 Schiffen anpeilt. Ich spreche nur von den Produktionsstätten, auf den Planeten Lizzit bezogen. Nach der Fertigstellung ihres Wurmloch-Knotens können starke Flotten-Verbände aus anderen Galaxien hinzugezogen werden. Meine Meinung ist, wir sollten in jedem Fall die Fertigstellung des neuen Wurmloch-Knotens verhindern. «»Können die Terraner die Situation nicht allein bereinigen? «, fragte der Älteste des Rates.

»Ich habe die Terraner auf dieses Thema angesprochen«, teilte Heran mit. »Auch sie produzieren eifrig an einer Abwehrflotte. Sie konzentrieren sich überwiegend auf die schweren Einheiten, die den Schiffen der Worgass haushoch überlegen sind. Wir dürfen bei unserer Überlegung nicht ihre und die natradische Geschichte außer Acht lassen. Auf meine Anfrage teilten sie mir mit, dass man nicht immer den Dreck für alle anderen Rassen in der Milchstraße wegräumen möchte. Ihre Meinung ist, dass alle Völker der Milchstraße betroffen sind und sich auch alle dem Problem annehmen sollten. «

Der Älteste überlegte einen Augenblick.

»Du teilst uns also mit, dass die Terraner nicht an einer Beseitigung der Worgass interessiert sind? «

»Das habe ich nicht gesagt«, monierte Heran. »Sie haben bereits eine sehr große Flotte produziert, um ihr neues terranisches-natradisches Imperium abzusichern. Auch die Welten, die sich bereits dem Imperium angeschlossen haben, werden von ihnen geschützt. Sie werden aber nicht den gleichen Fehler machen und ihr Heimat-System entblößen, wie damals der natradische Admiral Tarin. Ein zweiter Vorschlag wurde von mir akzeptiert. Das Neue-Imperium, unter der Leitung der Terraner, würde sich an einer Gemeinschaftsaktion vieler Rassen des Universums, an einem Schlag gegen die Worgass beteiligen. Die Terraner werden eine Flotte bereitstellen, verlangen aber von uns im Gegenzug ebenfalls die Beteiligung einer Flotte.«

Der Vorsitzende des Ältesten-Rates ließ die Worte auf sich wirken.

»Das ist von uns lange nicht mehr praktiziert worden«, erwiderte er.

Heran fuhr sich mit den Fingern seiner linker Hand durch seine Haare. Dann zog er seine Uniform zu Recht.

»Ich habe bei den Terranern kennengelernt, dass sie gerne geben, aber im Gegenzug dafür auch fair behandelt werden wollen. Hier wächst eine Rasse heran, die wir als langfristige Verbündete ansehen können, wenn wir ihnen auf Augenhöhe begegnen. Ich gebe zu bedenken, dass wir dies eine lange Zeit nicht mehr erlebt haben. Wir sollten diesen Keim einer neuen Freundschaft, nicht durch ein törichtes Verhalten unserseits, zertreten. «

»Ich bemerkte bereits, dass sie von den Terranern begeistert, sind«, sagte einer des Ältesten-Rates. »Reicht diese Begeisterung aus, um so eine grundlegende Entscheidung für unsere Flotte zu treffen? «

Heran blickte zu der Empore hinauf und räusperte sich kurz.

»Sehr geehrter Rat«, sagte er vorsichtig. »Ich danke ihnen nochmals, dass sie mir das Wort erteilt haben. Es ist für mich eine Ehre, an diesem Ort sprechen zu dürfen. Es ist das erste Mal, dass sie mich mit einem Anliegen vor ihnen sehen. Ich spreche hier auch für Aritron, Brontan und Thoran. Der Zeitpunkt ist gekommen, an dem uns die Vergangenheit wieder einholt. Wir alle wussten, dass dieser Tag einmal kommen würde. Jetzt sollten wir uns der Realität stellen. Eine dritte Chance wird es nicht geben. Die Worgass stehen erneut am Rand unserer Milchstraße. Bekanntlich haben sie nur ein gehasstes Ziel. Die Vernichtung sämtlicher humanoiden Lebensformen in unserer Sterneninsel.

Sie wissen noch nichts von unserer Entscheidung, wieder aktiver in die Belange der Milchstraße eingreifen zu wollen. Der Zeitpunkt ist da, erste Weichen für unsere Sternen-Insel zu stellen. Wir müssen Stellung beziehen und unseren Beitrag für die Heimat leisten. Sich zurückziehen und nur zu beobachten, ist keine Option. Wer sagt ihnen denn, dass durch unser Nichtstun möglicherweise die Worgass die Herrschaft in unserer Galaxie erlangen und sie erneut alle humanoiden Rassen vernichten werden. Wollen sie das ein zweites Mal erleben? Auch wir stammen von humanoiden Wesen ab. Falls wir zulassen, dass die Worgass sich in unserer Galaxie einnisten, wird sie das irgendwann auch zu unserem Standort führen. «

Die Mitglieder des Ältestenrates nickten zurückhaltend. Wer sagt uns denn, dass sie nicht seit geraumer Zeit über die Technik verfügen und das zentrale schwarze Loch, in dem wir unseren Planeten verankert haben, zum Kollabieren bringen können«, ergänzte Heran.

»Dazu sind sie nicht in der Lage«, antwortete der Älteste. »Wie soll ihnen das möglich sein? «

»Ich kann es ihnen nicht sagen«, antwortete Heran. »Die Terraner haben einem Überläufer aus den Reihen der Worgass Asyl angeboten. Im Gegenzug sichert er ihnen zu, sämtliche Informationen, bezüglich ihrer Technik offenzulegen. Er unterstützt sie auch bei allen offenen Fragen. Erste Gespräche offenbarten, dass die Worgass bereits sehr viele Galaxien beherrschen. Doch die Standort-Informationen ihrer Werft-Planeten und ihrer Garnisons-Planeten sind derzeit nur weniger beachtete Punkte. Interessant war die Information, dass die Worgass nicht allein die Ursache des Übels darstellen. Eine noch viel ältere, aber umso mächtige Rasse steht hinter ihnen und treibt sie kontinuierlich an. Diese namentlich bisher noch nicht in Erscheinung getretene, mächtige Fraktion gibt den Netzwerk-Denkern der Worgass Informationen über alle wichtigen Punkte des Universums. Wir sollten uns nicht zu sicher sein, vor den Angriffen der Worgass verschont zu bleiben. «

»Wie sicher sind diese Information zu bewerten? «, fragte der Älteste des Rates.

»Sehr sicher«, bestätigte Heran. »Dem Überläufer der Worgass wurde ein großzügiges Asyl gewährt. Falls er seiner Rasse übergeben wird, bedeutet das für ihn den Tod. «

Heran ließ einen Augenblick vergehen und seine Worte wirken. Dann fuhr er fort.

»Unabhängig hierzu produzieren die terranischen und natradischen Schiffs-Werften unter Hochdruck. Die Flotte des Neuen-Imperiums wird immer größer und mächtiger. Irgendwann werden sie sich selbst schützen können, ohne eine Hilfe durch uns. Ich sehe bereits jetzt mächtige Schlachtschiffe, Angriffskreuzer und Abwehrschiffe, die selbstständig den Großteil der Milchstraße sichern werden. Falls wir sie jetzt nicht unterstützen, wird wieder alles zunichte gemacht und die Flotte der Worgass überrollt möglicherweise erneut die Milchstraße. Das darf kein zweites Mal passieren.

Die Schmach aus der Vergangenheit bedrückt unser Volk immer noch sehr. Ich sehe auch das Leid vieler Mütter und Väter, die ihre Kinder heroisch in die Schlacht geschickt haben, um sich zwischen dem Feind und ihrer Heimat aufzuopfern. Ist es nicht auch unsere Aufgabe, noch mehr Schmerz und Trauer zu verhindern. Wir wollen derzeit keinen Krieg gegen die Worgass führen. Doch diese mögliche Gemeinschafts-Mission kann uns wieder die benötigte Zeit verschaffen, um eine ausreichend starke Flotte der jungen Rassen in der Milchstraße auf die Beine zu stellen. Es kann diskutiert werden, ob wir gleichzeitig auch die Produktions-Zentren der Worgass für Raumschiffe angreifen sollten, um noch mehr Zeit gewinnen, wie beim letzten Mal. «

»Wie vertrauenswürdig sind diese Terraner? «, fragte einer des Rates.

»Hierauf habe ich bereits geantwortet«, erwiderte Heran. »Doch ich gebe ihnen ein Beispiel. Schauen sie in den Spiegel, dann sehen sie einen Terraner. Sie sind so, wie wir früher waren. Ein einmal gegebenes Wort ist ihnen heilig. Sie werden langfristig unsere Freunde sein. Ich sehe es als unsere Pflicht an, eine Flotte zusammenzustellen, die unter einer gemeinschaftlichen Führung nach Andromeda vorstößt, um die dortige

Gefahr zu bereinigen. Sie sollte zusätzlich ein gewaltiges Abschreckungs-Potenzial besitzen. Vielleicht verlieren die Worgass zukünftig ihre Lust, in die Milchstraße einzudringen. «

Der Vorsitzende der Hohen-Empore blickte nach rechts und nach links. Leise unterhielten sich die Mitglieder des Rates. Meinungen wurden ausgetauscht. Immer mehr nickten zustimmend und gaben positive Zeichen. Der Vorsitzende stand auf. Sein Blick schien Heran zu durchbohren.

»Heran, Wurmloch-Techniker und Freund der Terraner. Höre nun unsere Entscheidung«, sagte er mit tiefer Stimme. »Im Rahmen der angekündigten, neuen Aktivitäten unseres Volkes in der Milchstraße, können wir nicht anders, als deine Eingabe zu unterstützen. Lang genug hat unser Volk zugesehen und durch Nichtstun den Untergang der Völker der Milchstraße hingenommen. So etwas darf und wird nicht mehr passieren. Auch eine so alte Rasse, wie wir Lantraner, muss ihre Ehre und ihren Sinn für Gerechtigkeit immer wieder neu darstellen. Die Unterstützung der humanoiden Rassen, unserer Sternen-Insel wird einstimmig genehmigt.

Wir werden der Exekutive befehlen, eine Flotte von 100 neusten Evolutions-Schiffen auszustatten und kampftechnisch aufzurüsten. Aritron wird geeignete Kommandanten auswählen. Sie alle werden deinem Kommando unterstellt. Führe sie in den Kampf und bringe sie alle wieder gesund nach Hause. Verluste sollten nicht entstehen. Ferner empfehle ich die Flotte der Terraner mit technischen Modifikationen durch unsere Rasse zu unterstützen. Dieses kann im Einzelnen zwischen dir und Aritron besprochen werden. Der Erfolg der Mission ist das Ziel. Ich gebe aber zu bedenken, dass diese Situation als Krise von uns verstanden wird. Die zukünftige Aufgabe für die jungen Rassen heißt, langfristig für eine eigene Verteidigung zu sorgen. Wir werden nicht die Polizeimacht des Universums darstellen. Die Vorgaben für unser Volk bleiben weiter bestehen. Wir halten uns im Hintergrund und lassen der Entwicklung freien Lauf. «

Der Vorsitzende es Ältesten-Rates setzte sich hin und beugte gleichzeitig seinen Oberkörper nach vorne. Der Kopf senkte sich langsam nach unten. Der Blickkontakt mit den Gästen galt als beendet. Dieses Verhalten bezeichnete das Ende der Anhörung.

Aritron gab seinen Kollegen ein Zeichen. Wortlos drehten sich die vier Lantraner um und verließen den Sitzungsraum. Als sie die große Pyramide wieder verlassen hatten, schimpfte Heran laut.

»Ja, was für ein Erfolg «, fluchte er.
Er hob seinen Arm zum künstlichen Himmel des Planeten empor, seine Hand bildete eine Faust.

Die anderen blicken in ihn entsetzt an.
»Du wirst den Terranern immer ähnlicher«, sagte Aritron.
»Hoffentlich haben wir die richtige Entscheidung getroffen? «

»Wie sollte ansonsten eine richtige Entscheidung aussehen?«, fragte Heran. »Sollten wir nicht unsere Ehre wiederherstellen. Es ist unsere Milchstraße und alle Rassen sind unsere Kinder. Übernehmen wir für sie Verantwortung, wie die Mutter für ihr Kind. Ist das so weit verständlich. Ein Umdenken ist für uns angesagt. Besser wir fangen früher hiermit an als zu spät. «

Heran verzichtet auf weitere Worte. Er überließ die grübelnden Lantraner sich selbst. Er sprang auf das abgestellte Anti-Grav Brett und entschwand schnell den Blicken. Aritron, Brontan und Thoran schauten ihm noch einen Augenblick kopfschüttelnd hinterher.

Der Geburtstag von Major Travis

Drei Monate waren seit dem Auftauchen der großen natradischen Atlantis-Basis vergangen. Mit Hochdruck war der neue Stützpunkt auf den aktuellen technischen Stand gebracht worden. Unzählige Schiffe mit ausgesuchten terranischen Wissenschaftlern, mit Technik-Experten und Wartungsingenieuren, alle in den natradischen Schulungszentren von Natrid ausgebildet, arbeiteten emsig an der Aufrüstung der Basis. Das atlantische Personal war in diesen drei Monaten einer intensiven Schulung unterzogen worden und auf die neuen Gegebenheiten angepasst worden. Die weitflächigen Raumschiffs-Häfen von Atlantis waren zugeparkt mit Schiffen des neuen terranischen-natradischen Imperiums.

Die Hypertronic M-KI kommunizierte intensiv mit Noel und der Natrid-KI, um so die Daten der letzten 95.000 Jahre aufzuarbeiten. Sie hatte ihren Platz in dem Neuen-Imperium gefunden und trat gemeinsam mit der Natrid-KI als gigantisches Daten-Netzwerk auf. Atlanta wurde von ihrer Mutter kontinuierlich mit allen neuen Informationen versorgt, die sie in ihrem genoptimierten Gedächtnis ablegte. Die ehemalige Vorzeige-Basis des natradischen Kaiser-Imperiums fügte sich lückenlos in das Abwehrbollwerk des Neuen-Imperiums ein. Außenstehende konnten nach der langen Zeit der Abgeschiedenheit, bei Atlanta und ihrem Team, eine befreite Ausgelassenheit erkennen, die sich positiv auf das Neue-Imperium auswirkte. Hierzu trugen auch die vielen neuen Eindrücke bei, die auf der Erde vorzufinden waren.

Die Offenlegung der technischen Möglichkeiten der Basis wurde von der EWK mit Dank angenommen. Gleichzeitig mit dem Neuaufbau eines Groß-Duplikators auf der Werftstation 5, erklärte sich Atlanta bereit, nicht zuletzt aufgrund des Drängens und der Nachfrage von General Poison, ebenfalls einen Duplikator zur Raumschiff-Produktion in dem größten ihrer 5 Hangar zu integrieren. Durch diesen genialen Vorschlag des Generals wurde die Atlantis-Basis in ihrer Bedeutung noch einmal aufgewertet. Jetzt wurden hier zusätzlich dringend benötigte Raumschiffe produziert. Hierdurch konnten die geplanten Produktionszahlen nicht nur gehalten, sondern sogar noch optimiert werden.

Unter Aufsicht der atlantischen Spezialisten verstärkte General Poison die Station mit 50.000 Spezialisten für alle erforderlichen Maßnahmen. Transmitter-Verbindungen zu dem Hauptbüro der EWK, zu der Isle of Man und zu der Stadt Tattarr auf Natrid, sorgten für einen reibungslosen Reiseverkehr zwischen den Verwaltungen des Neuen-Imperiums. Alle Ortungsanlagen waren synchronisiert worden, so dass jetzt auch die M-KI in die Tiefe des Alls schauen konnte. Sämtliche Ortungs-Basen, Satelliten und Horchposten konnte sie jetzt für ihr System nutzen. Die Basis-Schutzschirme waren nach lantranischen Konstruktions-Zeichnungen modifiziert und verstärkt worden. In langen Verhandlungen mit Noel und General Poison hatte Atlanta das Bestmögliche für ihre Basis und ihr atlantisches Team erreicht. Ihre Kinder waren in die Dienste der EWK, als eine atlantische Sondereinheit übernommen worden und wurden nach irdischen Maßstäben entlohnt. Major Travis und Sirin waren in den wichtigen Fragen ihre stetigen Begleiter gewesen, um sich in der neuen Umgebung zu Recht zu finden.

Atlanta erwies sich als ein starker Verhandlungspartner. General Poison erkannte die Verdienste der kampfstarken Basis und ihre Leistung im großen Krieg an. Entsprechend gab er dem lang ersehnten Wunsch von Atlanta nach, auf allen Gebirgsketten der Erde, flächendeckend natradische Laser-Türme zu errichten. Diese wurden selbstverständlich dem Kommando-Netzwerk von Atlantis unterstellt. Mit dieser Entscheidung war endlich dafür gesorgt worden, dass alle Bereiche der Erde, flächendeckend mit den natradischen Groß-Lasertürmen, abgesichert waren. Die EWK konnte die nationalen Staaten davon überzeugen, dass der Aufbau der Laser-Türme auf ihrem Territorium, zu ihrer eigenen Sicherheit gedacht war.

General Poison versprach Atlanta, auch auf dem Mond wieder ein Abwehr-Bollwerk zu errichten. Diese Stellungen sollten sogar noch schlagkräftiger werden, als seinerzeit die natradische Variante. Langfristig sollte der Mond flächendeckend wieder mit den erprobten Abwehr-Geschützen überzogen werden. Jedoch verwies General Poison auf die Kosten und seine Aussage, dass es hierbei um eine längerfristige Investition handeln würde, die nicht kurzfristig realisiert werden konnte.

Der 01.Juli 2080 war ein schöner Sommertag, der die Erde von seiner besten Seite zeigte. Major Travis hatte seinen engsten Freundeskreis eingeladen, um seinen Geburtstag zu feiern. Die große Lodge, das Haus von Major Travis, auf den Anhöhen hinter der Hauptstadt Douglas auf der Isle of Man, war zu einer Sperrzone erklärt worden. Obwohl Sergeant Hardin mit zu den Gästen von Major Travis gehörte, hatte General Poison ihm die Aufgabe zugeteilt, eine Sicherheitszone, um das Haus aufzubauen.

Die abgestellten 120 Marines wurden von 240 Shy-Ha-Narde unterstützt, die speziell für den Nahkampf programmiert und ausgebildet waren. Sie sicherten unter der Leitung des Sergeanten das Haus und das Gelände ab. Der Anführer der Marines stand ständig per Funk mit der EWK in Kontakt mit ihnen. Auf dem großzügigen Landefeld standen einsatzbereite Tarin-Kampfjets und waffenbeladene Turbostahl-Helikopter für den Notfall. Niemand konnte sich, ohne einen Groß-Alarm auszulösen, jetzt noch Zutritt verschaffen.

Heinze lehnte lässig an dem Geländer der Veranda des Gästehauses von Major Travis und sondierte die Gedanken der Gäste. Er lächelte zufrieden, weil er nur positive Gedankenwellen empfing. Sein Blick fuhr über den reich gedeckten Tisch und blieb auf den zwei Schalen hängen. Diese waren mit Möhren und Bananen gefüllt.

»Der Major hat Wort gehalten«, freute er sich. »Das hat er mir ja bei dem Einsatz auf der Atlantis-Basis versprochen. «Sein Blick verdunkelte sich, als er den Service-Roboter erkannte, der bereits auf der Atlantis-Station seinen Dienst verrichtete.

»Ist das der gleiche Roboter«, fragte er sich. »Oder ist das nur ein baugleiches Modell? «

Sein Blick wurde noch grimmiger, als er sah, wie der Roboter die beiden Schalen mit Möhren und Bananen von dem gedeckten Tisch nahm und abseits auf eine Tischablage stellte.

»Das muss der gleiche Roboter sein«, murrte er ärgerlich. »Er fängt schon wieder an, gegen mich zu agieren. «

Er ging von der Veranda auf den Roboter zu. Dieser beachtete ihn aber nicht. Er eilte an Heinze vorbei und legte Bestecke und Servietten auf langen Tischen aus. Heinze schaute ihm nach. Er schüttelte den Kopf und suchte Major Travis. Dieser stand bei Commander Brenzby und dem Gildor Barenseigs an dem Grill und unterhielt sich mit ihnen.

»Ich kann von euch nicht verlangen, dass ihr die ganze Zeit an dem Grill steht«, hörte den Major sagen.

»Das machen wir gerne«, antwortete der Commander. »Ich liebe den Geruch von Steaks, Fleischspießen und gerösteten Maiskolben. Der Gildor assistiert mir und will lernen, wie man richtig Steaks grillt. Wie viele Gäste kommen denn noch? «

»Ich habe nur den engsten Kreis eingeladen«, antwortete Major Travis. »sie sollten wenigen Minuten alle da sein. «

Heinze zupfte an dem Ärmel von Major Travis Hemd. Dieser drehte seinen Kopf und schaute den Ro an.

»Heinze, bist du zufrieden?«, fragte der Major. »Hast du die Schalen mit den Möhren und Bananen gefunden? «

Heinze nickte.
»Vielen Dank hierfür, ich freue mich sehr«, erwiderte der kleine Freund. »Warum hast du den Service-Roboter von der Atlantis-Basis in dein Haus bringen lassen? «

»Von welchem Roboter der Basis redest du? «, erkundigte sich der Major.

Heinze zeigte auf den metallischen Service-Roboter, der zwischen den Tischen hin und her lief.

Major Travis zog seine Stirn in Falten.
»Der kommt nicht von der Atlantis-Basis«, antwortete er. »Dieser Service-Gehilfe ist aus den Lagerbeständen von Natrid. Noel hat uns freundlicherweise drei Stück überlassen. Die restlichen sind noch im Haus und müssen aktiviert werden. Sie helfen uns bei der Bewirtung der Gäste. «

»Du bist sicher, dass er nicht von Atlantis kommt? «, fragte Heinze nach. » Er sieht genauso aus, wie das penetrante Modell, das uns in dem Aufenthaltsraum auf der Basis bedient hat. «

»Das ist mir jetzt bewusst gar nicht aufgefallen«, erwiderte der Major. »Das wird ein Modell aus der gleichen Serie sein. Vermutlich haben sich die Service-Roboter im Laufe der Jahre nicht entscheidend verändert. «

»Dann wollen wir einmal hoffen, dass es keine Probleme mit dem Roboter gibt«, sagte Heinze. »Ich habe ein ungutes Gefühl bei dieser Serie. Er hat bereits die Möhren und die Bananen von dem Tisch genommen. «

Major Travis und Commander Brenzby lachten.

»Jetzt weiß ich, worauf du anspielst«, schmunzelte der Major. Er dachte kurz nach.

»Es kann aber sein, dass du Recht hast«, fuhr er fort. »Vermutlich wurden die Service-Roboter alle mit der gleichen Programmierung versehen. «

Major Travis winkte dem Roboter zu. Dieser kam flink zu ihm geeilt.

»Ihr Wunsch bitte? «, tönte es blechern.

»Bring doch meinem Freund bitte etwas Mineralwasser«, sagte er.

»Mineralwasser, kommt sofort«, bestätigte der Roboter.

Er musterte Heinze kurz und wendete sich ab und lief in die Richtung des Hauses.

Auf der Veranda schritt er an Noel vorbei, der die Treppen herunterkam. Er hatte eine große Flasche in der Hand. Relativ schnell hatte der Kunst-Klon seinen Gastgeber entdeckt und schritt auf ihn zu.

»Meine Glückwünsche zu ihrem Geburtstag, Herr Major«, sagte er und ihm die Hand auf terranischer Art.

»Danke sehr«, antwortete der Major. »Es freut mich, dass sie trotz ihrer Arbeit Zeit gefunden haben, vorbeizuschauen. «

»Ich kann es mir doch nicht nehmen lassen, meinem wichtigsten Mitarbeiter, an seinem besonderen Tag zu gratulieren«, erwiderte Noel. »Ich habe ihnen eine Flasche "Garzin" mitgebracht. Das ist ein spezielles Getränk aus den alten kaiserlichen Beständen. Dieses Getränk stammt von dem Planeten Maradan, der leider nicht mehr existiert. Er hat den Angriff der Rigo-Sauroiden nicht überstanden und wurde restlos zerstört. Es gibt nur noch wenige Flaschen dieses Elixiers in den kaiserlichen Kammern. «

Major Travis stutzte.
»Das Getränk muss entsprechend dieser Tatsache sehr alt sein«, bemerkte er. »Kann man es noch trinken? «

Noel lachte.

»Keine Sorge, diese Flüssigkeit wird nicht schlecht«, erwiderte er. »Je länger sie lagert, umso besser wird sie. Die Flüssigkeit wird nach dieser langen Zeit gut gereift sein. «

Noel reichte die verzierte Flasche Major Travis. Dieser nahm sie entgegen und betrachte sie. Die angebrachten Ornamente waren im unbekannt. Sie schienen sich bei einem längeren Hinschauen zu verändern.

Der Service-Roboter kam mit einer Schale Mineralwasser zurück. Diese stellte er vor Heinze auf den Boden.

»Ihr Wasser bitte«, bemerkte er tonlos und drehte sich ab.

Heinze schaute verärgert den Major an. Der zuckte nur mit seinen Schultern.

»Ich habe es dir gesagt«, bemerkte der Ro. »Die Service-Roboter scheinen alle aus dem gleichen Depot zu kommen. «

Mit Wucht trat Heinze verärgert gegen die Wasser-Schale. Diese flog mit rasanter Geschwindigkeit davon und knallte dem Service-Roboter in den Rücken. Das kühle Mineralwasser verteilte sich auf der metallischen Hülle. Langsam drehte sich der Roboter um und kam zurück.

»Sie werden hier nicht mehr bedient«, bemerkte er. »Tiere bekommen ihr Futter hinter dem Haus. «

Jetzt war es für Heinze zu viel. Er hob seinen Arm und zeigte in die Richtung des Robots. Allein durch seine extremen Phi-Kräfte hob der Service-Robot von dem Boden ab und strampelte freischwebend in die Luft. Die Hände wild um sich schlagend. Dann schleuderte Heinze den Roboter über das Dach von Major Travis Haus auf die dahinter liegende Weide. Ein lautes Krachen deutete auf den schweren Aufprall des Roboters hin. Unschuldig blickte der den Major an.

Dieser schüttelte den Kopf.
»Willst du jetzt die Arbeit des Robots übernehmen? «, fragte er den kleinen Pelzigen. » Die Gäste warten auf die Getränke. «

Heinze senkte seinen Blick.
»Es tut mir leid«, antwortete er. » Aber das war schon lange überfällig. «

»Ich hoffe, du fühlst dich jetzt besser? «, fragte Major Travis.»Gehe ins Haus und aktiviere die beiden restlichen Roboter. Weise sie bitte ein, die Getränke zu servieren. Ich verlasse mich auf dich. «

»Ich kümmere mich sofort hierum«, erwiderte Heinze.

»Warum hat er das gemacht? «, fragte Noel irritiert.

»Das ist eine lange Geschichte«, antwortete Major Travis. »Sie hat ihren Ursprung auf Atlantis. Die Programmierung dieser Service-Roboter betrachtet Heinze nicht als geistige Lebensform, sondern als Tier. Ich habe ihnen bereits mitgeteilt, dass unser Freund hierauf leider sehr seltsam reagiert. Er möchte nicht als Tier betitelt werden. Wir sollten die Programmierung der Service-Roboter schnellstens modifizieren. «

»Hallo Noel, mein Freund«, tönte eine Stimme von hinten. »Sind sie endlich da? «

Der General hatte sich zu ihnen gesellt und schlug dem Kunst-Klon auf die Schulter. Dieser drehte sich ärgerlich um und schaute den General an.

»Mit den Begrüßungsgesten auf der Erde kann ich nur schwer umgehen«, antwortete er.

»Haben sie unser Atlantis-Mädchen nicht mitgebracht? «, fragte der General.

Noel schüttelte den Kopf.
»Das Mädchen ist bereits groß«, antwortete er. »Genau genommen ist sie viele Tausend Jahre älter als sie, General. Das sollten sie eigentlich mittlerweile auch wissen. «

Der General schmunzelte.

»Mensch Noel, das war ein Scherz«, erwiderte er. »Ich wollte nur wissen, wo sie ist. Ich würde gerne mit ihr sprechen. «

Noel verzog keine Miene.
»Mit den irdischen Späßen ist das so eine Sache«, bemerkte er. »Auch ich muss mich hierauf noch einstellen. «

»Dann machen sie es schnell«, sagte der General belustigt. »Ich hoffe, sie verstehen unsere Späße, bevor unser Imperium untergeht. «

Noel überlegte kurz.
»Diesen Witz habe ich jetzt verstanden«, antwortete er.
»Unser Neues-Imperium wird nicht untergehen«, antwortete er trocken.

Alle Umherstehenden lachten.

»Jetzt verunsichern sie Noel nicht komplett«, sagte Major Travis. »Ich hoffe nicht, dass er alles für bare Münze nimmt. «

»Atlanta ist mit Sirin in der Stadt«, bemerkte Commander Brenzby. »Sie möchte ihr zeigen, was mit Shopping gemeint ist. «

»Das kann dauern«, erwiderte der Major. »Sirin kennt sich mittlerweile sehr gut aus. Sie hat ihre eigenen Boutiquen gefunden, in denen sie gerne einkauft. «

»So wird aus einer harten Kämpferin eine Frau«, bemerkte Noel.

Major Travis schaute ihn an.
»Ich deute ihre Aussage positiv«, entgegnete er. »Speziell Frauen brauchen etwas Abwechslung. Es hilft ihnen, sich auf die harten Aufgaben ihrer Arbeit zu konzentrieren. Gönnen sie ihr diese Abwechslung. Ich bin mir sicher, dass sich hierdurch die Qualität ihrer Arbeit noch verbessert. Auch Atlanta wird wesentlich ausgeglichener werden. «

Noel verzichtete auf eine Antwort.

Die Geräusche eines landenden Tarin-Jets wurden hörbar.
»Kommt noch jemand? «, fragte General Poison.

Der Major schüttelte den Kopf.
»Eigentlich sind wir vollständig«, antwortete er. »Lassen wir uns überraschen. «

Noel hatte gespannt das Landemanöver des Jets verfolgt.
»Es ist ein Tarin-Jet aus den Beständen der Natrid Stadt Tattarr«, sagte er irritiert. »Besucher hätten auch die Transmitter-Verbindung nehmen können. «

Gespannt wartete die Gruppe auf die neuen Besucher. Es dauerte eine Weile, bis die Gäste die Kontroll-Schleusen hinter sich gelassen hatten. Commander Brenzby und Barenseigs ließen sich nichts anmerken und drehten die

Steaks auf dem Grill. Sie waren eingeweiht. Der Duft von dem Fleisch lag in der Luft.

Eine Gruppe von zehn Personen trat aus dem Haus in den Garten. Major Travis erkannte Leutnant Bender.

»Das ist meine Crew von der Termar 1«, freute er sich.

Jetzt erkannte er auch die Personen, die hinter dem Leutnant folgten. Es waren Sergeant Farmer, Sergeant Dantow, Sergeant Schreiber, Sergeant Hausmann, Sergeant Harmson, Sergeant Laura Larson, Leutnant Elms und Master Sergeant Madson. Vor dem Major blieben sie stehen.

»Wir wollten doch nicht versäumen, ihnen unsere Glückwünsche auszusprechen«, begrüßte Leutnant Bender seinen Vorgesetzten und schüttelte ihm die Hand. »Unterwegs haben wir noch jemanden aufgelesen.«

Er und Sergeant Dantow traten zur Seite, dass der Blick auf die nachfolgende Person frei wurde.

»Ich schließe mich den Glückwünschen an«, lächelte Heran. »Es ergab sich, dass ich zufällig in der Nähe war. «

Major Travis konnte es nicht glauben. Heran der Lantraner war extra zu seinem Geburtstag angereist.

»Mir fehlen die Worte«, flüsterte er. »Ich freue mich über ihren Besuch. «

»Gerne geschehen«, antwortete Heran. ». Mein Geschenk erhalten sie später. Es ist eine mündliche Zusage, die wir aber unter vier Augen besprechen werden. Zunächst hoffe ich einmal, dass es hier etwas Gutes zu essen gibt? «

»Aber sicher«, antwortete der Major. »Wir haben ja bereits öfter über die Grillsteaks auf der Erde gesprochen. Jetzt haben sie endlich einmal Gelegenheit diese Spezialität zu probieren.«

Heran nickte.
»Hierauf freue ich mich«, antwortete der.

Das Team der Termar 1 hatte sich zwischenzeitlich unter die Gäste gemischt. Major Travis nahm sieben Gläser und ging auf die neuen Gäste zu.

»Lasst uns kurz anstoßen«, sagte er. »Unser Freund Noel hat einen guten Tropfen mitgebracht. «

Er blickte den Kunst-Klon an.
»Würden sie bitte die Flasche öffnen«, bat er. »Ich denke, sie kennen sich mit dem Verschluss aus. «

Noel nickte, griff nach der Flasche und schnippte den Verschluss ab. Der Major nahm die Flasche an sich und schenkte jedem seiner Freunde ein halbes Glas ein.

Heran runzelte die Stirn, als er die Flasche sah.

»Bitte nur wenig bei mir«, bemerkte er. »Ich muss noch fahren. «

Die Umherstehenden lachten.
»Zum Wohl, auf Major Travis«, prostete General Poison.

»Zum Wohl«, wiederholten die Freunde.

Jeder probierte einen kräftigen Schluck. Die Gesichter wirkten entzückt.

»Das ist ein ganz neuer Geschmack«, sagte Commander Brenzby. »Es schmeckt etwas säuerlich, aber ansonsten sehr gut. «

»Unser Noel hat hier etwas ganz besonderes ausgegraben«, antwortete Heran. »Leider ist die Tierart mit dem Planeten untergegangen, es gibt keinen Nachschub mehr. «

»Was meinen sie mit Tierart? «, erkundigte sich Major Travis.

»Das ist doch bestimmt Garzin? «, lachte Heran.
Noel nickte kurz.

»Habe ich es mir doch gedacht«, ergänzte der Lantraner. »Dieses Getränk bestand in dem Hauptanteil aus vergorenem Tierblut, einer ausgestorbenen Species des Planeten Maradan. «

»Noel«, sagte Major Travis. »Das kann doch nicht wahr sein.«

Die Freunde schluckten komisch und schauten sich das Getränk in ihrem Glas intensiver an.

»Es war das Lieblingsgetränk des Kaisers«, antwortete Noel. »Ich bitte um Entschuldigung. Die Inhaltsstoffe des Getränkes sind in meiner Datenbank nicht hinterlegt. «

Ein Stadt-Gleiter rauschte heran und parkte an der Absperrung vor Major Travis Haus. Sirin und Atlanta stiegen aus. Wild gestikulierend unterhielten sich die beiden Frauen. Ihr Lachen und Kichern waren laut hörbar.

»Da kommt ihre Lebensgefährtin«, bemerkte Heran.

»Die beiden Frauen schienen ausgelassen zu sein. Alle Personen am Grill blickten ihnen entgegen.

Kichernd näherten sie sich. Sie trugen beide die gleichen Kleidungsstücke. An ihren Händen hingen unzählige Tüten. Ihre Köpfe hatten sie mit Strohhüten bedeckt. Sonnenbrillen schützten ihre Augen. Die hautengen schwarzen Jeans betonten ihre Figuren. Die bunten Blusen waren hochgesteckt und über dem Bauch verknotet. Ihre kaffeebraune Haut vermittelte einen südländischen Trend. Die Haare gestylt und ihre Gesichter geschminkt, näherten sich die graziösen Modells den Gästen.

Der Major bemerkte, wie schlagartig die Gespräche seiner Gäste verstummten. Alle Gäste blickten den Frauen entgegen. Höflich begrüßten Sirin und Atlanta alle Personen, um sich schließlich zu der Gruppe von Major Travis durchzuarbeiten. Ein betörender Duft ging von den Frauen aus. Sie schienen sich ein neues Parfüm gegönnt zu haben.

»Hallo mein Schatz«, hauchte Sirin ihrem Lebensgefährten zu. »Herzlichen Glückwunsch zu deinem Geburtstag. «

Sie küsste ihn auf den Mund.

»Ich wünsche dir das Gleiche. Viel Glück und Erfolg für die Zukunft«, beglückwünschte Atlanta ihn.

Sie beugte sich vor und küsste ihn rechts und links auf die Wange. Der Major wurde sichtlich verlegen und schaute sich um. Die anderen Gäste waren jedoch wieder in Gespräche vertieft.

»Danke sehr«, antwortete er. »Ich sehe, euer Einkauf war erfolgreich gewesen. «

»Das ist hier alles so einfach hier«, bemerkte Atlanta. »Ich habe so viele schöne Dinge gesehen, die ich bisher nicht kannte. Es erfüllt mich mit neuen Ideen. Ich könnte so viel erzählen. «

»Das machen wir später«, antwortete der Major. »Das Essen ist jetzt fertig. Bringt eure Beute ins Haus, dann kommt bitte zu Tisch. «

Major Travis drehte den Kopf und schaute Heran an. Der grinste breit über beide Backen.

»Was ist? «, fragte er.
»Nichts«, antwortete Heran gelassen. »Da hast du dir ja zwei ganz besondere Geschosse scharf gemacht. Das sagt man doch auf der Erde? «

»Sorry«, antwortete der Major. »Diese Aussage kenne ich nicht. Die hast du bestimmt auf einem anderen Planeten aufgefangen. Du musst auch nicht immer in jedem Satz betonen, dass wir das hier auf der Erde so sagen. «

Alle am Grill stehenden Personen, bis auf Noel, fingen an zu lachen.

Der Major schaute in die Runde.
»Danke euch allen«, bemerkte er. »Es ist schön, solche Freunde zu haben. Jetzt hat auch der Lantraner bemerkt, dass er nicht so falsch gelegen hat. «

Major Travis schaute auf den gedeckten Tisch. Es standen reichlich Salate, Gemüse, Brote und Beilagen zur Verfügung.

»Das Fleisch ist fertig«, sagte Barenseigs.

Major Travis drehte sich zu seinen Gästen um.

»Darf ich sie bitten Platz zu nehmen«, sprach er sie an. »Die Service-Roboter nehmen ihre Getränke auf. Ich wünsche allen einen guten Appetit. «

Die Gäste suchten sich einen freien Platz an dem großen Tisch. Barenseigs und Commander Brenzby servierten die saftigen Steaks.

Heran saß neben seinem Freund und schnitt ein Stück seines Steaks ab und steckte es sich in den Mund. Er verharrte einen Augenblick, dann kaute er kräftig auf dem Stück Fleisch.

»Es ist eine Explosion der Geschmackssinne«, bemerkte er. »Zart und saftig, das Fleisch zergeht förmlich auf der Zunge. «

Er schaute den Major von der Seite an.
»Auf unserem Planeten sind solche Speisen verboten«, flüsterte er. »Tierische Nahrung wurde bereits seit vielen Jahrhunderten durch synthetische Nahrung ersetzt. Hierdurch war ich neugierig auf den Geschmack. Aber ich möchte dir ein Kompliment aussprechen. Das hier auf meinem Teller, sticht den Geschmack der synthetischen Nahrung um Längen aus. «

»Es scheint dir zu schmecken«, lächelte der Major.
Heran nickte und schob sich mit seiner Gabel bunten Salat in den Mund.

»Alles schmeckt hervorragend«, antwortete er. »Das ist auch ein Grund, warum ich so gerne zu euch komme. «

Noel und General Poison saßen Heran und Major Travis gegenüber. Der General schmunzelte, Noel verzog bekanntermaßen keine Miene.

»Welches Geschenk haben sie dem Major Travis mitgebracht? «, fragte er den Lantraner.

Heran schaute ihn an.
»Sie scheinen aber sehr neugierig zu sein, General«, antwortete er. »Aber sie haben Recht. Ich kann es auch jetzt sagen. «

Der Blick von Heran wurde ernst. Er beugte sich vor und sah die vor ihm sitzenden Personen an.

»Nach meiner Rückkehr von Atlantis, habe ich Aritron über unser Gespräch und die aktuelle Situation informiert«, begann Heran. »Er ist unser oberster Koordinator und eingesetzter Verwalter unseres Planeten. Um ihn kommt niemand herum. Er entscheidet über die Belange unseres Volkes. Ich habe ihm von ihrer Bereitschaft berichtet, eine Flotte zu organisieren, die sich an der Mission Andromeda gegen die Worgass beteiligt. Er war nicht glücklich über ihren Wunsch nach einer lantranischen Beteiligung. In langen Gesprächen konnte ich ihn aber überzeugen, dass unser Volk nicht länger nur beobachten darf, sondern aktiv an der

Beseitigung der Gefahren mithelfen muss. Er hat unverzüglich eine Sondersitzung der Hohen-Empore veranlasst. Zu ihrem besseren Verständnis kann ich ihnen mitteilen, dass so etwas in den letzten Jahrtausenden, nicht mehr genehmigt wurde. Aritron schlug der Regierung vor, unsere Mission mit 100 Evolutions-Raumschiffen zu unterstützen. «

Die ernsten Gesichter von Noel, General Poison und Major Travis erhellten sich.

»Das ist eine gute Nachricht«, sagte Major Travis. »Können wir davon ausgehen, dass ihre Hohe-Empore zustimmt? «

»Sie hat bereits zugestimmt, ansonsten würde ich ihnen diese Nachricht nicht überbringen«, erwiderte Heran. »Unsere Empore ist bei solchen Entscheidungen immer den Wünschen von Aritron gefolgt. Letztendlich kennen alle Ratsmitglieder die gut überlegten und durchdachten Befehle unseres obersten Koordinators zum Wohle des Ganzen. «

Heran ließ seine Worte kurz auf die Gesprächspartner wirken.

»Damit aber nicht genug«, fuhr er fort. »Unsere Techniker haben eine neue Superwaffe entwickelt. Diese nennt sich Transform-Dimensions-Kanone. Wir haben hieran viele Jahrhunderte geforscht und experimentiert. «

»Was kann diese Waffe? «, fragte Noel.
Heran blickte ihn an.

»Hierüber wollte ich gerade sprechen«, entgegnete Heran. »Ich kann mich erinnern, dass auch ihre ehemaligen Wissenschaftler auf der Atlantis-Basis in diese Richtung geforscht hatten. Bekanntlich ist der Weltraum in mehrere Dimensionen unterteilt. Wir kennen den Normalraum, den Hyperraum und den Subraum, der eine Ebene, die über dem Hyperraum liegt.

Unsere Wissenschaftler haben festgestellt, dass dieser Subraum den Eingang in unzählbare Dimensionen gestattet. Er ist ebenfalls in der Lage gewaltige, scheinbar unendliche Energien zu befördern. Diese nutzt die Transform-Dimensions-Kanone für ihre Zwecke. Durch die Modulation spezieller Antimaterie entsteht ein Bypass in dem Subraum. Durch die Kraft dieser Bomben, in Verbindung der gleitenden Energie des Subraumes, entsteht eine rotierende Bewegung des Bypasses. Anders ausgedrückt, die Bombe erzeugt einen Dimensions-Riss in der Struktur des Raumes.

Dieser Riss, oder auch das Loch, entwickelt eine Art Strudel mit einem Sog, der alle Materie in seiner Nähe anzieht und für immer verschluckt. Die Bomben, die wir einsetzen, sind nur mit einem Minimum von roter und schwarzer Antimaterie bestückt. Daher beschränkt sich der Sog auf einen Umkreis von 1.000 Metern. Falls nacheinander Bomben gezündet werden, baut sich der Riss substanziell auf. Dieses Risiko ist von uns noch nicht erforscht. Daher vermeiden wir die Streuung dieser Bomben. Die Strukturrisse dürfen keine Berührung untereinander haben. Das ist unsere heutige Erkenntnis.

Unsere Wissenschaftler konnten bisher nie Reste von den Testobjekten finden. Nicht einmal kleinste Partikel. Von daher ist unsere Annahme, dass die Bombe im Dimensions-Raum zerstört wird, eine gewagte Hypothese. Unsere Transform-Dimensions-Kanone wird während ihrer Aktivität durch einen speziellen Schutzschirm geschützt. Sie lässt sich zielgerecht steuern. Nach dem Abschuss beschleunigt sie in den Hyperraum und wechselt erst wieder an den Ziel-Koordinaten in den Normalraum. Erst nachdem sie ihr Ziel erreicht hat, schaltet sich ihr Schutzschirm aus. Sie explodiert und lässt ihre mörderische Kraft frei. Das passiert auf unseren besonderen Wunsch hin, weil wir diese aufwendige Technik nicht von anderen Rassen kopiert haben möchten. Jedes Transform-Dimensions-Geschoss lässt sich nur einmal verwenden. «

»Das hört sich nach einer noch nicht ausgereiften Waffe an«, sagte General Poison.

»Welche Waffe ist schon komplett ausgereift? «, fragte Heran.

»Ich verstehe die Technik«, sagte Major. »Durch den Einsatz der Transform-Dimensions-Kanone werden gleichzeitig viele tausende Schiffe der Worgass in ein

Dimensions-Loch gerissen. Das erspart uns die Arbeit, jedes einzelne Schiff direkt anzugreifen. «

Heran schmunzelte.
»Das hast du richtig erkannt«, lächelte er.

»Wie viele Schiffe kann der Sog erfassen? «, fragte der Major. » Das ist unterschiedlich zu bewerten und hängt davon ab, wie dicht die Worgass ihre Schiffe in der Umlaufbahn um Lizzit geparkt haben. Unsere Informationen besagen aber, dass sie ihre Schiffe dicht an dicht abgestellt haben. Es gibt noch einen weiteren Vorteil. Sie scheinen noch kein Personal für ihre Schiffe ausgewählt zu haben. Wir treffen also derzeit auf Schiffs-Material, welches in einen Automatik-Modus geschaltet ist. «

Heran schaute auf Commander Brenzby.
»Die gemischten Fleischspieße sehen auch gut aus«, bemerkte er.

»Darf ich ihnen einen servieren? «, erkundigte sich der Commander.

»Gerne«, entgegnete Heran. »Wenn ich nun einmal hier bin, dann sollte sich das auch lohnen. «

Heran griff nach der Schale Salat und füllte sich den Teller auf. Major Travis schüttete ihm noch etwas Orangensaft nach.

Dann blickte Heran wieder Major Travis an.

»Die Transform-Dimensions-Kanone ist nichts anderes als ein Träger-Körper. Sie sagen hierzu Rakete, die auf eine vorher errechnete Position geschossen wird. Dort angelangt, erlischt ihr Schutzschirm und die rote und schwarze Antimaterie sorgt für den Rest. Es entsteht ein Dimensions-Riss mit kreisender Sogwirkung von 90 Sekunden. Hiernach schließt sich die Dimension automatisch. «

Major Travis zog seine Stirn in Falten.
»Wie viele von diesen Waffen willst du mitnehmen? «, fragte er.

»So viele wie möglich«, entgegnete Heran. »Die von uns beigesteuerten 100 Evolutions-Schiffe werden hiermit ausgestattet werden.

Er blickte Major Travis an.
»Wie viele Schiffe kannst du zu der Mission beisteuern? «, erwiderte Heran.

»Die Frage ist noch nicht eindeutig beantwortet«, sagte der Major. »Ich werde General Poison um Aufklärung bitten. «

»Das ist kein Geheimnis«, antwortete der General. » Ich habe die aktuellen Zahlen auf meinem Schreibtisch liegen. In den letzten Monaten konnten wir verstärkt Schiffe der Termar-Klasse fertigstellen. Der Major wird mit einer Flotte ausgestattet, in der ein Geschwader von 350 Schiffen dieser Bauart enthalten ist. Aber das ist bei weitem nicht alles. Neue Schiffe der Cuuda-Klasse sind ebenfalls dabei, wie auch eine Groß-Flotte von Natrid, die unser Freund Noel beisteuert. Die weiteren Daten erhalten sie in unserer morgigen Besprechung. «

»Das ist doch bereits eine Aussage«, bemerkte Heran. »Ich würde dann die 350 Termar-Schiffe mit der Transform-Dimensions-Kanone bestücken und die Software hierzu installieren. «

»Habt ihr die Wirkung der Transform-Dimensions-Kanone bereits unter dem Zusammenspiel von gleichzeitig 450 Dimensions-Aufrissen getestet? «, fragte sich der Major.

Heran schüttelte den Kopf.
»Das haben wir nicht«, antwortete der Lantraner.
»Die große Unbekannte ist hierbei der Subraum«, erwiderte der Major. »Ich glaube nicht, dass man hierüber bereits alles weiß. Entsprechend dieser Tatsache verlasse ich mich lieber auf unsere natradischen Waffen. Es reicht, wenn ihr diese experimentellen Bomben verschießt. «

»Mach dir nicht zu viele Gedanken, das funktioniert alles«, beruhigte Heran ihn. » Ich vertraue unseren Technikern. Stell dir vor, wir könnten mit einem Schlag 1.000 Schiffe der Worgass in den Dimensions-Raum ziehen. Das würde bedeuten, dass sie nur allein durch den Einsatz der Transform-Dimensions-Kanone, innerhalb von

90 Sekunden 450.000 Schiffe verlieren würden. Nach unserer Zählung verbleiben ihnen dann nur noch 170.000 Schiffe, die im Automatik-Modus in den Umlaufbahnen geparkt sind. Da keine Gegenwehr zu erwarten ist, müssten wir die Schiffe schnell ausschalten können. «

»Das hört sich alles sehr leicht an«, bemerkte Noel. »Aber die Erfahrung von Admiral Tarin zeigt mir, dass sich Situationen schnell ändern können. «

»Da stimme ich ihnen zu«, erwiderte Heran. »Ich schlage vor, alle Kampf-Schiffe der beteiligten Rassen des Imperiums, mit stärkeren Schutz-Schilden auszustatten. So ausgerüstet sollten auch die Schiffe unserer befreundeten Nationen keinen Schaden nehmen. «

»Wir wollten eigentlich vermeiden, dass die Najekesio, die Morina und die Lizards in den Genuss unserer Super-Schutzschirme kommen«, erklärte General Poison.
Heran lachte auf.

»Das habe ich mir gedacht«, sagte er.
Flink zog er einen Daten-Chip aus der Tasche.

»Hier sind die Konstruktionsdaten über die sogenannte Weiterentwicklung des Super-Schirms. Vergleichbar mit der Erweiterung des Schirms ihrer Taja auf Atlantis. Der Schirm nimmt die aufschlagende Energie auf und verstärkt hiermit seine eigene Leistung. Sie sehen also, es bleibt ihnen auch mit der Aufrüstung der Schirme, weiterhin das Alleinstellungsmerkmal erhalten. Das neue

Energiepotenzial dieser aufgerüsteten Schutzschirme, liegt deutlich 15 Pegel über den bisherigen Schilden. Rüsten sie als erste Maßnahme die Einsatz-Flotte nach Andromeda hiermit aus. «

Heran ließ eine kleine Pause vergehen.
»Können sie in der kurzen Zeit so viele Schirmfeld-Generatoren herstellen, um die Flotte der befreundeten Rassen auszustatten? «, fragte er General Poison.

Der General nickte und lachte.
»Das brauchen wir nicht, wir haben ausreichend eingelagert. Wir unterhalten in der Regel ein ausreichendes Ersatzteil-Reservoir bereit. «

»Sehr gut organisiert«, antwortete Heran. »Dann sollten sie nur noch einen Plan ausarbeiten, an welchen Basen sie die Schiffe der befreundeten Rassen hiermit ausstatten. Eine Werft für alle Schiffe dauert zu lange. Rechnen sie mit einer Zeitdauer von 30 Minuten, um ein Schiff mit den Schutz-Schirmen auszustatten und die Daten der Steuerung in die Schiffs-Hypertronic einzuspeisen. «

»Danke für den Hinweis«, bemerkte General Poison. »Ich werde einen entsprechenden Plan ausarbeiten. «

»Wie soll ich dir danken? «, erkundigte sich Major Travis. »Gar nicht«, entgegnete Heran freundlich. »Wir Lantraner haben noch viel mit den Terranern vor. Deswegen unterstützen wir sie auch. Aber mehr hierüber zu berichten, wäre zu früh. Danken kannst du mir mit noch einem Steak. «

»Gerne«, lächelte der Major.
Er griff nach Herans Teller und ging zum Grill. Dort legte ein heißes, besonders großes Stück auf den Teller. Er kehrte zu dem Tisch zurück und gab es ihm.

»Danke, sehr freundlich«, erwiderte der Lantraner.

Wieder schnitt er ein Stück Fleisch ab und führte es in seinen Mund.

»Vortrefflich«, bemerkte er. »Ich glaube, es gibt in der ganzen Galaxie nichts Vergleichbares. «

»Hast du dir bereits Gedanken gemacht, welche Rassen sich an der Mission beteiligen sollten? «, fragte er mit vollem Mund.

»Noch nicht, wir arbeiten hieran«, erwiderte der Major.

»Es wäre gut, wenn wir einige Schiffe zusammenbekommen würden«, ergänzte der Lantraner. »Mit nur 450 Schiffen würde die Mission ein schwieriger Fall werden. «

»Ich gehe davon aus, dass die meisten Rassen des Imperiums uns unterstützen werden«, lächelte Major Travis. »Diese profitieren auch davon. «

»Informiere mich bitte, wenn dir genaue Daten vorliegen«, sagte Heran.

»Das mache ich«, versicherte der Major.

Langsam wurde die Abendsonne rot. Immer noch war es angenehm warm. Die Gespräche wurden lauter, die Stimmung ausgelassener. Es war ein gelungener Tag der Abwechslung gewesen.

***

Die gesamte Führungsebene der EWK hatte sich in dem großen Tagungs-Saal der Zentral-Verwaltung versammelt. Hochrangige Strategie-Experten, Militärs und Planungs-Offiziere waren zugegen. In Gruppen standen die einzelnen Personen zusammen und beratschlagten sich. Major Travis bildete eine Gruppe mit Noel, Sirin, Barenseigs, Commander Brenzby, Commander Stuart, Commander Maley und Commander Cottle. Tart 1 und Tart 2 sicherten seine Seiten. Major Travis hatte die Commander gebeten, an diesem Gespräch teilzunehmen. Im Anschluss wollte er ihnen einen wichtigen Auftrag erteilen. Heran war ebenfalls eingetroffen, um gegebenenfalls Major Travis zu unterstützen.

Captain Hunter wurde durch die Tür geführt. Er schaute sich kurz um und kam dann auf die Gruppe der Schiffs-Commander zu.

»Darf ich mich zu ihnen gesellen? «, fragte er. » Die mit Orden behangenen Militärs sind nicht unbedingt mein Fall. «

Major Travis nickte.
»Darf ich ihnen Captain Hunter vorstellen? «, sagte er zu den Offizieren. » Er übernimmt Sonderaufgaben von General Poison und befehligt ein Schiff unserer neuen Cuuda-Klasse. «

Höflich gab Captain Hunter jeder Person die Hand, die der Major ihm vorstellte.

»Warum sind wir hier? «, fragte der Captain.

»Es geht um die Sicherheit des Imperiums«, antwortete Major Travis. »Es werden heute wichtige Entscheidungen getroffen. Wir beabsichtigen eine Angriffs-Flotte nach Andromeda zu senden. «

»Vermutlich geht es wieder um die Worgass«, antwortete Captain Hunter. »Sieht es so schlimm aus? «

»Ja«, bestätigte der Major. »Sie scheinen immer für Überraschungen gut zu sein. Wir überlegen, ob wir nicht ihre Angriffs-Flotte in Andromeda zerschlagen sollten. «

Es wurde ruhig im Saal. Atlanta war in Begleitung von Senga-Hol erschienen. Der Worgass Rantero war bei ihr. Er wurde von 3 Kampf-Robotern eskortiert. Atlanta hatte ihren Kampfanzug angelegt, der wie immer ihren Körper hauteng einschloss. Sie war groß gewachsen und konnte die meisten Köpfe der Gäste überblicken. Schnell hatte sie Major Travis und Noel erkannt. Ihre Gruppe bahnte sich einen Weg durch die Menge.

»Schön, sie zu sehen«, sagte der Major. »Sind sie mit einem Gleiter hier? «

Atlanta gab ihm die Hand und beugte sich vor. Sie küsste seine rechte und linke Wange. Diesen Gruß hatte ihr Sirin empfohlen.

»Ich freue mich auch, sie zu sehen«, antwortete sie. »Wir sind über die neue Transmitter-Verbindung gekommen. Sie funktioniert perfekt und es ist nur ein kurzer Spaziergang. Ich darf den Herren meinen ersten Offizier Senga-Hol vorstellen. «

Alle Augen blickten den Atlanter an, der zwischenzeitlich von Noel mit neuem Wissen implantiert wurde.

»Wie läuft ihre Ausbildung und die ihres Teams? «, erkundigte sich der Major.

»Ausgezeichnet«, antwortete der Angesprochene in fließendem Englisch. »Ich bin begeistert. Es hat sich so viel zum Positiven verändert. Das hätte ich niemals für möglich gehalten. «

»Es freut mich, dass sie sich wohl fühlen«, erwiderte Major Travis. »Es gibt bestimmt noch mehr, was sie auf der Erde erkunden können. Doch das Wichtigste für uns ist, dass sie sich auf der großen Basis so gut auskennen. Wir werden bald ihre Hilfe brauchen. «

Er schritt auf Commander Rantero zu.
»Ich hoffe, sie bereuen ihren Schritt nicht? «, fragte er.

»Nein«, erwiderte der Worgass. »Ich kann mich begrenzt, natürlich unter Bewachung, bewegen und dazulernen. Sie wissen ja, dass ich nicht mehr nach Hause zurückkann. Das wäre mein sicherer Tod. «

»Sie wissen, warum sie hier sind? «, fragte Major Travis.

Der Worgass nickte mit seinem Kopf.
»Vielleicht kann ich ihnen einige nützliche Informationen geben«, erwiderte er.

»Das hoffe ich«, erwiderte der Major. »Jede noch so kleine Information kann hilfreich sein. Bleiben sie bei mir. Ignorieren sie mögliche Pfiffe oder Zwischenrufe. Es ist leider so, dass der Name Worgass bei uns mit nichts Gutem verbunden ist. «

Major Travis drehte sich um und sah, wie die restlichen Commander und der Captain den Worgass mit stark zugekniffenen Augen musterten.

»Rantero hat um Asyl gebeten«, erklärte er. »Er gibt uns dringend benötigte Informationen, die wir über die

Hemisphäre der Worgass brauchen. Behaltet ihn im Auge und sorgt für seine Sicherheit. Das ist ein Befehl. «

Major Travis wandte sich an Atlanta.
»Besitzt ihr Gast einen Individual-Schirm? «, fragte er.

Atlanta schüttelte den Kopf.
»Ich dachte, das wäre unter Freunden nicht nötig? «, antwortete sie.

Der Major schmunzelte sie an.
»Das kann man nie wissen«, erwiderte er. »Wir Menschen stammen zwar zum Teil von natradischer DNA ab, doch wir haben uns eigenständig entwickelt. Es gibt bei uns keine ständige Kontrolle. Es kann sein, dass einige Menschen andere Pläne haben als wir. Aus Informationen von Noel weiß ich, dass sie auch nicht immer alle Anweisungen ihres Kaisers wunschgemäß umgesetzt haben. Jetzt haben wir das Problem, das die halbe Bevölkerung unseres Planeten ihre eigenen Entscheidungen trifft. «

Atlanta lachte.
»Das hat Noel ihnen erzählt«, fragte sie. »Ich glaube, ich muss einmal ein ernstes Wort mit ihm reden. Ganz so drastisch war es nicht. Ich habe lediglich manche Entscheidungen hinterfragt und leicht geändert. Ich verstehe aber, worauf sie hinauswollen. «

Sie drehte sich um und ging zu den drei Kampf-Robotern. Sie gab ihnen kurze Anweisungen. Sofort nahmen die Shy-

Ha-Narde Commander Rantero in die Mitte. Dann aktivierten sie ihre Schutz-Schirme. Diese verschmolzen zu einem Dreieck ineinander und sicherten den Gast ab. Niemand konnte ihm jetzt noch etwas anhaben.

General Poison kam durch die Tür geeilt und lief auf den vordersten Tisch zu.

»Ruhe bitte«, sagte er. »Alle setzen sich jetzt hin. Wir sind hier nicht auf einer privaten Feier. «

Das Gemurmel verstummte, die Gruppen lösten sich auf. Jeder suchte sich einen freien Platz.

Der General wartete, bis sich alle Gäste gesetzt hatten.
»Ich begrüße sie zu einer Krisensitzung der EWK«, sagte er. »Ihnen als engster Kreis unserer Mitarbeiter stehen Informationen über eine geplante Mission zu. Ich bitte sie um ihre ehrliche Meinung zu diesem Thema. «

Heran hatte dem General, vor dem Eintreffen der Gäste, geheime Daten auf einem Speicher-Kristall übergeben. Diese waren von lantranischen Spionage-Sonden aufgezeichnet worden.

Das Licht verdunkelte sich. Ein Hologramm flammte auf. Der General zeigte die Galaxie Andromeda.

»Das Bild zeigt unsere Nachbars-Galaxie Andromeda«, erklärte der General. »Noch so schön anzuschauen, ist sie jedoch für unsere Begriffe sehr weit entfernt. Der Schein trügt aber. Die ganze Bevölkerung in der Galaxie stöhnt unter der Herrschaft der Worgass. Sie alle konnten den Briefings entnehmen, dass Angehörige dieser Rasse bekanntlich Formwandler sind. Ihnen ist es möglich, die Gestalt von fremden Lebensformen anzunehmen, mit denen sie bisher in Kontakt gelangten. Das ist aber nur das kleinere Übel. Die Regierung der Worgass ist zerfressen von dem Hass gegen sämtliche humanoide Species. Sie wollen das Universum von ihnen befreien. Major Travis ist es gelungen, den Worgass einen Schlag zu versetzen und sie in der kleinen Magellanschen Wolke zu eliminieren. Sie können sich vorstellen, dass die Menschen jetzt an oberster Stelle auf dem Vernichtungsplan der Worgass stehen.«

»Müssen wir unsere Intervention in der Kleinen Magellanschen Wolke als Fehler ansehen?«, fragte einer der Gäste.

»Nein«, antwortete der General. »Wir wären über kurz oder lang an jeder Stelle des Universums mit den Worgass in Konflikt geraten. Es war nur eine Frage der Zeit.«

General Poison drückte auf einen Knopf vor sich. Das nächste Bild zeigte den Planeten Lizzit.

»Hier sehen sie den Heimat-Planeten der Green-Lizards, am Anfang der uns zugewandten Seite der Andromeda-Galaxie. Vor acht Monaten gelang es uns, Schiffe der Worgass zu vernichten und den Wurmloch-Knoten, also den Durchgang in unsere Milchstraße, zu zerstören. Das hat uns etwas Zeit gegeben. Die Gill-Grimm, oder auch Netzwerk-Denker genannt, haben diesen Planeten als Produktions-Standort ihrer Invasions-Flotte ausgebaut. Die Worgass terrorisieren die Echsenwesen und missbrauchen sie als ihre Sklaven. Nach der Vernichtung ihrer Flotte haben sie keine Zeit vergeudet und arbeiten bereits wieder an einer neuen Armada. «

General Poison drückte wieder den Knopf. Ein neues Bild erschien. Jetzt sahen die Zuschauer die enorme Flotte, die in der Umlaufbahn des Planeten verharrte.

»Das, meine Damen und Herren, ist die derzeitige Größe ihrer Flotte. Die Anzahl der Schiffe wurde gescannt und auf 620.000 Schiffe festgeschrieben. Jeden Tag werden es mehr und mehr. Wir wissen nicht, mit welcher Flottenstärke die Worgass beabsichtigen, in die Milchstraße einzufallen. Diesem Treiben wollen wir rechtzeitig Einhalt gebieten. «

Die Geräuschkulisse in dem Saal wurde lauter.

»Tragen sie es laut vor, wenn sie etwas zu sagen haben«, sagte der General

»Wie wollen wir es mit einer solchen großen Flotte aufnehmen? «, fragte Commodore von Häussen. » Das ist Wahnsinn. «

General Poison schaute den Commodore verärgert an. »Von ihnen hätte ich mehr zu diesem Thema erwartet als unqualifizierte Äußerungen «, antwortete er.

Der General blickte sich um.

»Hat hierzu noch jemand etwas zu sagen? «, fragte er.

Captain Hunter erhob sich.
»Wie wollen wir die Entfernung nach Andromeda überbrücken? «, erkundigte er sich.

»Das ist eine gute Frage«, erwiderte der General. »Es hilft uns jemand hierbei. Wir nutzen die Wurmloch-Technologie einer befreundeten Rasse. Wir wären ohne Zeitverlust an dem Bestimmungsort. Diese Technik ist bereits vor vielen Jahrtausenden von den Lantranern perfektioniert worden. «

Major Travis erhob sich.
»Ich bitte um das Wort, Herr General«, sagte er.

General Poison nickte ihm zu.
»Sie alle haben die Situation gesehen«, bestätigte der Major. »Vom Abwarten wird sie nicht besser. Noch sind wir in der Lage eine Flotte aufzustellen, welche die derzeit noch unbemannten Schiffe der Worgass vernichten kann. Je länger wir warten, desto schwieriger wird das Vorhaben werden. Um nicht die Sicherheit unseres Sol-Systems zu beeinträchtigen, bitte ich einige befreundete Rassen des Neuen-Imperiums um ihre Unterstützung. Ich

bin sicher, dass sie sich an der Mission beteiligen werden, da sie alle den gleichen Gefahren ausgesetzt sind. Falls wir es nicht schaffen, die Invasions-Flotte der Worgass aufzuhalten, wird sie in unsere Milchstraße einfallen und Jagd auf alle humanoiden Völker machen. Das möchte ich in jedem Fall vermeiden. Derzeit haben wir ihre Flotte noch konzentriert an einer Koordinate liegen. Genau genommen haben wir keine andere Wahl, als jetzt zu handeln. Uns steht ein Zeitfenster von 4 Monaten zur Verfügung. Danach werden die Worgass ihren Wurmloch-Knoten wieder aufgebaut haben. Vorher sollten wir zuschlagen. Denn nur so kann es uns gelingen, den Wurmloch-Knoten wieder zu vernichten, bevor die Worgass Verstärkung aus anderen unterjochten Galaxien zusammenziehen können. «

Major Travis ließ seine Worte auf die Zuhörer wirken.
»Wir haben einen Informanten, der die Worgass gut kennt«, fuhr er fort. »Ich bitte Commander Rantero vorzutreten. «

Die drei Roboter führten den Worgass an die Seite von Major Travis.

»Bitte stellen sie sich selbst vor«, sagte Major Travis

»Mein Name ist Rantero«, sagte er in deutlichem Natradisch. »Leider bin ich ihrer englischen Sprache nicht mächtig und kann ihnen Rede und Antwort nur in der alten Imperiums-Sprache geben. Ich habe lange unter der Herrenrasse, wie sie sich selbst nennen, gelebt. Für sie habe ich schmutzige Aufträge erledigt und nach ihren Wünschen gearbeitet. Wer nicht spurte, kam vor ein Gericht und wurde in den meisten Fällen hingerichtet. Ein Hinterfragen von Arbeiten und Aufträgen wurde nicht geduldet. Die Worgass unterhalten auf dem Planeten Lizzit mehrere Soldaten-Garnisonen.

Aus den Archiven ist ersichtlich, dass mit einer Truppenstärke von 75.000 Soldaten zu rechnen ist. Dieses Truppen-Kontingent soll überwiegend das Volk der Lizards gefügig machen und sie für ihre Arbeiten schulen. Weiter verfügen die Worgass über 43 Produktions-Regimenter. Das sind Werft-Anlagen, die alle nur eine Aufgabe haben, nämlich Raum-Schiffe für sie zu produzieren. Wie auf vielen Welten gebräuchlich, werden die hierzu benötigten Teile von Duplikatoren erzeugt. Ähnlich, wie es auch bei ihnen erfolgt. Mit Neid schauen die Worgass auf ihre terranischen Großanlagen.

Deshalb haben sie auch versucht, einen hiervon unschädlich zu machen. Vermutlich wäre es bei einem erfolgreichen Abschluss, nicht nur bei einem Sabotageakt geblieben. Weitere Teams wären geschickt worden, mit dem Auftrag, alle weiteren Duplikatoren ihrer Werft-Stationen zu vernichten. «

»Woher wissen sie das alles? «, fragte ein Zuhörer.

»Ich habe eine Zeitlang unter ihnen gelebt«, antwortete Rantero ruhig.

General Poison hob die Hand.
»Weitere Fragen zu der Person werden nicht gestattet«, raunte er den Zuhörern entgegen.

Ein Offizier des Planungsstabes hob die Hand.
»Bitte«, sagte der General.

»Wenn ich richtig verstanden habe, können wir durch die Hilfe einer befreundeten Rasse ohne Zeitverlust nach Andromeda fliegen und dort eingreifen«, teilte er mit. »Sie sagten uns aber, dass die Wurmlochsteuerung auf der anderen Seite noch nicht bereit wäre? «

»Das ist richtig«, antwortete der General. »Es gibt noch weitere Wurmlöcher. Hiervon wissen die Worgass nichts. «
»Ich verstehe«, erwiderte der Offizier des Planungsstabes. »Dann schlage ich vor, ein oder zwei getarnte Schiffe dorthin zu entsenden, um aktuelle Aufklärungsdaten zu ermitteln. Falls die von ihnen vorgetragenen Informationen sich als richtig erweisen, werden sie unsere Zustimmung erhalten. Falls nicht, dann sollten wir ganz schnell die bekannten Wurmlöcher verminen und unsere Kampfflotten vor den Eingängen in der Milchstraße positionieren.

Ich hoffe nicht, dass die Worgass sich schlauer erweisen, als von uns vermutet. Ist es möglich, dass der Bau ihrer Invasions-Flotte nur ein Ablenkungsmanöver darstellt, weil sie wissen, dass wir von der Produktion ihrer Flotte wissen? Das würde bedeuten, dass der Aufbau des

Wurmloch-Knotens der Schwerpunkt ihrer Arbeit ist. Wer sagt uns, dass nicht plötzlich aus einer anderen Galaxie, eine noch größere Flotte in die Milchstraße eindringt? «

»Ich kann sie beruhigen«, antwortete Commander Rantero. »Derzeit sind keine anderen Produktionsstätten aktiviert als die auf dem Planeten Lizzit. «

Die Antwort bestätigt mir aber die Möglichkeit, dass es durchführbar wäre? «, sagte der Offizier des Planungsstabes.

Sein Kollege stand auf.
»Das Fragespiel lässt sich noch weiter ausbauen«, bemerkte er. »Ich möchte unseren lantranischen Gast fragen, ob unsere Milchstraße ohne Zeitverlust von jeder anderen Galaxie erreicht werden kann? «

Heran stand auf.
»Das ist das Schöne an der Wurmloch-Technologie«, lächelte er. »Es ist möglich, wenn genügend Energie zur Verfügung steht.

»Dann sind wir nie mehr sicher«, bemerkte der zweite Offizier des Planungsstabes.

»Ganz so einfach ist es nicht«, antwortete Heran. »Diese Technologie ist sehr komplex und muss exakt kontrolliert werden. Unser Gast Rantero wird bestätigen, dass die Worgass nur den einfachsten Weg des Wurmloches kennen. Ich will es für die Unwissenden etwas vereinfachen. Die Worgass besitzen nur Grundkenntnisse über dieser Technologie. Sie können in einer beliebigen Galaxie lediglich ein Wurmloch-Portal öffnen.

Dieser Tunnel öffnet einen Weg in ihre Nachbar-Galaxie. Sie sind noch lange nicht so weit, dass sie ein Wurmloch-Netzwerk schalten und mehrere Galaxien frei anwählen können. Ob sie diese Technik jemals beherrschen werden, entzieht sich meiner Kenntnis. Ich bin der Meinung, wenn sie es überhaupt schaffen, werden noch mehrere Jahrtausende vergehen, bevor sie diese Technologie erfolgreich anwenden können. «

Rantero nickte.
»Ich kann diese Aussage bestätigen«, bemerkte Rantero. »Die Worgass können derzeit nur von Galaxie zur Nachbar-Galaxie reisen. «

»Wer sagt uns, dass sie die Wahrheit sagen? «, fragte ein Offizier.

»Das kann ihnen niemand hier im Raum bestätigen. Sie sollten es selbst überprüfen«, erwiderte Rantero.

»Können sie uns noch etwas Wichtiges, bezüglich des Planeten Lizzit sagen? «, fragte General Poison.

Der Worgass drehte seinen Kopf und blickte in die Richtung des Generals.

»Was sie noch wissen sollten, die Green-Lizards leiden unter der Herrschaft der Worgass«, erklärte er. »Sie werden versklavt und genmanipuliert. Häufig werden Folterungen bei nicht Gehorsam befohlen, denen massenweise Hinrichtungen folgen. Zwischendurch planen die Echsen immer wieder einen Aufstand, um einen Regierungs-Umsturz zu realisieren. Leider war der Erfolg bisher nicht auf ihrer Seite. Schlecht ausgerüstet, emotional aufgewühlt, ohne einen effektiven Plan, konnten sie nicht gewinnen. Ihre Revolte wurde immer blutig niedergeschlagen. Für einen getöteten Worgass werden in der Regel 50 Green-Lizards exekutiert. Eventuell haben sie Glück und können diese Aktivitäten der Green-Lizards nutzen. «

»Danke«, antwortete der General. »Ihre Ausführungen waren sehr interessant. Ich hoffe sehr, wir können uns in ihrem Sinne revanchieren. «

Er nickte Atlanta und Senga-Hol zu.
»Lassen sie unseren Gast wieder in sein Quartier bringen. Für heute haben wir genug gehört. «

Senga-Hol instruierte die drei Kampf-Roboter. Commander Rantero wurde von ihnen aus dem Raum geführt.

Der General überlegte einen Augenblick.
»Ich stimme dem Vorschlag des Planungs-Stabes zu, ein Tarnschiff zwecks Bestätigung unserer Informationen zu entsenden«, überlegte er. »Es wird neue Informationen

sammeln und hoffentlich die vorliegenden Daten bestätigen. Damit wäre für heute alles besprochen. Wir warten die neuen Informationen ab. Ich danke für ihr Erscheinen. «

Der General sprang von seinem Stuhl auf und schritt auf die Gruppe von Major Travis zu.

»Darf ich sie bitten noch zu bleiben?«, fragte er höflich. Er drehte sich um und erkannte, dass die meisten Zuhörer bereits den Saal verlassen hatten. Er schritt zu der Tür und rief laut eine Anweisung in sein Vorzimmer.

»Ich möchte nicht gestört werden«, befahl er. »Notieren sie bitte alle Anrufe. Ich melde mich später. «

Er warf die Tür in das Schloss und kam zurück.
»Es nützt nichts«, sagte er. »Wir können nicht immer geheime Süppchen kochen. Die Verwaltungsebenen müssen informiert werden. «

»Heran, darf ich sie bitten mit Major Travis den Sondierungsflug zu übernehmen? «, fragte er höflich?

»Ich habe mit dieser Frage bereits gerechnet, General«, antwortete der Lantraner. »Wer sonst könnte das Wurmloch öffnen. Wir werden unseren Freund Morass Zyran mitnehmen. Er kennt sich am besten auf dem Planeten Lizzit aus. «

»Dauert der Flug dann nicht zu lange? «, fragte Noel.

»Keine Sorge, wir fliegen mit meinem Schiff«, entgegnete Heran. »Hiermit kommen wir schnell an. «

Der General blickte die weiteren Commander an.
»Jetzt kommen wir zu dem Wesentlichen«, ergänzte er.

»Heran, sie haben uns auf dem Geburtstag von Major Travis mitgeteilt, dass ihre Rasse sich mit 100 Schiffen an der Mission beteiligen wird. «

Der Lantraner nickte.
»Das war das Ziel unserer Verhandlungen mit der Hohen-Empore«, erklärte er.

»Mit den von ihnen genannten neuen Waffen und den Modifikationen an unseren Schutzschirmen, sollten wir den größten Teil der Worgass-Armada beseitigen können«, sagte der General. »Nach Absprache mit Noel werden wir mehr Schiffe als ursprünglich geplant für diese Mission abstellen. Diese Schiffe sind noch nicht der Registrierung des Imperiums zugeordnet und tauchen in der Statistik nicht auf. Das Abziehen von bereits zugeordneten Einheiten ist immer schwer möglich. Ich biete ihnen nachfolgende Schiffe für ihre Mission an:

350 Schiffs-Neubauten der Termar-Serie, Produktions-Standort Erde.

100 Schiffs-Neubauten der Cuuda-Klasse, Produktions-Standort Erde.

100 Schiffs-Neubauten der Kaiser-Klasse, Produktions-Standort Außenhangar Natrid, von Noel beigesteuert.

200 Schiffe-Königs-Klasse, komplett überholte Einheiten aus der Zeit von Admiral Tarin, Standort Marid-Hangar, von Noel beigesteuert.

400 Schiffe-Lord-Klasse, komplett überholte Einheiten aus der Zeit von Admiral Tarin, Standort Varid-Hangar, von Noel beigesteuert.

600 Schiffe-Naada-Klasse, Neubauten alter Varianten von den Trantos-Werften, wurden bereits nach Absprache von Noel und der Trantos-KI auf den Weg zu uns gebracht.

500 Schiffe-Naada-Klasse, bereits modifizierte Ausführungen von der Atlantis-Basis. Atlanta unterstützt uns freundlicherweise mit ihrer Flotte. «

Der General blickte die staunenden Offiziere an.
»Ferner rechne ich mit folgenden Zusagen«, ergänzte er.

600 Schiffe der Lizard-Klasse. Das wäre ein kleiner Teil ihrer Heimat-Verteidigung. Ich habe zugesichert, im Krisenfall sie mit unseren Flotten zu unterstützen.

500 Schiffe der Najekesio-Klasse, die entsprechenden Anfragen laufen.

250 Schiffe der Morina-Klasse. Überwiegend Zerstörer, die ansonsten gegen Piraten im Einsatz sind. Unsere Anfragen laufen.

300 Schiffe der Naado-Klasse, aus ihrer System-Verteidigung, die Anfragen laufen.

1.000 Schiffe, gemischter Klassen, von unseren Freunden in der Magellanschen Wolke. Die Anfragen laufen. Auch hier bitten wir Heran, zu geeigneter Zeit ein Wurmloch zu öffnen.

100 Evolutions-Schiffe der Lantraner, Sonder-Klasse mit unbekannter Ausstattung,«

General Poison ließ die Zahlen auf die Zuhörer wirken.

»Das macht die Gesamtzahl von exakt 5.000 Schiffen aus, die an dieser Mission fiktiv teilnehmen könnten«, lächelte er. »Vorausgesetzt wir können unsere befreundeten Rassen zu einer Teilnahme bewegen. «

Die Gesichter von Heran und Major Travis hellten sich auf. »Perfekt«, antwortete der Major. »Mit dieser Zahl können wir arbeiten. «

»Ausgezeichnet«, bemerkte Heran. »Ich wusste direkt, dass sie uns nicht mit 100 Schiffen abspeisen würden. «

»Danken sie nicht nur mir, sondern auch Noel, der tatsächlich noch einige Schiffe von Admiral Tarin versteckt hatte«, antwortete der General.

»Das hat nichts mit versteckt zu tun«, antwortete der Kunst-Klon von Natrid emotionslos. »Die Einheiten wurden bisher nicht repariert und gewartet, geschweige denn überarbeitet. Sie liefen in meinen Registern als nicht einsatzfähige Schiffe, bedingt durch einen Treffer, oder durch eine Beschädigung, den sie in dem großen Krieg erhalten hatten. Sie wurden nicht der großen Evakuierungs-Flotte von Admiral Tarin übereignet, weil sie defekt waren. Seit der Aktivierung der Marid- und Varid-Basis vor einem Jahr und der Stationierung von neuen ausgebildeten Wartungs- und Reparatur-Personals, konnten wir endlich mit den erforderlichen Arbeiten beginnen. Die ihnen jetzt gemeldeten Schiffe sind einwandfrei, durchliefen zahlreiche Testflüge und können wieder in den Dienst gestellt werden. Weitere Schiffe folgen, werden aber für die Mission nicht rechtzeitig zur Verfügung stehen. «

»Sie brauchen sich nicht zu rechtfertigen«, stoppte Major Travis den Redefluss von Noel. »Wir sind ihnen jetzt bereits zu großem Dank verpflichtet, dass sie diese Lösung für uns ermöglichen konnten. Es geht eigentlich nur noch darum, unsere Partner für diese Mission zu begeistern. Ich möchte die Anfrage von General Poison durch einen persönlichen Besuch untermauern. «

Er drehte sich zu den Commandern um.

»Darum sind sie hier, meine Herren«, erklärte er. »Besprechen wir, wer zu welchen Nationen fliegt. «

Der Major schaute in die Runde der wartenden Schiffs-Führer.

»Commander Stuart«, sagte Major Travis. »Sie sind zurzeit auf Morina stationiert. Übernehmen sie den Part, die galaktischen Händler zu überzeugen? «

»Das wird ein schwieriges Gespräch werden«, antwortete der Commander. »Die Morina sind in diesen Fragen unbeweglich und nur schwer von ihrem Kurs abzubringen.«

»Deswegen gebe ich ihnen auch Sirin mit«, antwortete der Major. » Die natradische Prinzessin unterstreicht die Wichtigkeit dieser Mission. Die Morina haben erst seit kurzem ihr System wieder vollständig in Stand gesetzt. Ein neuer Krieg, mit einem unbekannten Ausgang, kann nicht in ihrem Interesse sein. «

Er drehte sich nach Sirin um.
»Ist das für dich in Ordnung? «, fragte er. » Würdest du den Commander unterstützen? «

»Natürlich«, antwortete Sirin direkt. »Ich bin neugierig, wie es auf ihrem Planeten aussieht. «

»Wichtig ist ein positiver Verlauf der Verhandlungen«, ergänzte der Major. »Die Morina sollten keine

Möglichkeit haben, unseren Wunsch abzuschlagen. Gegebenenfalls muss die Überprüfung der Handelsabkommen in die Waagschale geworfen werden.«

»Ich werde entsprechende Worte wählen«, versprach Sirin.

»Gut«, erwiderte Major Travis. »Dann wäre der Punkt Morina geklärt. «

Er schaute die anderen Commander an.
»Wer möchte zu den Najekesio fliegen? «, erkundigte er sich.

»Das kann ich übernehmen«, meldete sich Commander Malley. »Ich freue mich, wieder einmal neue Bereiche der Milchstraße kennenzulernen. «

»Das ist auch kein leichtes Unternehmen«, bemerkte der Major. »Die Najekesio sind uns gegenüber immer noch sehr zurückhaltend. Sprechen sie mit Remesska. Er ist der Verhandlungs-Führer der Regierung aller Najekesio. Sie sollten auch Someska an dem Gespräch beteiligen. Er wiederum ist der Befehlshaber der Najekesio-Flotten. Ich gebe ihnen das Bildmaterial von Heran mit. Teilen sie ihnen mit, dass die Worgass kurz vor dem Einfall in die Milchstraße stehen. Wir brauchen von ihnen mindestens 500 Schiffe. Diese würden wir hier im Sol-System mit unserem Super-Schutzschirm aufrüsten. «

»Das bekomme ich hin« antwortete der Commander.

»Ich habe aber noch einen Wunsch. Darf ich Captain Jodie McLaine mitnehmen. Wir haben uns lange nicht gesehen. Sie wird sich über diese Abwechslung freuen. «

Major Travis schaute den Commander mit schrägem Blick an.

»Das ist eine ernsthafte Aufgabe«, sagte er. »Ich hoffe nicht, sie verwechseln das mit einem Vergnügungs-Ausflug. «

Commander Malley lachte.
»Wie soll ich es beschreiben«, antwortete er. »Dieser Captain der Eris-Station inspiriert mich zu Höchstleistungen. «

»Ich habe genug gehört«, sagte General Poison. »Ich leite alles in die Wege und rufe sie für diesen Zweck ab. Sie kann die Transmitter-Verbindung nach Titan nutzen. Dorthin begeben sie sich auch schnellstens hin. In der Werftstation wird ihr Schiff mit dem modifizierten Schutz-Schirm von Heran versehen. «

»Danke General, das wäre auch geklärt«, antwortete Major Travis.

Er blickte Commander Cottle an.
»Jetzt ist für sie die schönste Reise übriggeblieben«, lächelte Major Travis. »Sie dürfen in die Enklave der

Naado reisen. Es ist ein abgeschlossenes System. Von den 23 Planeten sind 7 bewohnt. Der Regierungs-Planet ist der 5. im System. Sprechen sie mit Itarus. Er ist der Rats-Vorsitzende, ferner mit Kanusu seinem Stellvertreter und mit dessen Freund Rattisch Tanlegra. Er ist der Handels-Modul des 7. Planeten. Zusammen haben wir die Situation in der Enklave bereinigt. Sie sind uns zu Dank verpflichtet. Kanusu sollte in der Lage sein, die benötigten Schiffe abzukommandieren. Auch sie bekommen von mir das Bildmaterial unseres Freundes Heran mit. Überzeugen sie die Naado, dass die Worgass nicht vor ihrer Enklave Halt machen werden. «

Er schaute dem Commander in die Augen. «
»Möchten sie auch noch jemanden mitnehmen? «, fragte er.

Commander Cottle schüttelte seinen Kopf.
»Ich habe mein Team, das genügt mir völlig«, antwortete er.

»Perfekt«, erwiderte der Major. »Trotzdem werden sie Barenseigs mitnehmen. Er wird sie unterstützen, bezüglich aller Fragen, die von den Naado wegen ihrer Vergangenheit gestellt werden. Barenseigs ist von mir autorisiert, mögliche Emotionen der natradischen Nachkommen zu beruhigen. Er weiß, was zu tun ist. «

Major Travis blickte den Gildor an. Barenseigs trat vor und stellte sich neben Commander Cottle.

»Wir werden schon zurechtkommen«, sagte er.

»Da gehe ich von aus«, erwiderte der Major.

Er wandte sich wieder Commander Cottle zu.
»Auch sie begeben sich sofort nach Titan zur Umrüstung ihres Schutzschirmes. «

Major Travis blickte Commander Brenzby an.
»Dir gebe ich Heinze mit«, sagte er. »Ihr habt die besondere Aufgabe in die kleine Magellansche Wolke zu reisen. Steuert den Planeten Ranklarr an. Er ist der neue Sammel- und Rückzugsort für die Parhlevi. Ersuche um ein Gespräch mit Kommissar Kahlewa. Vielleicht ist auch Admiral Samram Nor'daram zugegen. Mit ihnen habe ich damals die Worgass vernichtet. Auch sie haben uns Unterstützung zugesagt. Sie sollten mit Leichtigkeit mindestens 1.000 Schiffe abstellen können. Du kannst über die Termar 1 und unser Team verfügen.

Bringe sie gesund zurück. Ich werde in der Zwischenzeit mit Heran zu den Green-Lizards fliegen und mit unserem Freund Morass Zyran reden. Er wird sicherlich an unserem Flug nach Andromeda teilnehmen wollen. Er kennt sich am besten auf seinem alten Heimat-Planeten aus. Sie alle bekommen jeweils 10 Schiffe der Kaiser-Klasse als Unterstützung zugeteilt. Ich denke, dass keine besonderen Vorfälle passieren werden, doch sicher ist sicher. «

»Was ist mit mir? «, fragte Captain Hunter. » Welche Aufgabe darf ich übernehmen? «

»Für sie habe ich die wichtigste Aufgabe vorgesehen, Captain«, antwortete der Major. »Sie übernehmen den Oberbefehl über die Flotte der Cuuda-Schiffe. Lassen sie diese an unsere Terra-Space-Ports 1 bis 5 andocken. Dort werden alle Schutzschirme modifiziert. Sobald die Cuuda-Schiffe modifiziert sind, befehlen sie alle von General Poison zur Verfügung gestellten Schiffe in die Docks. Verteilen sie die Schiffe über alle möglichen Reparatur-Werften. Wir sollten so schnell wie möglich umrüsten. Ich kann erst nach unserer Rückkehr von Andromeda sagen, wie viel Zeit uns noch bleibt. «

Er lächelte Atlanta zu.
»Ihr habt es einfacher«, sagte er. »Eure Schiffe stehen in den Hangars. Wir senden euch Techniker und geschultes Wartungs-Personal. Die Umrüstung eurer Schiffe erfolgt auf Atlantis. In diesem Zusammenhang möchte ich sie um folgendes bitten. Können wir ihre äußeren Raumschiff-Docks, für die Umrüstung der von Noel zugesagten Schiffe der Kaiser-Klasse, der Königs-Klasse und der Lord-Klasse nutzen? «

»Die Frage erübrigt sich eigentlich«, antwortete Atlanta. »Unsere Basis ist ein Teil des Ganzen. Verfügen sie über unsere Möglichkeiten. «

»Danke, das habe ich nicht anders erwartet«, entgegnete Major Travis. »Captain Hunter wird mit ihnen die Details besprechen. «

Er wandte sich wieder Captain Hunter zu.

»Die von Trantos einfliegenden Schiffe leiten sie bitte in die Titan-Werften und auf Basen der umliegenden Monde. Noel wird per Transmitter-Verbindung Personal zur Umrüstung entsenden. Zur Vorsicht lassen sie von Commander Giacomo, dem Befehlshaber der Schutzflotte der Erdverteidigung, eine Sicherheitszone um Titan aufbauen. «

Captain Hunter bestätigte den Befehl.

Der Major ließ eine kurze Pause vergehen.
»Ich bitte sie General, die ganze Angelegenheit mit Noel zu überwachen. Die Umrüstung sollte reibungslos und schnell ablaufen. Rechnen sie bitte kurzfristig mit weiteren einfliegenden Schiffen, unserer befreundeten Rassen. Alle Schiffe müssen schnellstens mit den Super-Schutzschirmen ausgestattet werden. Die modifizierten Schiffe sammeln sich in einer Umlaufbahn um den Jupiter.«

Er blickte die Offiziere an.
»Sehen sie noch Unklarheiten? «, fragte Major Travis zum Abschluss seiner Planung.

»Es wird sicherlich eine gewisse Zeit dauern, bis wir mit der Flotte der befreundeten Rassen wieder hier sind«, bemerkte Commander Stuart.

»Entschuldigung«, sagte Major Travis. »Ich vergaß ihnen mitzuteilen, dass sie jeweils von einem Lotsen-Schiff der Lantraner begleitet werden. Es öffnet ihnen ein Wurmloch-Fenster zu ihrem Reiseziel. Das Evolutions-Schiff begleitet sie durch die Tunnel-Verbindung und verharrt am Ausgang des Wurmloches auf ihre Rückkehr. Nur auf ihren ausdrücklichen Befehl hin, wird das Wurmloch wieder geöffnet und sie gelangen zurück an den Sammelpunkt Jupiter. Wenn sie hier sind, melden sie sich bei Captain Hunter und erwarten sie weitere Befehle. «

»Alles klar«, antwortete Commander Stuart. »Wann geht es los? «

»Sobald wir einsatzbereit sind und unsere Schiffe umgerüstet haben«, antwortete der Major. »Ich denke, wir haben ein Zeitfenster von 2 Tagen. Aktivieren sie ihre Teams und machen sie sich startklar. Heran sorgt dafür, dass die Lotsen-Schiffe rechtzeitig eintreffen. Kümmern sie sich in der Zwischenzeit um die Modifikation ihrer Schutz-Schirme. «

Die Commander salutierten und wandten sich dem Ausgang entgegen.

Major Travis und Heran schauten General Poison und Noel an. »Sie organisieren und überwachen alles? «, fragte der Major.

»Selbstverständlich«, antwortete der General. »Uns entgeht nichts. «

»Dann dürfen wir uns bei ihnen verabschieden«, lächelte der Major. »Heran und ich machen uns auf den Weg zu den Green-Lizards. Rechnen sie in zwei Tagen mit unserer Rückkehr. «

»Viel Erfolg«, sagte Noel. »Ich hoffe, sie kommen gesund und mit guten Nachrichten zurück. «

»Das hoffen wir alle«, antwortete der Major.

Der Ältesten-Rat von Lizzit

Die Regierung auf Lizzit war zusammengetreten. Der für den Planeten der Green-Lizard zuständige lokale Worgass-Kommandeur, hatte den Ältesten-Rat ein befohlen.

»Warum sind wir hier? «, erkundigte sich Maise Yozan.

»Die planetare Zentral-Kommandantur der Worgass hat uns zu dieser außerplanmäßigen Sitzung genötigt «, antwortete Oyaise Tazran, der Mitglied des Ältesten-Rates war. »Sie haben erneut Wünsche geäußert, die wir beschließen sollen. Es wird sich um ein dringendes Anliegen handeln, da sie auf die Anwesenheit des ganzen Ausschusses gedrungen haben. «

»Unsere Regierung ist eine Phrase, «, erwiderte Sorazz Lytzin. »Wir sind Lakaien der Worgass. Von einer Eigenverwaltung sind wir weiter entfernt als je zuvor. Seit uns Raise und Morass verlassen haben, ist keine Ordnung mehr in diesem Gremium. «

»Das kannst du nicht sagen, wir geben unser Bestes «, antwortete Uyaise Mazrin. »Wir alle wissen, dass uns die Hände gebunden sind. Als Parlamentarier dürfen wir unser Ziel nicht aus den Augen verlieren. «

»Von welchen Zielen redest du? «, fragte der Vorsitzende Traise Zyran. » Wir können doch unsere eigenen gesetzten Ziele in keiner Weise realisieren. Es lässt sich nicht leugnen, dass die Worgass die Herren auf unserem

Planeten sind. Ich habe daher auch nicht mehr Informationen als ihr. «

»Ich bin nicht bereit das Kommando der Worgass länger als nötig zu ertragen «, sagte Dyise Sanzin.

»Achte auf deine Worte «, raunte ihm Traise Zyran zu. Er war der Vorsitzende des Rates.

» Wir wissen nicht, ob wir abgehört werden«, ergänzte er seine Aussage. »Die Worgass verfügen über sehr viele Informanten. Auch aus unseren eigenen Reihen. «

»Das sagt bereits alles aus«, entgegnete Dyise Sanzin. »Wie tief muss unser Volk noch fallen, bis es sich endlich befreien kann? «

»Eine Befreiung ist erst mit Auslöschung der Worgass möglich«, antwortete Oyaise Tazran. »Wir alle wissen, dass wir nur eine von vielen Werft-Planeten in Andromeda sind, die unter ihrer Herrschaft stehen. Glaubst du wirklich, die Worgass werden auf unseren Planeten verzichten? Es ist eher für uns möglich, nach einem neuen Planeten zu suchen, als dass die Worgass auf unsere Welt mit allen ihren Werften und Garnisonen verzichten würden. «

»Wir sollten eine Revolution anzetteln«, sagte Kysian Kaizan.

»Wie beim letzten Mal? «, fragte Traise Zyran. » Habt ihr vergessen, wie viele Leben unserer Leute das gekostet hat. Für einen getöteten Worgass, lassen sie 50 Lizards unseres Volkes hinrichten. «

Das Gespräch verstummte, als schwere Schläge gegen die Eingangs-Pforte hörbar wurden. Einige Parlamentarier drehten sich um und schauten den großen Türen entgegen. Diese schlugen beidseitig auf. Sechs schwere Kampfroboter der Worgass, mit schussbereiten Waffen im Anschlag, schritten hindurch. Sie positionierten sich rechts und links des Einganges. Ihr strenger Blick sondierte in allen Richtungen. Nachdem sie erkannt hatten, dass keine Gefahr drohte, fuhren sie ihre Waffenarme ein. Eine Gruppe von sechs Worgass Soldaten schritt in den Plenarsaal. Kein Laut war von den anwesenden Green-Lizards zu vernehmen. Nur die Schritte der Soldaten waren auf dem Steinboden des Saales zu hören. Mit schnellen Schritten näherten sie sich dem Podium des Ältestenrates. Kurz hiervor blieb die Gruppe stehen. Der Anführer der Worgass blickte verächtlich auf den Regierungs-Rat.

Der Vorsitzende des Ältesten-Rates, Traise Zyran, hielt dem Blick stand. Er atmete tief aus.

»Was verschafft uns die Ehre ihres Besuches? «, begrüßte er die Worgass-Kohorte.

Ohne die Begrüßung zu erwidern, trat der Führer der kleinen Gruppe einen weiteren Schritt nach vorne.

»Vorsitzender des Lizard-Rates«, sagte er tonlos. »Wir haben eine Anordnung von dem galaktischen Zentralbüro erhalten. Sie werden aufgefordert, ab sofort die doppelte Menge an Personal für die Produktion und die Besatzung der Schiffe bereitzustellen. Die Produktionsquoten wurden drastisch erhöht. «

»Wie stellen Sie sich das vor? «, entgegnete Traise Tazran. » Wir sind jetzt bereits an unsere Grenzen angekommen. Das Personal kann erst ab einer gewissen Entwicklungsstufe geschult werden. «

Der Führer der kleinen Kohorte hob seine Hand und verzog sein Gesicht.
»Ich dulde keinen Widerspruch«, antwortete er. »Die Befehle sind eindeutig. Kommen sie dem Wunsch des Planungsstabes nach, ansonsten beenden viele Lizards ihres Planeten ihr Leben in der Schmerz-Zentrifuge. Der Befehl der Netzwerk-Denker lässt keinen Aufschub zu. «

Die Geräuschkulisse in dem Sitzungssaal wurde deutlich lauter.

»Feiges Mörder-Pack«, fluchte jemand. »Gesindel, geht dahin, wo ihr hergekommen seid. Wir brauchen euch nicht. «

Erbost drehte sich der Anführer der kleinen Gruppe um. Er konnte jedoch niemanden erkennen.

»Wer war das? «, fragte der die Personen in dem Saal.

Der Anführer hatte seine Waffe gezogen, die derzeit noch in seiner Hand liegend auf den Boden zeigte.

»Sollte dem Zwischenrufer der Mut verlassen haben«, fragte er. »Wer ist nun zu feige, um sich zu stellen. Freut euch nicht zu früh, wir werden ihn schon finden. «

»Ich bitte um Entschuldigung für den Vorfall«, sagte Traise Zyran. »Auch bei unseren Personen gibt es einige Hitzköpfe. Bitte entschuldigen sie nochmals den Vorfall. Er wird von der Regierung der Green-Lizards nicht mitgetragen. Wir wissen um die Wichtigkeit ihres Auftrages. Geben sie uns etwas Zeit, um ihren Wunsch zu besprechen. Wir werden eine Lösung zu finden. «

Der Anführer der Worgass-Kohorte drehte seinen Kopf wieder dem Ältesten-Rat zu. Er schien sich sichtlich beruhigt zu haben.

»Das erwarte ich auch von ihnen«, erwiderte er. »Sie haben 24 Stunden Zeit, uns ihre Entscheidung mitzuteilen. Ruhm und Ehre den Worgass. «

»Ruhm und Ehre den Worgass«, klang es aus dem Sitzungssaal zurück. Die Parlamentarier wollten die Situation nicht weiter anheizen.

Ohne weitere Worte drehte sich der Anführer um und schritt dem Ausgang entgegen. Seine Kohorte und die

Kampf-Roboter folgten ihm. Die Parlamentarier wurden keines Blickes von der Gruppe gewürdigt. Eine kurze Zeit blieb es leise in dem Saal. Alle warteten ab, bis keine Geräusche mehr von den abziehenden Worgass zu vernehmen waren.

»Das ist ein neuer Krisenfall«, sagte Dyise Sanzin. »Wir können die Anzahl der Personen nicht verdoppeln, wie es von den Worgass verlangt wird. «

»Irgendetwas ist passiert«, sagte Oyaise Tazran. »Die Worgass werden eindeutig ungeduldig. Warum versuchen sie jetzt den Ausstoß zu verdoppeln? «

»Wir alle wissen doch, wie es um die Flotte steht«, bemerkte Maise Yozan. »Auch ihre letzte entsandte Flotte in die Milchstraße ist nicht mehr zurückgekommen. Alle rekrutierten junge Männer und Frauen sind gestorben. Wie können wir ihren Eltern eine solche neue Tragödie zumuten? «

»Wir alle wurden von den Worgass gezüchtet«, erklärte Uyaise Mazrin. »Aber das ist lange her. Wir haben uns weiterentwickelt, aber unsere Unabhängigkeit nie verwirklichen können. Schuld sind immer die Worgass, die es zu verhindern wissen. Wäre doch nur Morass Zyran und Raise Zyran noch bei uns. Sie würden garantiert eine Lösung finden. «

»Wir wissen nicht, ob sie noch leben? «, entgegnete Traise Zyran. » Vielleicht sind sie von den humanoiden Rassen in der Nachbar-Galaxie getötet worden. «

»Das kann nicht sein«, sagte Kysian Kaizan. »Morass hat in den höchsten Tönen von der Milchstraße gesprochen. Er ist dorthin geflüchtet, um seine Tochter zu suchen. «

»Das war seine Aussage«, sagte Traise Zyran. »Aber vielleicht ist es anders gekommen, als er es gehofft hatte. Macht es euch nicht stutzig, dass keiner von den Worgass-Truppen je zurückgekehrt ist, die wir in die Milchstraße entsendet haben. Entweder sind die humanoiden Rassen dort reißende Bestien, oder ihre Völker sind technisch besser gerüstet als die Worgass. Ansonsten würden sie die Flotten unserer Herren nicht schlagen können. «

Eine kurze Pause der Stille verging.
»Kommen wir wieder auf den Wunsch der Worgass zurück«, sagte Oyaise Tazran. »Wir werden ihren Wünschen in irgendeiner Form nachkommen müssen. Ansonsten verlieren wieder viele unschuldige Lizards ihr Leben. Euch ist allen klar, dass die Worgass ein Nein nicht akzeptieren werden. «

Dysion Yasiol hatte lange zugehört und sich nicht an der Diskussion beteiligt. Er kannte das Ritual zur Genüge. Es wurde immer geredet, ohne ein Ergebnis zu erzielen. Langsam hob er seine Hand.

»Ich habe eine Idee«, sagte er.

Alle drehten sich erstaunt zu ihm um.

»Was ist, wenn wir mit dem Untergrund sprechen«, fragte er. »Wir sollten sie bitten, ausreichendes Personal abzustellen, mit denen wir ihre Schiffe bemannen. So hätten wir die Möglichkeit ihre Schiffe zu infiltrieren und diese gegen sie einzusetzen. «

»Das ist viel zu gefährlich«, sagte Traise Zyran. »Seid ihr euch bewusst, welche Folgen das bei einem Misserfolg für unser Volk haben würde? «

»Wollen wir immer unter der Knechtschaft der Worgass leiden? «, fragte Dysion Yasiol. » Wir sollten nicht immer reden, sondern endlich etwas unternehmen und zu einem Endschlag ausholen. «

»Wir können unmöglich alle 620.000 Schiffe im Orbit infiltrieren «, überlegte Uyaise Mazrin.

»Das brauchen wir auch nicht«, antwortete Dysion Yasiol. »Die Hälfte der Schiffe würde ausreichen, um hiermit die andere Hälfte überraschend zu zerstören. Mit nur der Hälfte der Schiffe in unserer Hand, könnten wir alle Produktionsstätten und Worgass-Garnisonen dem Erdboden gleichmachen. Keiner von ihnen könnte uns entkommen. «
»Wir würden mit den Schiffen auch viele unserer Artgenossen töten«, bemerkte Oyaise Tazran.

»Es sollte vorher passieren«, sagte Dysion Yasiol. »Die Besatzung darf noch nicht auf den Schiffen sein. Nur so können wir sie verschonen. «

»Was ist, wenn es den Worgass gelingt Verstärkung zu rufen? «, fragte Traise Zyran.

»Ich weiß nicht, ob die Worgass überhaupt auf eine Verstärkung zugreifen können«, erwiderte Dysion Yasiol. »Wenn meine Informationen richtig sind, dann wurden kürzlich alle Werft-Basen und Garnisons-Stützpunkte der Worgass in der Kleinen Magellanschen Wolke vernichtet. Aus dieser Sternen-Insel können sie keine Verstärkung mehr bekommen. «

»Wie ist das möglich gewesen, woher stammen die Informationen? «, fragte Oyaise Tazran.

»Ich bin vor kurzem von Muristan zurückgekommen«, antwortete Dysion Yasiol. »Viele von euch werden diesen Planeten nicht kennen, weil seine Koordinaten von den Worgass geheim gehalten werden. Es handelt sich um einen kleinen Händler-Planeten, auf dem Waren getauscht, oder verkauft werden. Ich habe hier einige Handelsgeschäfte mit den Einheimischen betätigt. In einer Bar kam ich mit verwegenen Händlern ins Gespräch. Angeblich waren sie dabei gewesen.

Sie konnten mir berichten, dass viele Rassen in der kleinen Magellanschen Wolke eine Flotte zusammengestellt haben, die unter der Führung der

Parhlevi und der Damyrer, die Worgass-Basen angegriffen haben. Sie berichteten, dass es zeitweise für sie nicht gutstand. Die Worgass hatten eine zu breite Streitmacht zusammengezogen. Doch plötzlich tauchten natradische Kampf-Zerstörer auf, die sie massiv unterstützt haben. Dank den humanoiden Natradern ist es gelungen, sämtliche Worgass in ihrem Sternsystem zu vernichten, oder zu vertreiben. «

»Wie gesichert sind diese Informationen? «, fragte Traise.

»So sicher, wie sie eben von verwegenen Piraten und von Händlern erzählt werden können«, antwortete Parlamentarier. »Ich persönlich war bei den Ereignissen nicht dabei. Aber diese Leute haben mit Stolz hiervon gesprochen. Sie machten nicht den Eindruck, dass sie übertriebene Späße von sich gaben. Sie litten unter der Knechtschaft der Worgass, genauso wie wir. «

Er blickte seine Kollegen im Ältesten-Rat an.
»Was meint ihr dazu? «, fragte er zum Abschluss. «

»Die Worgass unterjochen uns, solange wir denken können«, sagte Oyaise Tazran.

»Wir haben schon öfter hierüber gesprochen«, bemerkte ein anderer. »Die derzeitige Situation ist unerträglich. Wir sollten die Gelegenheit nutzen und mit den Untergrund-Kämpfern sprechen. «

»Das scheint mir auch der bessere Weg zu sein«, entgegnete Dyise Sanzin. »Wir wissen alle nicht, ob wir unsere Planung in die Tat umsetzen können. Bei einem Scheitern werden wir in jedem Fall mit Repressionen rechnen müssen. Das bedeutet wieder viele Tote, unter den Unschuldigen unseres Volkes. «

»Ist es je anders gewesen? «, fragte Sorazz Lytzin. » Auch deswegen wird es Zeit, die Situation mit den Worgass ein für alle Mal zu bereinigen. «

»Lasst uns abstimmen«, beruhigte Traise Zyran die Gemüter. «

Maise Yozan nickte.
»Das ist der parlamentarische Weg, hiermit bin ich einverstanden«, erwiderte er.

»Wer ist dafür, den Wunsch der Worgass nach mehr Personal zu erfüllen? «, fragte Traise Zyran.

Nur wenige der Parlamentarier hoben ihre Hände. Die Abstimmung war eindeutig.

»Wer ist dafür Widerstand zu leisten und mit den Untergrund-Kämpfern zu verhandeln? «, fragte er ein zweites Mal.

Lautes Gemurmel wurde hörbar. Rund 90 Prozent der Delegierten hoben ihre Hand.

»Es ist abgestimmt. Die Wahl ist bindend«, bemerkte Oyaise Tazran. » Der zweite Weg wurde beschlossen. Noch etwas ist wichtig. Nichts darf von dieser Abstimmung nach außen dringen. Haltet dicht und erklärt den Worgass auf Nachfrage, dass wir eine Lösung für das Personalproblem suchen. Geht jetzt nach Hause zu euren Familien und kümmert euch um sie. Ich werde mit dem Rat eine Delegation bestimmen, die Kontakt zu dem Untergrund aufnimmt. Wir wissen auch nicht, ob sie auf unseren Vorschlag eingehen werden. «

Die Abgeordneten standen auf und verließen den Plenarsaal. Es blieben nur wenige Mitglieder des Ältesten-Rates zurück

.

»Das ist die schwerste Entscheidung unseres Lebens«, sagte Traise Zyran. »Ich habe Angst, dass wir scheitern. «

»Scheitern kann man nur, wenn man nichts probiert «, sagte Dyise Sanzin. » So verbessert man seine Situation nicht. Dies würde bedeuten, ewig in der Knechtschaft der Worgass leben zu müssen. «

»Du sprichst weise«, sagte Oyaise Tazran. »Sicherlich wird es eine Zeit dauern, bis ich mich mit dieser Aufgabe anfreunden kann. «

Ein kurzer Augenblick der Ruhe verging.
»Wer stellt den Kontakt zu dem Widerstand her? «, fragte Traise Zyran. » Welches Mitglied unseres Rates möchte sich in ihre Hände begeben und das Gespräch führen? «

Gleich drei Personen des Ältesten-Rates hoben ihre Hände.

»Wir machen das«, sagte Sorazz. »Ich, Maise und Kysian stellen die Abordnung, die mit den Widerständlern Gespräche führt. «

Traise Zyran nickte. »Der große Zosan soll euch beschützen«, sagte er.

Der Ältesten-Rat stand auf und verließ stumm seine Plätze.

***

Das Evolutions-Raumschiff von Heran materialisierte in der Umlauf-Bahn des Planeten Lizzit 2.

»Wir sind angekommen«, sagte er zu Major Travis. »Vor uns liegt der Planet der grünen Echsen. «

»Ich registriere einen starken Schiffs-Verkehr«, teilte die Hypertronic-KI mit. »Ich zoome das Bild heran und lege die Daten auf den Monitor. «

Vor Heran und Major Travis erhellte sich ein großer Bildschirm. Zahlreiche Schiffs-Geschwader sicherten den Planeten. Ein Verband von zwölf Schiffen brach aus der Formation aus und nahm Kurs auf das Evolutions-Schiff von Heran. Die Schutzschirme des lantranischen Schiffes schalteten sich automatisch ein.

»Sie haben uns entdeckt«, bemerkte der Major. »Die Frühortung funktioniert. Sie gehen auf Abfangkurs. «

Heran lächelte.

»Morass Zyran hat alles im Griff«, antwortete er. »Sie sind fleißig und haben einiges auf die Beine gestellt. «

Major Travis nickte.
»Beeindruckend, was sie in der kurzen Zeit bereits alles geschaffen haben«, lächelte er. »Sie müssen eine kleine Raumschiff-Werft aufgebaut haben. Mit dieser Produktion verstärken sie ihre Flotte. «

Er blickte Heran an.
»Wir sollten uns zu erkennen geben«, sagte Heran.

»Die werden sich gleich schon melden«, entgegnete Heran.

»Eingehender Funkspruch von dem Zielplaneten«, teilte die Hypertronic-KI mit.

»Auf die Lautsprecher legen«, befahl Heran.

»Hier ist die Bodenkontrolle von Lizzit«, tönte es aus den Lautsprechern. »Sie sind in unseren Luftraum eingedrungen. Stoppen sie ihr Schiff und geben sie den

Grund ihres Eindringens bekannt. Ein Abfang-Geschwader ist auf dem Weg zu ihnen. Stoppen sie ihr Schiff. «

»Wir folgen ihren Anweisungen«, antwortete Heran.

»Das Schiff bitte toppen«, befahl er der Hypertronic-KI.

Er zog den Schubhebel zurück und drückte einige Knöpfe der Stabilitäts-Kontrolle.

»Einen Kanal öffnen«, wies er die Hypertronic-KI an.

»Die Leitung ist offen, Heran«, antwortete die weibliche Stimme seines Schiffs-Computers. »Hast du sonst noch einen Wunsch, den ich erfüllen darf? «

Der Major schaute Heran von der Seite an.
»Ich weiß«, antwortete der Lantraner. »Ich hätte schon länger das Sprachmodul austauschen sollen. Du weißt ja, wie das ist, irgendwann gewöhnt man sich an so etwas. «

»Hier spricht Heran von den Lantranern«, sprach er in seinen Communicator. »Ich möchte Morass Zyran, hoher Parlamentarier und 43. Abgeordneter des Hauses Lizzit, Beschützer der jungen Brüter, sprechen. Wir haben eine lange Reise hinter uns. Wir kommen in einer dringenden Angelegenheit. «

»Ihre Anfrage wird weitergeleitet«, kam die Antwort zurück. »Geduldigen sie sich etwas und warten sie auf ihrer Position, bis sie weitere Anweisungen erhalten. «

»Danke, das werden wir«, entgegnete Heran.

Das Abfang-Geschwader war zwischenzeitlich eingetroffen und umkreiste das Evolutions-Schiff. Major Travis und Heran schauten sich die Jäger an.

»Das sind kleinere Ausführungen eurer Tarin-Jets«, bemerkte Heran.

Der Major nickte.

»Die Green-Lizards haben eine gute Auffassungsgabe«, bestätigte er. »Ich erkenne ausgefahrene Laser-Türme und Raketen-Abschussrampen. Es scheinen 50 Meter Jets zu sein. Vermutlich sehr wendig. «

Die beiden Freunde musterten weiter die Jets, als die Hypertronic-KI sich meldete.

»Eingehender Funkspruch«, sagte sie. »Ich lege das Gespräch auf die Lautsprecher. «

»Hier spricht Morass Zyran«, hallte es aus diesen. »Heran bitte melde dich. «

»Hallo mein Freund«, antwortete der Lantraner. »Warum dauert das so lange? Ich habe geglaubt, ihr arbeitet an euren Sicherheits-Systemen? «

»Hallo Heran, es ist schön deine Stimme zu hören«, antwortete Morass. »Ich hatte schon gedacht, du meldest dich nicht mehr. «

»Ich habe es versprochen«, antwortete Heran. »Aber du weißt ja, auch ich habe viel zu tun. Major Travis ist bei mir. Wir haben etwas mit dir zu besprechen. Kann ich Lande-Anflugs-Daten bekommen? «

»Hallo Major Travis, schön sie auch endlich einmal wieder zu hören«, antwortete Morass. »Ich sende euch einen Peilstrahl. Landet auf dem ersten Raumflug-Hafen, neben dem Parlaments-Gebäude. Meine Garde-Offiziere werden euch abholen. Bis später. «

»Danke«, antwortete Heran.
»Ich habe einen Peilstrahl erhalten«, sagte die freundliche Stimme der Hypertronic-KI. »Darf ich diesen einrasten und in den Landeanflug übergehen? «

»Ja«, entgegnete Heran. »Den Landeanflug einleiten. «

»Befehl wird ausgeführt, lieber Heran«, kam die Antwort zurück.

Der Lantraner schüttelte den Kopf.
»Sie kann es nicht lassen«, sagte er. »Das wirkt auf Außenstehende etwas ungewöhnlich. Doch wenn man allein in dem Schiff ist, können solche Äußerungen schon einmal die Laune aufbessern. «

»Ich habe kein Problem hiermit«, entgegnete Major Travis und lachte. »Es ist dein Schiff, mache es dir so angenehm wie möglich. «

Heran beugte sich nach vorne und schob den Schubregler wieder nach vorne. Das Schiff beschleunigte und flog dem Planeten entgegen.

Das lantranische Schiff war gelandet. Garde-Offiziere hatten Major Travis und Heran in einem Regierungs-Gleiter abgeholt und in das Parlaments-Gebäude begleitet. Es war ein Neubau, der sich harmonisch in die wachsende Stadt der Green-Lizards einfügte. Morass und seine Tochter Raise erwarteten die Gäste bereits. Morass lächelte, als Heran und Major Travis durch die Türe des Sitzungs-Saales geführt wurden. Die Garde-Offiziere verbeugten sich kurz vor ihnen und verließen den Raum.

»Endlich sehe ich meine Freunde wieder und die Retter unseres Stammes«, begrüßte Morass die Gäste. »Wir sind euch ewig dankbar, für die neue Zukunft unseres Volkes.«

Freudig begrüßten sich alle.
»Setzen wir uns«, sagte Morass und wies auf bequeme Stühle und einen langen Tisch.

»Wie ist es ihnen ergangen Raise? «, fragte der Major die Tochter von Morass. » Ich hoffe, sie sind hier auf ihrer neuen Welt nicht wieder zu einer Regimegegnerin geworden. «

Raise lachte den Major freundlich an.
»Das ist nicht nötig gewesen«, antwortete sie. »Hier gibt es keine Diktatoren. Alles verläuft harmonisch im Sinne

unseres Volkes. Ich habe eine Aufgabe in der Verwaltung übernommen. Ich denke nicht mehr an die Worgass, die so viel Schmerzen über uns gebracht haben. «

Das Gesicht von Morass wurde ernst.
»Was verschafft uns die Freude eures Besuches? «, fragte er. » Wir sind ein Teil ihres Neuen-Imperiums. Der Waren-Austausch funktioniert, ebenso wie die eingerichteten Transmitter-Straßen nach Titan. Ihre Spezialisten schulen uns in ihrer Technik. Wie sie sehen konnten, haben wir eine kleine Raumschiff-Werft aufgebaut. Derzeit werden Jäger gefertigt. Diese konnten sie bereits bei ihrem Anflug kennenlernen. Wir haben dazu gelernt. «

»Wir haben es gesehen«, antwortete der Major. »Ich kann euch nur unseren Respekt zollen und den Fleiß eurer Leute hervorheben. Aber wir sind aus einem anderen Grund hier. «

»Habe ich es mir gedacht«, entgegnete Morass.

Sein Gesicht verdunkelte sich.
»Ist es so weit, machen die Worgass wieder Ärger? «, fragte er.

Heran nickte.
»Es sind wieder die Worgass«, bestätigte der Lantraner. » Wir haben festgestellt, dass sie ihren Wurmloch-Knoten drei Viertel wieder aufgebaut haben. Zusätzlich arbeiten sie an einer großen Invasions-Flotte. Wir beziffern die Schiffs-Stärke auf etwa 620.000 Einheiten. Die

Unsicherheit hierbei ist, dass wir nicht abwägen können, ob sie nach Fertigstellung der Wurmloch-Steuerung weitere Verstärkung aus anderen Galaxien erhalten werden. «

»Das haben sie eigentlich noch nie gemacht«, entgegnete Raise. »Bisher waren die Vorgaben der Netzwerk-Denker eindeutig. Eine Heimat-Galaxie darf nur die Nachbar-Galaxie unterwerfen. Die Mittel hierfür müssen den eigenen Ressourcen entnommen werden. «

»Bis zu diesem Zeitpunkt hatte ihnen aber keiner in die Suppe gespuckt«, bemerkte Major Travis. »Sie haben festgestellt, dass wir ihren Zugang zur Milchstraße zerstören konnten und dass ihre Schiffe den unseren unterlegen waren. «

Morass überlegte.
»Die Worgass sind Tiere«, erklärte er. »Entsprechend dieser Tatsache unternehmen sie nur das Nötigste. Ich glaube nicht, dass sie die Anordnungen der Gill-Grimm durchbrochen haben. Sie werden weiter nach ihren bisherigen Kenntnissen arbeiten und unsere dort gebliebenen Brüder und Schwestern drangsalieren. Sie versuchen über Menge, statt über Qualität einen Sieg zu erzielen. Das funktionierte in der Vergangenheit immer, bis sie auf die Natrader stießen. «

Heran nickte bestätigend.

»Doch die Zeiten ändern sich«, sagte er. »Major Travis hat einem Informanden der Worgass Asyl gewährt. Er versorgt uns mit Informationen. «

Heran blickte seinen Freund an.
»Von ihm wissen wir, dass hinter den Worgass noch eine mächtige, unbekannte Rasse integriert«, sagte er. »Sie stachelt die Worgass zu immer neuen Gräueltaten an. «

Morass zog ein Augenlid nach oben.
»Das höre ich zum ersten Mal«, sagte er. »Uns wurde dies nicht mitgeteilt. «

»Das ist leider so«, entgegnete Heran. »Kommen wir zu dem Grund unseres Besuches. Wir werden in die Andromeda-Galaxie fliegen und uns die Situation vor Ort ansehen. Wir möchten dich bitten, uns zu begleiten. Es ist bestimmt auch für dich interessant zu sehen, wie es deinem Volk geht. Vielleicht können wir einige von ihnen retten? «

Morass blickte Raise an.
»Dieses Angebot kann ich nur schwer ablehnen«, antwortete er. »Natürlich komme ich gerne mit. Unabhängig hierzu weiß ich, welche Möglichkeiten dein Schiff bietet. «

»Mit deiner Zusage haben wir gerechnet«, lächelte der Major. »Es gibt aber einen anderen Punkt, den wir besprechen sollten. «

Er blickte Morass in die Augen.

»Wir werden nicht zulassen, dass die Worgass in die Milchstraße einfliegen«, erklärte der Major. »Wir stellen eine große Flotte auf und werden die Invasions-Armada der Worgass vernichten. Derzeit laufen ihre Schiffe im Automatik-Modus und sind noch ohne Besatzungen. Vermutlich haben sie Probleme mit der personellen Besetzung. Das scheint uns der richtige Zeitpunkt zu sein. Nach der Vernichtung der Flotte werden wir die Produktions-Zentren zerstören und bei unserem Abflug den Wurmloch-Knoten. Das gibt uns wieder viel Zeit für die Zukunft. «

»Euch ist aber trotzdem klar, dass sich die Worgass nie von einem einmal gefassten Entschluss abbringen lassen«, fragte Morass.

»Sie werden es immer wieder probieren«, bemerkte Raise.

»Das wissen wir«, erwiderte Major Travis. »Doch die Situation hat sich geändert. Die Lantraner sind jetzt mit im Boot. Unsere Flotte wird von befreundeten Rassen unseres Neuen-Imperiums unterstützt und begleitet. Selbst die Lantraner beteiligen sich mit 100 Schiffen. Den größten Teil werden wir Terraner in Form von Zerstören, Schlachtkreuzern und Angriffs-Schiffen beisteuern. «

Morass kam der Frage von Major Travis zuvor.

»Mit wie vielen Schiffen kann ich das Imperium unterstützen? «, fragte er.

Der Major und Heran nickten.

»Wir hofften, dass wir mit deiner Unterstützung rechnen können«, bemerkte der Major. »Kannst du 600 Schiffe bereitstellen? «

Raise überlegte kurz.

»Das ist ein großer Teil unserer Heimat-Verteidigung«, antwortete sie entsetzt.

Morass hob beschwichtigend seine Klaue.

»Wenn die Worgass mit 620.000 Schiffe vor unserem Planeten stehen, nützen uns die 1.800 Schiffe unserer Heimat-Verteidigung nichts mehr«, antwortete er. »Major Travis hat Recht. Besser ist es, die Invasions-Flotte der Worgass rechtzeitig zu zerschlagen, dass es nicht erst zu einem Einfall kommt. Wir sind noch nicht so weit, dass wir ihre Flotte abwehren können. Das ist dir doch auch bekannt. «

Morass schaute wieder Heran und Major Travis an.

»Wann soll die Flotte zur Verfügung stehen? «, fragte Morass.

»Am liebsten sofort«, antwortete der Major. »Gehe ich richtig in der Annahme, dass dies bereits Schiffe sind, die mit modernen Laser-Türmen nach natradischer Konstruktion ausgestattet wurden? «

Morass lachte ihn an.

»Das versteht sich von allein«, flüsterte er. »Wir waren froh, dass ihr uns bei dieser Frage behilflich wart. «

»Sehr gut«, entgegnete Major Travis. »Wir werden jetzt noch die Schutz-Schirme der Schiffe mit einer Schirmfeld-Struktur nach lantranischer Technik ausstatten, gegebenenfalls auch die Generatoren verstärken«.

Er gab Morass einen Daten-Kristall.
»Hierauf sind die Flug-Koordinaten«, erklärte er. »Lass deine Flotte ins Sol-System, zu unserem Planeten Jupiter fliegen. Dort ist der Sammelpunkt unserer Schiffe. Kündigen sie ihr Erscheinen rechtzeitig an und fragen sie nach Captain Hunter. Er organisiert die Aufrüstung ihrer Schiffe. «

»Raise wird die Schiffe kommandieren«, antwortete Morass und gab ihr den Kristall.

»Informiere sofort Admiral Draise Zosan«, ergänzte er. »Er soll die Schiffe alarmieren und in Bereitschaft bringen. Dann fliegen die Schiffe zu den Koordinaten. Wir sehen uns im Sol-System wieder. «

»Das mache ich, Vater«, erwiderte sie gehorsam. »Passe auf dich auf und gehe keine Risiken ein. «

»Aber sicher, Tochter«, lächelte Morass.
Raise sprang auf und lief aus dem Saal. Morass blickte hinter ihr her. Dann wandte er seinen Kopf wieder Heran und dem Major zu.

»Wir können los«, lächelte er. »Raise wird alle Stellen auf Lizzit über meine Abreise informieren. Lasst uns keine Zeit verlieren. «

Die drei Personen standen auf und gingen selbstbewusst dem Ausgang des Tagungs-Saales entgegen.

Kazan Tyrill schritt in den geheimen Raum, der tief unter der Erde lag. Es war ein Luftschutz-Bunker, der vor vielen Jahrhunderten eingerichtet wurde. Zu der Zeit, als sich die unterschiedlichen Clans der Green-Lizards noch bekämpften. Erst viel später gelang es den Worgass, ihre gezüchteten Stämme zu befrieden. Nur zufällig hatte man diesen alten Bunker entdeckt und ihn als Treffpunkt für Geheimgespräche ausgebaut. Kazan Tyrill schaute sich um. Er war recht spät gekommen. Alle anderen Leiter, der 42 Produktions-Regimenter, waren bereits vollständig erschienen, oder hatten Offiziere als Vertreter zu den Gesprächen entsandt. Kazan kannte viele von ihnen, aber nicht alle Gesichter.

»Es scheinen wieder einige neue Offiziere dabei zu sein«, dachte er.

Er ging auf Myrsin Gazin zu. Der Leiter der 24. Produktions-Einheit lächelte, als er auf ihn zukam.

»Hat Zaran Hawil dich geschickt? «, fragte er höflich und begrüßte Kazan. » Gaben ihm die anstehenden Probleme nicht genügend Grund selbst zu erscheinen? «

»Ich bitte um Entschuldigung, dass dir meine Person nicht ausreicht«, antwortete Kazan. »Wir haben Probleme in der Werft. Die Produktionsquote ist eingebrochen. Zaran hat eine Versammlung einberufen und spornt die Arbeiter zu höherer Leistung an. Ein wichtiger Termin wurde überschritten. Es war bereits schwierig genug, alle Werftführer und ihre Vertretungen für diesen Termin zu begeistern. «

»Das verstehe ich nicht«, entgegnete Myrsin. »Wir alle haben die unsinnigen Befehle der Netzwerk-Denker erhalten. Die Vorgaben sind nicht zu realisieren. «

»Das sehen wir genau so«, antwortete der erste Offizier der 17. Produktions-Werft.

»Aber was für Möglichkeiten gibt es für uns, gegen die Befehle der Netzwerk-Denker aufzubegehren? «, bemerkte Myrsin.

Kazan dachte kurz nach.
»Es gibt nicht viele Möglichkeiten«, bestätigte er. »Wir sollten zuerst einmal prüfen, ob die anderen Leiter der Regimenter die gleiche Denkweise haben wie wir. Falls nur einer von ihnen ausbricht, können wir mögliche Alternativen vergessen. Sie würden direkt die Netzwerk-Denker über unsere Gedanken informieren. Was dann passieren wird, kennen wir zur Genüge. «

Myrsin Gazin nickte einmütig.

»Da stimme ich dir zu«, sagte er. »Unser Geheimtreffen ist bereits gegen den Wunsch des Regimes. «

»Lassen wir anfangen«, erwiderte Kazan.

Beide gingen zu einem kleinen Podest. Kazan kletterte flink die drei Stufen hinauf und stellte sich hinter das Redner-Pult. Er schlug mit seiner Hand kurz auf den Pult auf. Ein dumpfer Knall schallte durch den Raum.

»Ich bitte um Ruhe«, sagte er. »Schön, dass sie alle gekommen sind. «

Er ließ eine kurze Pause vergehen, dann fuhr er fort.

»Ihr alle habt die neuen Befehle der Netzwerk-Denker erhalten. Ich spreche für das 17. Produktions-Regiment auf Lizzit, das sich bisher immer erfolgreich bemüht hat die Vorgaben der Regierung zu erfüllen. Jetzt aber sind wir an unseren Grenzen angekommen. Wir sehen derzeit keine Möglichkeit mehr, unsere Produktion den Wünschen der Netzwerk-Denker anzupassen. Ich bin hier, um mit euch eine Lösung zu finden, eventuell auch nützliche Ideen von euch zu übernehmen. Lasst uns diskutieren, wie wir den Wünschen unserer Regierung gerecht werden können. Informiert mich bitte über eure konkreten Maßnahmen. «

Er blickte in die Runde und erkannte die völlige Ratlosigkeit der Kollegen.

»Die neue Produktionsquote ist nicht zu schaffen«, sagte einer der Zuhörer. »Ich spreche für das Regiment 39. Wir haben jetzt bereits erhebliche Probleme die gewünschten Zahlen einzuhalten. «

Zustimmendes Gemurmel wurde hörbar.
»Dem stimme ich zu«, sagte eine andere Person. »Mein Name ist Vugril Jozan, Leiter des 8. Regimentes. «

»Die Vorgabe ist eine reine Willkür«, bemerkte ein kleiner Worgass. »Wir sind das 19. Regiment. Nicht zuletzt durch die ganzen Ausfälle unseres Personals haben wir keine Möglichkeiten die Pläne zu realisieren. «

»Ich bitte um Handzeichen«, antwortete Kazan. »Wer glaubt an eine Möglichkeit, die Zahlen erreichen zu können. «

Myrsin Gazin und Kazan Tyrill blickten intensiv auf die Zuhörer. Kein Handzeichen war zu sehen.

»Wir sehen keine Meldungen«, wiederholte er. »Es muss doch jemanden geben, der die Zahlen für die Netzwerk-Denker realisieren kann? «

Viele der Zuhörer schüttelten den Kopf. Andere resignierten und senkten ihren Kopf zu Boden.

»Das wird den Netzwerk-Denkern nicht gefallen«, vermutete Kazan. » Sie werden uns unangenehme Fragen stellen. «

»Diesen Arm der Regierung kann man nicht mehr ernst nehmen«, protestierte einer der Zuhörer. »Es sind unfähige Dilettanten, ohne einen Blick für die Realität. «

»Wer hat das gerufen? «, fragte Kazan.
Ein Worgass in der Menge hob die Hand.

»Mein Name ist Franzan Gyzann, Leiter des 13. Regimentes«, sagte er. »Ich stehe zu meiner Äußerung. Falls meine Kollegen nicht den Mut haben es auszusprechen, kann ich sie nur bedauern. Wir haben alle Möglichkeiten wieder und wieder durchgerechnet. Jedoch ohne Erfolg. Es gibt keine Lösung die Wünsche der Netzwerk-Denker zu erfüllen. Hierüber brauchen wir nicht weiterzusprechen. Die bedeutende Frage ist, wer teilt es den Gill-Grimm mit? «

»Noch sagt es ihnen keiner«, antwortete Kazan. »Es gibt noch eine letzte Möglichkeit, die wir erörtern sollten. Ich habe einen Gast zu uns gebeten, der auf seine Tätigkeit bezogen die gleichen Probleme bewältigen muss, wie wir. « Kazan sprang von dem Podest herunter und lief zu der großen Türe in der Wand. Er öffnete sie und winkte jemanden zu sich. Eine vermummte Person trat ein. Die Kapuze seines dunklen Umhanges ragte tief in sein Gesicht. Nur die harten Konturen des Kinns waren deutlich zu erkennen. Den Kopf gesenkt, folgte die Person Kazan zu dem Podest. Der Stellvertreter des 17. Produktions-Regimentes bat die Person an das Redner-Pult.

»Sehr geschätzte Kollegen«, sagte er. »Ich bitte um Ruhe. Sie alle kennen Oyaise Tazran. Er ist ein Mitglied des Ältesten-Rates der Green-Lizard Regierung. Sein Wort hat Bestand. Er ist unter schwierigen Mühen zu uns gekommen. Ich erteile ihm das Wort. «

Das Stimmenwirrwarr im Saal wurde wieder lauter. Oyaise trat vor und zog seine Kapuze von dem Kopf. Er blickte die Zuhörer an.

»Ich blicke in entsetzte Gesichter«, sagte er. »Doch haben sie keine Sorge. Wir alle haben unter den Befehlen der Netzwerk-Denker zu leiden. In dieser Angelegenheit sitzen wir im gleichen Boot. Von uns wurde verlangt, die Zahlen des zur Verfügung gestellten Personals zu verdoppeln. Unsere Brut-Stationen arbeiten bereits auf Maximum. Eine kurzfristige Erhöhung der erfolgreichen Brut-Vorgänge ist nicht realisierbar. Wir können die Befehle nicht umsetzen, so wie sie ihre Vorgaben nicht erfüllen können. Ich habe mich im Regierungs-Rat der Green-Lizards mit meinen Kollegen beraten. «

»Was gibt es da zu beraten? «, fragte einer der Zuhörer. » Ich heiße Garyn Lutazan. Mein Regiment ist das 27. auf Lizzit. Wir werden die ganze Härte der Netzwerk-Denker zu spüren bekommen. Das kann von der Ablösung unserer leitenden Posten, bis hin zur Exekution gehen. «

»Dem sollten wir unbedingt vorbeugen«, erwiderte Oyaise Tazran. »Eine Möglichkeit haben wir noch. Wir sollten eine List anwenden. «

»Was soll das für eine List sein? «, fragte Myrsin Gazin. Das Mitglied des Ältesten-Rates lächelte geheimnisvoll. Er blickte Kazan an.

»Können wir allen trauen? «, fragte er.

»Ich denke schon«, erwiderte der erste Offizier des 17.Produktions-Regimentes.

Er schaute nochmals in die Menge der gespannt schauenden Zuhörer. Er zeigte auf die Türe.

»Schließt bitte die Türe«, sagte er. »Man weiß nie, wer mithört. «

Zwei Worgass liefen zur Türe und schlossen diese.

Kazan nickte Oyaise zu.
»Da wir nicht die Anzahl der jungen Brüter erhöhen können, werden wir bereits ausgereifte Lizards als zusätzliches Personal melden«, erklärte das Mitglied des Ältesten-Rates von Lizzit. Es werden überwiegend Freiwillige sein, die sich für die Heimat opfern werden.

Alle bekommen neue ID-Cards, mit heruntergesetzten Altersangaben. Sie wissen alle, dass die Worgass nur junge Lizards für ihre Raumschiffe einsetzen möchten. «

»Das funktioniert nicht«, bemerkte ein weiterer Zuhörer. »Die von unserem planetaren Worgass-Kurator eingesetzten Beamten werden den Unterschied erkennen. «

»Sind sie sicher? «, fragte Oyaise Tazran. » Sie selbst haben doch Probleme, uns alle auseinanderzuhalten. Eine Trennung erfolgt immer erst nach Einlesen der ID-Card. Diese werden aber entsprechend modifiziert und für die Beamten einwandfrei lesbar sein. «

»Falls ihre Aussagen zutreffen, sind wir aber immer noch nicht aus dem Schneider«, erwiderte Myrsin Gazin. Oyaise nickte bedächtig.

»Auch hierüber haben wir uns Gedanken gemacht«, antwortete er. »Ihnen allen wurde befohlen, ihre Produktion zu verdoppeln. Ist es ihnen möglich, die Ausstattung der Schiffe zu vernachlässigen? «

»Was meinen sie damit, ich verstehe nicht, was sie hiermit bezwecken wollen? «, schimpfte einer der Zuhörer.

»Ganz einfach«, antwortete Oyaise. »Sie bauen nur das Nötigste in die Schiffe ein. Ein Raumschiff benötigt den Antrieb. Er ist notwendig, um das Schiff in die Umlaufbahn zu bringen. Sie sparen sich Korridore, Unterkünfte, Aufenthaltsräume, Nasszellen und vieles mehr ein. Alles, was zum Fliegen nicht notwendig ist, kann entfallen. «

»Wir sollen nackte Schiffs-Transporter für Waren bauen? «, fragte ein Zuhörer.

»Richtig«, antwortete Oyaise. »Ich sehe, sie haben verstanden. Gehe ich Recht in der Annahme, dass sie hierdurch die Hälfte der Produktions-Zeiten einsparen könnten? «

»Was ist, wenn Flotten-Inspekteure kommen und sich die Raumschiffe ansehen möchten? «, fragte Vugril Jozan.

»Wie oft ist das bisher passiert? «, fragte der alte stellvertretende Vorsitzende des Green-Lizard Rates. » Ich bin bereits sehr alt und habe noch nie Flotten-Inspekteure auf unserem Planeten begrüßen dürfen. Die Gill-Grimm erwarten ihre Vollzugsmeldung. Sie gehen davon aus, dass ihre Befehle durchgeführt werden. «

»Sie haben Recht«, bemerkte Garyn Lutazan. »Ich habe ebenfalls noch nie Flotten-Inspekteure kennengelernt. Es scheint mir die einzige Möglichkeit zu sein, aus dieser Misere herauszukommen. «

»Uns ist aber allen klar, dass wir mit einer solchen Flotte keine Schlacht in der Milchstraße gewinnen können«, bemerkte Kazan Tyrill. »Wir verheizen nicht nur unser Personal, sondern auch alle Besatzungs-Mitglieder ihres Volkes. «

»Wenn die Flotte in die Milchstraße aufbricht, werden sie wohl Recht haben«, entgegnete Oyaise. »Wir brauchen zum richtigen Zeitpunkt ein Ereignis, dass die noch unbemannte Flotte vernichtet. «

»Was soll das sein? «, fragten einige der Zuhörer aufgeregt.

»Die Schuldigen werden von den Gill-Grimm bis an das Ende unseres Imperiums verfolgt werden. «

»Sie werden sich zu diesen Punkten ihre eigenen Gedanken machen müssen«, antwortete Oyaise. »Wir Lizards waren immer nur Diener der Worgass. Strategie war noch nie unsere Stärke. Ich erinnere an die Zerstörung des Wurmloch-Knotens durch natradische Schiffe. Das Eindringen der Schiffe aus der Milchstraße vor 10 Monaten hat einen Verlust von vielen Schiffen nach sich gezogen. An so etwas hatte ich gedacht, an eine Intervention von außen. Zumindest sollte es so aussehen. «

Ruhe war in dem Saal eingetreten. Alle Anwesenden dachten intensiv über den Vorschlag nach. Sie konnten es drehen und wenden, es gab keine andere Möglichkeit, um die Netzwerk-Denker zu täuschen. Kazan nickte Oyaise zu.

»Sie haben etwas gut bei mir«, flüsterte er. »Danke für ihre Unterstützung. Jetzt haben wir ihnen einen Denkanstoß gegeben. «

»Ich werde diesen sogar noch etwas vertiefen«, antwortete der stellvertretende Vorsitzende des Lizards-Rates.

»Etwas habe ich noch zum Abschluss mitzuteilen«, sprach er die wild diskutierende Menge an. Schlagartig wurde es ruhiger in dem Saal.

»Die Befehle der Netzwerk-Denker sind leider durch eine undichte Stelle in unserem Rat, an die Öffentlichkeit gelangt«, sagte er. » Es rumort gewaltig in unserer Bevölkerung. Die Wut ist groß. Es wurden bereits Demonstrationen angekündigt. Wir halten es für wahrscheinlich, dass der Untergrund Aktionen gegen ihre Einrichtungen plant, aber auch gegen die Garnisons-Stützpunkte der Soldaten. Sichern sie ihre Produktions-Werften ab. Wir können mit unseren Vermutungen falsch liegen, aber in der Vergangenheit lagen wir richtig. «

Er nickte zum Abschluss den Zuhörern zu und zog seine Kapuze wieder über sein Gesicht.

Kazan geleitete ihn zur Tür und ließ ihn austreten. Nachdem Oyaise gegangen war, verschloss er diese wieder und eilte zum Rednerpult zurück. Wieder klopfte er mit der flachen Hand auf den Tisch. Die Geräuschkulisse im Saal ebbte ab.

»Wie haben sie sich entschieden? «, fragte er die Vertreter der Produktions-Regimenter.

Franzin Gyzann trat vor.

»Wir haben uns beraten«, erwiderte er. »Es bleibt keine andere Lösung übrig. Wir halten den Vorschlag des Lizard für gut. Die Halbierung der Ausstattung verschafft uns die Zeit, die wir brauchen werden. Alle Produktions-Regimenter werden eine Umstellung durchführen. Ferner wurde vereinbart, dass wir uns in 4 Wochen wieder hier treffen und eine Lösung für das unvorhergesehene Ereignis suchen, dass die Flotte vor dem Abflug in die Milchstraße vernichtet. «

»Danke für eure Einigung«, entgegnete Kazan. »Auch unser 17. Regiment schließt sich dem allgemeinen Vorhaben an und arbeitet mit seinen Kollegen zusammen. Hiermit löse ich die Versammlung auf. Begebt euch vorsichtig zurück zu euren Regimentern und fallt den Kontrollen nicht auf. «

Mit diesen Worten leerte sich der Saal. Kazan verabschiedete sich noch bei Myrsin Gazin und verließ dann ebenfalls den geheimen Saal.

Wenige Stunden später saß Kazan wieder als 1. Offizier in der Steuerzentrale des 17. Produktions-Regimentes. Er hatte seinen Vorgesetzten über alle Absprachen informiert. »Da habt ihr aber ein gefährliches Vorgehen abgesprochen«, bemerkte Zaran Hawil. »Ich weiß wirklich nicht, ob ich das mittragen kann. «

Kazan blickte Zaran irritiert an.

»Willst du jetzt allen anderen Regiments-Leitern in den Rücken fallen? «, erkundigte er sich. » Sie gehen davon aus, dass du dabei bist. «

»Wie können sie das? «, bemerkte er. Ich war nicht auf der Versammlung. «

»Du hast mich als deine Vertretung entsandt«, bemerkte Kazan. »Wie stehe ich jetzt da. Entscheide dich schnell, dann sage ich unseren Kollegen, dass der Plan nur an dir scheitert, weil du kein Rückgrat hast. «

»Das wagst du nicht«, erwiderte Zaran Hawil.

»Doch, das wage ich«, bemerkte Kazan. »Ich werde den Kollegen mitteilen, was du bist. Nämlich ein kläglicher Verräter. Sie werden die nötigen Schlüsse hieraus ziehen. «
Zaran Hawil dachte kurz nach.
»Ich werde schweren Herzens die Aktion unterstützen«, schwenkte er um. »Es scheint mir trotz allem der einzige Weg aus dieser Angelegenheit heraus zu sein. Ich gebe grünes Licht für die Umstellung der Werften-Anlagen. Kümmere dich bitte hierum. Außerdem möchte ich auch nicht der einzige Worgass-Werftleiter sein, der gegen diesen Plan ist. «

»Dein Befehl wird ausgeführt«, antwortete Kazan selbstsicher.

Er wandte sich ab und schritt aus der Steuerzentrale.

»Auf Zaran muss ich aufpassen«, dachte er. »Ich kann ihm nicht mehr trauen. Ich hoffe nicht, dass er unseren Plan an den planetaren Worgass-Kurator verrät. Ich werde ihn intensiv im Auge behalten. «

»Achtung wir treten gleich in Andromeda aus«, sagte Heran. »Es muss alles sehr schnell gehen. Ich möchte das Wurmloch schnell wieder abschalten. Hierdurch werden die Worgass vermutlich nur Turbolenzen im All registrieren. «

Er wartete einen Augenblick ab.
»Die Tarnung aktivieren, Energie auf ein Minimum reduzieren«, befahl er der Hypertronic-KI.

»Dein Befehl wird ausgeführt«, antwortete die weibliche Stimme der KI.

Heran drückte einen Knopf auf dem Kontrollpult vor ihm und schob gleichzeitig den Schubregler nach vorne. Ein grelles Licht erschien auf dem großen Monitor, das den Ausgang des Wurmloches darstellte. Das Evolutions-Schiff von Heran verschwand hierin. Er drückte wieder den gleichen Knopf wie soeben und lehnte sich zurück. Das Energiefenster fiel in sich zusammen. Das Evolutions-Schiff war jedoch bereits hindurch. Das dunkle All mit den glitzernden Sternen wurde auf dem Monitor angezeigt. Weit vor ihnen lag der ehemalige Heimat-Planet der Green-Lizards.

»Das Bild zoomen«, befahl Heran.

Die Sicht auf den Planeten wurde vergrößert. Jetzt erkannten die Besatzungs-Mitglieder die große Schiffs-Flotte, die in unterschiedlichen Umlaufbahnen den Planeten umrundete.

»Zählung der Schiffe durchführen«, sagte Heran.

»Die Zählung wurde durchgeführt, Gebieter«, antwortete die Schiffs-KI.» Es befinden sich 641.000 Schiffe in der Umlaufbahn. «

»Es sind wieder mehr Schiffe geworden«, schüttelte Heran seinen Kopf.»Sie arbeiten wie besessen an der Produktion ihrer Schiffe. «

»Das war schon immer so«, bestätigte Morass die Aussage.»Die Worgass peitschen meine Leute zu Höchstleistungen an. Vermutlich werden sie unsagbare Qualen erleiden müssen. Die Worgass machen sich nicht die Finger schmutzig. Können wir auf die Oberfläche des Planeten sehen? «

»Ja«, entgegnete Heran.»Das ist möglich. Ich versuche das Bild auf den Marktplatz in der Mitte der Stadt zu fixieren. «

Das Bild vergrößerte sich und zeigte den großen Platz in der Mitte der Stadt an. Eine stattliche Anzahl von Green-Lizards hatte sich versammelt. Sie hatten Barrikaden aufgebaut und bewarfen eine Kohorte von 120 anrückenden Worgass-Soldaten mit Steinen und anderen Gegenständen.

»Es scheint einiges los zu sein in deiner Stadt«, sagte Major Travis. »Es sieht mir nach einer Demonstration, oder einem Aufstand aus. «

»Das ist nicht gut«, flüsterte Morass plötzlich. »Das müssen Tausende sein. Die Worgass werden das nicht lange mitmachen. Versammlungen in dieser Größenordnung sind strengstens verboten. «

Wieder flogen Gegenstände den Worgass-Soldaten entgegen. Die Menge brüllte etwas und war sichtlich aufgebracht. Einige Rädelsführer kletterten auf die Barrikaden, zeigten auf die Worgass und schrien ihnen etwas zu. Der Anführer der Worgass trat zur Seite und gab einen Befehl. Die Gruppe Soldaten stellte sich breitflächig auf. Dann nahmen sie ihre Laser-Gewehre von der Schulter, legten an und schossen in die Menge. Zwei von den Rädelsführern der Green-Lizards wurden getroffen. Sie fielen nach vorne, kopfüber von der Barrikade auf den Marktplatz. Jetzt war es zu viel für den Mob. Wie besessen sprangen Hunderte von Green-Lizards über die Barrikade.

Alles ging so schnell, dass die Worgass-Soldaten kaum reagieren konnten. Zwar konnten die Soldaten noch 37 Angreifer zu Boden strecken, doch dann waren die Lizards da. Ihre scharfen Klauen stießen in das Fleisch der Soldaten. Tief gruben sie sich in den Körper der gehassten

Besatzungs-Truppen ein. Dem Anführer gelang es noch, einen Notruf auszulösen. Dann wurde er von den Klauen vieler Lizards zerrissen. Die Menge, der hinter der Barrikade stehenden Green-Lizards, war nachgerückt und schaute entsetzt auf das Blutbad. Die weitgehend ungeschützten Soldaten der naheliegenden Kommandantur lagen in einer großen Blutlache zerstückelt am Boden. Ein alter Green-Lizard bahnte sich einen Weg durch die Massen. Er trat vor die Menge und zeigte auf die Soldaten, die zwischenzeitlich ihre Form verändert hatten. Sie hatten sich mit ihrem letzten Atemzug in ihre Urform zurückverwandelt. In ein 80 Zentimeter großes Quallen-ähnliches Wesen. Der alte Lizard gestikulierte aufgeregt mit seinen Armen.

»Können wir auch einen Ton bekommen? «, fragte Morass Heran.
»Ich kann es probieren, doch wir sind für die Richtmikrofone noch zu weit entfernt«, entgegnete Heran.

Er schob einen Schieberegler nach vorne. Kratzen und Knistern wurde über die Lautsprecher hörbar.

»Wie ich es vermutet habe, derzeit können wir keinen Ton anpeilen. «

Morass zeigte auf die ältere Gestalt in einer schwarzen Kutte.

»Das ist Oyaise Tazran, wenn ich es richtig erkenne «, murmelte Morass. »Er ist ein Mitglied des Ältesten-Rates der Regierung. Es sieht so aus, als ob er versucht den Mob zu beschwichtigen und aufzulösen. Die Vergeltung der Worgass wird nicht lange auf sich warten lassen. «

Morass schaute Heran an. Der schüttelte seinen Kopf.
»Es tut mir aufrichtig leid, aber wir können nicht eingreifen«, erklärte er. »Das würde unsere Mission gefährden. «

Die drei unterschiedlichen Wesen blickten wieder auf den Bildschirm.
Oyaise Tazran hatte wohl die Aussichtslosigkeit seines Bemühens eingesehen und verschwand in der Menge. Einige der Green-Lizards folgten ihm. Doch die aufgebrachte Menge des Mobs verharrte auf dem Marktplatz. Sie hoben ihre Arme in die Luft und schrien ihre Wut heraus.

Es geschah das, was Morass bereits vermutet hatte. Auf allen neun Zugangsstraßen zum Marktplatz rückten gepanzerte Gleiter der Worgass heran. Hinter ihnen liefen Hundertschaften Fuß-Soldaten ein. Alle samt schwer bewaffnet. Die Schutzschirme ihrer Kampfanzüge waren aktiviert. Der Mob der revoltierenden Green-Lizards wurde eingekesselt. Die gepanzerten Gleiter der Worgass hielten, die Soldaten liefen an ihm vorbei und bildeten einen Kreis um die schreienden Green-Lizards. Sie schienen die Gefährlichkeit der Lage noch nicht erfasst zu haben. Ohne weitere Warnung feuerten die Kampf-

Gleiter auf die Menge. Die Soldaten eröffneten ebenfalls das Feuer. Von allen Seiten schossen die heißen Laser-Strahlen auf die ungeschützte Menge zu.

Mit einem Aufschrei erkannte Morass das Massaker. Major Travis bemerkte, wie Tränen aus seinen Augen liefen. Er legte seine Hand auf die Schulter seines Freundes.

»Das ist ein Vernichtungsschlag«, bemerkte Heran. »Die Worgass wollen keine Gefangenen machen. Sie töten alle Aufständischen. «

»Sie wollen ein Exempel statuieren«, ergänzte der Major. »Was für eine Schweinerei. Trotzdem können wir nichts machen. Wir sind zu weit entfernt Morass«.

»Ich verstehe das alles, doch meine Trauer ist nicht zu beschreiben«, antwortete Morass Zyran. »Die Worgass müssen vernichtet werden. Meine Meinung hat sich jetzt gefestigt. Wir können so etwas nicht länger dulden. In den Augen der Worgass sind wir Green-Lizards der Abschaum. Weniger wert als Tiere. «

»Sie werden ihre gerechte Strafe erhalten«, bemerkte Heran. »Das können wir dir versprechen. Dann schaltete er den Bildschirm ab, um Morass nicht noch weitere Schreckensbilder zu vermitteln.

»Bitte auf Schleiffahrt gehen«, befahl er seiner Hypertronic-KI. »Wir umrunden den Planeten mehrmals und zeichnen die Standorte der Garnisonen und der Werft-Regimenter auf. «

»Ich gehe auf Schleichfahrt, Heran«, antwortete die KI. Auf den kleinen Standard-Monitoren des Evolutions-Schiffes wurde der grüne Planet Lizzit schnell größer.

»Die erste Umrundung wird eingeleitet«, bemerkte die KI.

»Die Schiffsbestände in der Umlaufbahn bitte ich auch aufzeichnen«, bemerkte der Lantraner. »Die Daten können wir später auf Terra auswerten. Es scheinen unterschiedliche Schiffs-Klassen zu sein. «

»Das habe ich bereits vorausgesetzt«, antwortete die Hypertronic-KI.

»Was ist Terra? «, erkundigte sich Morass.

Der Major lachte.
»Das ist unser Heimat-Planet«, antwortete er. »Heran benutzt in letzter Zeit den auf unserem Planeten gebräuchlichen Namen. Du kennst ihn unter dem natradischen Namen Tarid. «

»Alles klar, ich habe verstanden«, entgegnete Morass.

»Die Umrundungen wurden abgeschlossen«, bemerkte die freundliche Stimme der Schiffs-KI. »Bestehen noch weitere Wünsche? «

»Nein«, entgegnete Heran. »Wir können uns auf den Rückflug begeben. «

»Noch nicht«, sagte Morass. »Ich möchte gerne den Planeten anfliegen und mit Traise Zyran reden. Er ist der Vorsitzende des Ältesten-Rates und ein entfernter Verwandter von mir. «

»Wir sind beim letzten Mal beinahe erwischt worden«, entgegnete Heran. »Sollen wir uns das noch einmal antun? «

»Wenn wir schon einmal da sind, können wir die Probleme meines Volkes auch vor Ort klären«, sagte Morass. » Er ist das wichtigste Mitglied des Ältesten-Rates. Traise ist über alles informiert und kann uns am besten die derzeitige Situation erläutern. «

»Ich habe gewusst, dass die Mission nicht reibungslos ablaufen würde«, grinste Heran. » Du nutzt meine Gutmütigkeit aus. «

»Ich kenne dich auch mittlerweile ein wenig«, antwortete der Green-Lizard. »Die Gerechtigkeit wird auch von dir hochgehalten. Wir sollten stolz hierauf sein, dass wir diese Möglichkeiten haben. «

»Ist ja gut«, antwortete Heran. »Wir suchen deinen Traise. Vorausgesetzt, der Major hat nichts dagegen? «

»Keinesfalls«, antwortete der Major. »Vielleicht gelangen wir an wichtige Informationen. «

»KI, wir gehen auf Schleichfahrt«, befahl der Lantraner. »Bringe das Schiff in eine Umlaufbahn unterhalb der fremden Raumschiffe. Suche dir einen ruhigen Warteplatz aus. Wenn wir in Position sind, nehmen wir den Landegleiter. Bitte bereite ihn vor. «

»Ich werde alles in die Wege leiten, lieber Heran«, antwortete die KI.

»Sind die KI's bei deinem Volk alle so programmiert? «, fragte Morass.

Heran verzog sein Gesicht und blickte den Major an. Der sagte aber nichts hierzu und blickte zu der anderen Seite.

Das getarnte Evolutions-Schiff nahm Fahrt auf und näherte sich der von der vorgesehenen Position. Obwohl Heran eine Schleichfahrt befohlen hatte, dauerte es nur wenige Minuten, bis das Schiff sein Ziel erreicht hatte.

»Ich habe die Warteposition erreicht«, bemerkte die KI. »Meine Koordinaten wurden in den Landegleiter einprogrammiert. «

»Danke«, sagte Heran.
Er blickte seine Gäste an.

»Wir ziehen lantranische Schutzanzüge an«, sagte er. »Die Sicherheits-Vorrichtungen sind immer noch besser als bei den natradischen Taja's. Auch die Tarnvorrichtung ist ausgereifter. Hiermit kommen wir unbemerkt durch die Stadt. Folgt mir bitte. «

Sie verließen die Kommandobrücke des Evolutions-Schiffes und begaben sich zu dem Beiboot-Hangar. Auf dem ersten Korridor lief Heran auf eine Wand zu, in der Schränke eingebaut waren. Er öffnete die vorderste Türe und nahm drei silberne Anzüge heraus.

»Die sollten passen«, sagte er. »Der Kampf-Anzug verschließt sich selbstständig. Nur hineinschlüpfen und hochziehen. Der Anzug erkennt seinen neuen Träger. «

Alle drei Personen zogen ihre normale Kleidung aus und stiegen in die metallisch wirkenden Anzüge. Nachdem sie diese angelegt hatten, schnellten Verschlüsse aus versteckten Polstern hervor und verriegelten den Anzug. Dann formte sich aus einer flexiblen Naht ein Multifunktions-Gürtel, der sich um die Hüfte des Trägers spannte. Ein Steuerungs-Modul öffnete sich und verband sich mit dem Gürtel. Jeder Anzug hatte sich individuell auf die jeweilige Größe des Trägers angepasst.

Heran schaute auf seine beiden Gäste.
»Die Anzüge passen«, bemerkte er. »Der rote Knopf aktiviert die Tarnung.«

Er drückt auf den Knopf seines Anzuges und verschwand aus dem Sichtfeld der Betrachter. Wenige Sekunden später wurde er wieder sichtbar. «

»Ich demonstrierte gerade die Wirkungsweise«, erklärte er. »Den Knopf hineindrücken, dann sind wir unsichtbar, wieder auf den gleichen Knopf drücken, dass Tarnfeld schaltet sich aus. «

»Das haben wir verstanden«, fragte der Major. »Wofür sind die anderen Knöpfe? «

»Die benötigen wir nicht«, entgegnete Heran. »Sie sind für Anti-Grav-Generatoren, für Waffensysteme und für andere Spielereien. Wichtig wäre noch der gelbe Knopf. Er aktiviert den Körper-Schutzschirm. Dieser kann nur bei einem ausgeschalteten Tarnfeld aktiviert werden. Denkt bitte immer hieran. Ich hoffe sehr, dass wir den Schild nicht brauchen werden. «

Heran drehte sich um und griff in den Schrank.
»Hier habe ich Waffen-Gürtel für euch. Bitte legt diese um. «

Major Travis und Morass schnallten sich die schweren Gürtel um. Als er saß, zog der Major den Laserstrahler aus dem Holster. Es war eine schwere Waffe, ähnlich den auf der Erde verwendeten Modelle.

»Kann es sein, dass ich eine Ähnlichkeit zu unseren Waffen feststelle? «, fragte er Heran.

»Ich habe es schon einmal erklärt, dass gute Dinge von fremden Rassen für uns nicht schlecht sein müssen«, lächelte Heran. »Es kann sein, dass für dieses Design irdische Vorlagen verwendet wurden. Vielleicht haben unsere Wissenschaftler auch nur zu viele Filme von eurem Planeten gesehen. Das lässt sich im Moment leider nicht klären. «

Heran nahm die Waffe Major Travis aus der Hand. Er zeigte auf einen roten Hebel.

»Dieser Hebel wird mit dem Daumen nach unten gezogen, dann ist die Waffe scharf«, sagte er.

Er drehte sie um und zeigte auf den Schaft.

»Dieses Display hat sieben Einstellungen. Die untersten zwei bedeuten eine leichte und eine schwere Paralyse-Wirkung. Die oberste Einstellung pulverisiert ein Lebewesen zu grauem Partikelstaub. Alle Einstellungen dazwischen verletzen den Feind zwischen leicht und schwer. Geht vorsichtig mit den Einstellungen um. «

Er wartete, bis seine Gäste die Funktion geprüft hatten. »Folgt mir bitte«, ergänzte er.

Major Travis ließ die Laserwaffe wieder in dem Holster verschwinden. Die Personen durcheilten einige Korridore, bis Heran an einem Lift stehen blieb. Er drückte einen

Knopf an der Wandtastatur. Geräuschlos öffnete die das Schott.

»Bitte eintreten«, sagte er. »Wir müssen drei Etagen nach unten. «

»Ich kenne den Weg«, antwortete Morass. »Ich war schon einmal in dem Hangar. «

»Stimmt«, erwiderte Heran. »Das war bei unserem ersten Kennenlernen. «

Der Lift stoppte, die Türe öffnete sich blitzschnell. Vor ihnen lag der große Hangar des Evolutions-Schiffes. Vier Beiboote standen hierin. Heran lief auf das erste zu. Der Major schätzte es auf eine Größe von knapp 20 Meter. Es war ganz in der Farbe Weiß gehalten, mit verdunkelter Cockpit-Verglasung. Außen waren Typen-Bezeichnungen in lantranischer Sprache angebracht. Heran zog ein kleines Gerät aus der Tasche und hielt an einen Sensor an der vordersten Landestütze.

Geräuschlos senkte sich ein Aufzug aus dem Gleiter. Die Türe öffnete sich. Heran lief darauf zu.

»Wir müssen schnell einsteigen«, sagte Morass zu dem Major. »Die Türe bleibt nicht lange auf. Das hängt mit den Sicherheits-Systemen zusammen. «

Major Travis beeilte sich, dem Green-Lizard zu folgen. Sie drängten sich in den engen Aufzug, der vermutlich nur für eine Person ausgelegt war.

»Es ist etwas eng«, bemerkte Heran und lächelte verlegen. »Das ganze System ist auf die Steuerung von einer Person ausgelegt. Wir werden das aber ändern, nachdem wir wieder aktiver in der Milchstraße agieren wollen. «

Der Major nickte nur.
»Da bin ich mir bei euch sicher«, sagte er.

Der Lift endete in der Steuerkanzel des Gleiters. Heran lief zu seinem Kontroll-Sessel und ließ sich hineinfallen.

»Systeme aktiveren«, befahl er der Schiffs-KI.

Die Maschine erwachte zum Leben. Unzählige Anzeigen und Monitore leuchteten auf.

»Das Tarnfeld einschalten, das Außenschott öffnen«, befahl Heran. »Minimale Energie-Leistung, Anflug auf den Planeten Lizzit, manuelle Bedienung. «

»Alle Systeme wurden aktiviert«, bestätigte diesmal eine männliche KI-Stimme. »Die Steuerung wurde für eine manuelle Betätigung freigegeben. Ich habe die Sicherheits-Systeme vorsichtshalber aktiviert. «

Heran drückte den Schubregler langsam nach vorne. Die Anti-Grav-Servos hoben den Gleiter an, die Schubdüsen beschleunigten ihn ohne ein spürbares Rucken. Heran flog durch das geöffnete Schott, dem vor ihnen liegenden Planeten entgegen.

***

General Poison hatte Captain Hunter zu sich in sein Büro gerufen. Er wollte letzte Details mit ihm besprechen.

»Setzen sie sich Captain«, sagte er. » Ich danke ihnen, dass sie so schnell kommen konnten. «

»Wie könnte ich meinen Arbeitergeber warten lassen, wenn er ruft«, schmunzelte der Captain.

»Soll ich das jetzt als Kompliment verstehen? «, murrte der General. » Ich kenne sie bereits ein wenig. Sie scheinen ein sonniges Gemüt zu haben. Jetzt aber zu dem Grund, warum ich sie herbeordert habe. Major Travis hat sie bei unserem letzten Treffen mit einer Aufgabe betraut. Sie leiten die Koordination der Schirmfeld-Modifikationen an unseren Schiffen und den Schiffen der in Kürze eintreffenden Flotten unserer befreundeten Nationen im Universum. «

»Das hat er mit aufgetragen«, bestätigte Captain Hunter.

»Sie wissen, was das für sie bedeutet? «, fragte General Poison.

»Viel Arbeit, denke ich«, antwortete Hunter.

»Ganz richtig«, antwortete der General mit scharfer Stimme. »Deswegen werden sie jetzt auch anfangen, sich hier um zu kümmern. Die Angelegenheit duldet keinen Aufschub mehr. «

»Ich bin bereit«, erwiderte John Hunter. »Wo ist meine Dienststelle? Hilfreich wäre ein Büro auf der Produktionswerft 5. Von dort aus hätte ich alles im Blick.« »Das kann ich mir vorstellen«, antwortete der General. » Vor allem Commander Kimi Andersen. Auf sie werden sie verzichten müssen. Sie soll sich weiter um ihre Station kümmern. «

Captain Hunter setzte ein enttäuschtes Gesicht auf.
»Wir haben ihnen hier auf Tattarr eine große Leitstelle für diese Aufgabe eingerichtet«, fuhr der General fort. »Neben den vielen Überwachungs-Monitoren sind sie online mit allen Werften verbunden, die unsere Schiffe umrüsten. Ferner haben wir ihnen eine Transmitter-Station eingerichtet, mit der sie problemlos persönlich alle Stationen und Werften aufsuchen können. Sie haben die Leitung und das Kommando. Für Fehler und Versäumnisse tragen sie die Verantwortung. «

»Ist das nicht immer so«, bemerkte Captain Hunter. »Ich will meine Crew von der Cuuda 001 dabeihaben. «

Der General verzog das Gesicht.

»Ich weiß zwar nicht, wofür das gut sein soll, aber die Entscheidung liegt bei ihnen«, antwortete der General. » Geben sie ihnen Aufgaben, die sie erledigen können. Unabhängig hierzu habe ich ihnen einen Adjutanten und einen ersten Offizier für ihre Leitstelle abgestellt. Ferner erhalten sie von mir 25 Überwachungs-Offiziere, die alle Arbeiten an den Monitoren verfolgen werden. Bei der kleinsten Unstimmigkeit werden sie informiert.

Ich möchte die Umrüstung schnell abgewickelt sehen. Es darf zu keinen Verzögerungen kommen. Die fertigen, umgerüsteten Schiffe schicken sie auf eine Jupiter-Umlaufbahn. Dort sammeln sich unsere Verbände. Achten sie darauf, dass die Flotten der einzelnen Gruppen zusammenbleiben. Falls sie weiteres Personal benötigen sollten, fordern sie es bitte bei mir an. Verhindern sie, dass Mitglieder der fremden Rassen auf unserem Terrain zu viel mitbekommen. Das ist mir auch sehr wichtig. Haben sie alles verstanden? «

»Ich habe den Befehl verstanden«, bestätigte der Captain.

General Poison sprang von seinem Stuhl auf.
»Kommen sie mit mir«, sagte der General. »Ich stelle sie ihrem neuen Team vor. «

Er riss die Türe seines Büros auf und schritt hinaus.
»Ich bin mit Captain Hunter kurz in der Leitstelle für die Umrüstung der Angriffs-Flotte«, teilte er seinen Sekretärinnen mit. Diese blickten kurz auf und nickten.

Frau Eisenhut kam auf ihn zugelaufen.

»Nehmen sie ihren Funkempfänger mit«, sagte sie. »Nur für den Notfall, falls etwas Wichtiges hereinkommt. «

Sie drückte dem General das kleine Gerät in die Hand und schritt zurück an ihren Schreibtisch.

»Danke«, sagte der General und verschwand mit Captain Hunter in dem großen Korridor.

Der schwarze Gleiter, mit der EWK-Kennzeichnung auf beiden Seiten, setzte unweit des riesigen Verwaltungs-Towers auf. Hier waren neue Flachbauten entstanden. Die Gebäude hatten eine einheitliche Länge von 120 Metern und war schlicht gehalten. Zwei große Tore bildeten den Eingangsbereich.

»Nicht schön, aber vermutlich zweckmäßig«, sagte Captain Hunter.

»Völlig richtig«, antwortete General Poison. »Wir haben auf alles Entbehrliches verzichtet. Das Kaiserreich der Natrader ist Vergangenheit. Wir bauen zweckmäßig. Dies bedeutet aber nicht, dass wir an der technischen Ausrüstung gespart haben. «

Der Pilot stieg aus und öffnete die Türe des Gleiters. General Poison und Captain Hunter sprangen ins Freie. Schnell schritten sie auf das Tor zu. Der Captain fasste den Griff an und zog hieran.

»Verschlossen«, sagte er. »Es scheint keiner da zu sein. «

Er blickte an dem Gebäude entlang, doch die abgedunkelten Fenster ließen kein Licht nach außen dringen.

»Das ist ein Code-Schloss«, teilte der General mit. »Ihr persönlicher Code-Schlüssel ist JHC001. «

John blickte den General an.
»Hängt der Code mit meinem Schiff, der Cuuda 001 zusammen? «, fragte John.

Der General antwortete aber nicht auf seine Frage. Er zeigte nach rechts.

»Dort finden sie den Türöffner«, sagte er.
Captain Hunter ging an die Tastatur und gab seinen Code ein. Geräuschlos öffnete sich die Türe.

»Bitte eintreten«, sagte der General und unterstrich seine Worte mit einer Geste seines Armes.
Licht flammte vor ihnen auf. Sie standen in einer Art Flur.

»Schließen sie die Eingangstüre«, bemerkte der General. »Erst dann erfolgt die Überprüfung der Berechtigung. Wir stehen in einer Sicherheits-Schleuse. Alle nicht berechtigten Personen werden bereits hier ausgesondert. «

»Ich hoffe nicht, dass sie jetzt diese äußerst hinderlichen Schleusen, wie in ihrer EWK-Zentrale auf der Isle of Man, jetzt auch hier auf Natrid einführen«, entrüstete sich Captain Hunter. »Der ganze technische Zirkus hält nur auf. «

General Poison blickte ihn verärgert an.
»Halten sie ihre Kommentare für sich«, sagte er. »Für eine Analyse der Sicherheits-Vorrichtungen sind sie nicht ausgebildet. «

Der Scan-Vorgang war abgeschlossen, die Türe vor ihnen öffnete sich. Grelles Licht begrüßte sie. Die Halle war mit Technik vollgestopft. An den Wänden entlang waren unterschiedliche Überwachungs-Points eingerichtet. Ein angenehmer Arbeits-Sessel und ein großer Schreibtisch bildeten die Basis jeden Points. Alle Bereiche wurden von 20 Monitoren unterstützt, die das Bild der Kameras auszeichneten, welche die Umrüstungen der Schiffe kontrollierten.

»Sehen wir dann auch die Arbeiten in einem Schiff? «, fragte Captain Hunter.

»Einen Teil der Techniker haben wir mit Helm-Kameras ausgestattet«, bestätigte der General. Sie sollten auf dem rechten, derzeit noch dunklen Monitor, die Arbeiten in den Schiffen verfolgen können. Doch gehen wir in die Mitte der Halle. «

Schon von weitem sah Captain Hunter, seinen auf einem Podest installierten Führungs-Bereich.

»Da habe ich aber einen schönen Blick«, stellte er fest.

»Das war unsere Absicht, als wir ihre Leitstelle auf dem Podest installiert haben. «

Der General schritt die 5 Stufen herauf. Auch hier waren wieder unzählige Monitore installiert. Drei Arbeitsplätze erkannte Captain Hunter in der Mitte der Plattform. Zwei Tische waren bereits von Mitarbeitern belegt.

Der General räusperte sich. Die Personen drehten sich um. Als sie den General erkannten, sprangen sie von ihren Stühlen auf und salutierten.

»Entschuldigung«, bemerkte der Leiter der EWK. »Ich wollte ihnen kurz Captain Hunter vorstellen. Er leitet diese Dienststelle. «

Ein großgewachsener Mann reichte Captain Hunter die Hand.
»Meine Name ist Mikel Tinsley«, sagte er mit freundlicher Stimme. »Ich darf ihr 1. Offizier sein. «

John gab ihm die Hand.
»Es freut mich Mikel«, antwortete er. »Auf gute Zusammenarbeit. «

Captain Hunter blickte die zweite Person an.

»Dann müssen sie mein Adjutant sein? «, kombinierte er.

»Das ist richtig«, antwortete der dunkelhaarige Mann. »Mein Name ist Uwe Rondahl. Es freut mich, sie kennenzulernen. «

»Ganz meinerseits«, antwortete der Captain. »Das ist dann wohl mein Arbeitsplatz? «, fragte er und zeigte auf den großen Schreibtisch, der in dem Rücken der vorgestellten Mitarbeiter aufgebaut war.

»Richtig erkannt«, bemerkte General Poison. »Von diesem Tisch aus, sollten sie alle Vorgänge beobachten und steuern können. «

Der General schaltete einen Monitor ein, der auf dem Tisch stand.

»Das hier ist die neuste Generation eines Kontroll-Monitors«, erklärte er. »Sie können die Außenmonitore auf ihrem Bildschirm anzeigen lassen, oder einzeln anwählen. Rechts lassen sich die technischen Daten anzeigen. Darunter sehen sie die Werft-Anlagen, die für die Umrüstung ausgewählt wurden. Die kleinen gelben Zahlen markieren die gerade gebuchte Flotte, die umgerüstet werden soll. «

Der General drückte auf einen Knopf. Auf dem Bildschirm erschien die Textzeile "Werft Atlantis".

»Sie sehen hier den Haupt-Hangar unserer Atlantis-Basis«, informierte er den Captain. »Wie sie erkennen können, laufen unzählige Techniker zwischen den Schiffen hin und her. Die Atlantis-Flotte befindet sich bereits in der Umrüstung. «

Der General zeigte auf die rechte Seite des Bildschirms.
»Hier sehen sie die Anzahl der Schiffe, die sich in der Umrüstung befinden«, lächelte er. »Die Zahl 500 steht für die komplette Flotte, die an der Mission teilnimmt. Die Zahlen 1 bis 398 leuchten nicht mehr gelb, sondern sind bereits in der Farbe Grün zu erkennen. Das bedeutet, diese Schiffe wurden bereits umgerüstet.

Falls die Zahl eines Schiffes sich in die Farbe Rot verfärbt, weist das auf Probleme hin. Sie sollten sich dann schleunigst hierum kümmern. Alles Weitere können ihnen ihr 1. Offizier und ihr Adjutant erklären. Ich muss zurück an meinen Schreibtisch. Viel Erfolg Captain.«

John Hunter salutierte vorschriftsmäßig und verabschiedete den General. Als er gegangen war, drehte sich Captain Hunter zu Mikel Tinsley um.

»Wann kommen unsere restlichen Leute zum Dienst? «, erkundigte er sich.

»Ab morgen werden wir volle Besetzung haben, Captain«, antwortete der erste Offizier. »Heute läuft noch der Notbetrieb. «

»Gut«, antwortete John. »Ich rechne stündlich mit dem Eintreffen einer Flotte der Green-Lizards. Major Travis ist auf dem Weg dorthin, um entsprechende Gespräche zu führen. Die Schiffe von Noel und von Trantos werden ebenfalls erwartet. Das werden vermutlich 1.300 Schiffe sein, die wir umrüsten müssen. Arbeiten sie bitte einen Andockplan aus, wie wir die Schiffe am besten modifizieren können. Die Lizard-Flotte lassen wir auf Titan-System umrüsten. Das erscheint mir sicherer. «

»Wird erledigt, Captain«, antwortete Leutnant Tinsley.

Der Captain blickte seinen Adjutanten an.
»Fähnrich Rondahl, zeigen sie mir bitte die Transmitter-Station«, sagte er.

»Folgen sie mir bitte«, antwortete der Adjutant.

Captain Hunter nickte und schritt hinter ihm her.

Es waren fast 100 Schritte, bis sie die integrierte Transmitter-Station erreicht hatten. Sie war als eigenständige Sicherheitszone ausgelegt und in einer 120 Quadratmeter großen Abteilung eingebaut.

»Sie müssen an der Tastatur wieder ihren Code eingeben«, bemerkte der Adjutant.

John tippte seinen geheimen Code ein, die Doppeltüre öffnete sich. Beide Personen traten ein. An dem

Kontrollbord saß ein NSD-Mitarbeiter und kontrollierte die Anzeigen. Er schien gelangweilt zu sein.

Als die beiden Männer eintraten, sprang er von seinem Stuhl auf und salutierte.

»Mein Name ist Leutnant Benson«, sagte er. »Was kann ich für sie tun Captain? «

»Richten sie mir bitte eine Transport-Verbindung zu Atlantis ein«, teilte der Captain mit. »Ich möchte dort einen kurzen Besuch abstatten. «

»Ich stelle die Verbindung her«, antwortete der Leutnant. »Einen kleinen Augenblick bitte. «

Er drehte ein Stellrad auf der Konsole auf die Registrierungs-Nr. 035 ein. Auf dem Tisch-Monitor tauchte die Atlantis-Basis als Konturzeichnung auf. Ein blinkender Text wies darauf hin, dass die Verbindung aufgebaut wurde. Dann erschien ein grünes Licht mit einem Texthinweis. „Die Gegenstation wurde aktiviert. Der Durchgang ist zulässig".

»Das war alles«, sagte Leutnant Benson. »Sie dürfen durchgehen. «

»Vielen Dank«, antwortete Captain Hunter.
Er schritt auf den Transmitter zu und ging ohne Bedenken hinein.

Als John Hunter auf der Gegenseite heraustrat, fröstelte es ihm gewaltig.

»Das vergeht gleich«, sprach der Leutnant ihn an.

Die Augen von John wurden wieder klar. Die Gegenstation war gewaltig. Der Transmitter war einer von 20 Stationen, die in einer breiten, gut klimatisierten Halle standen. Ein Atlanter stand an der Steuerungs-Konsole. Er drehte sich um und erkannte erst jetzt die 6 Shy-Ha-Narde, die hinter ihm standen. Sie blickten ihn mit einem frostigen Blick an.

»Wen darf ich anmelden? «, fragte der Atlanter an der Konsole.

»Mein Name ist Captain Hunter, Sonderbevollmächtigter der EWK und Koordinator der Schiffs-Umrüstungen im Auftrag von General Poison«, erklärte der Captain. »Ich möchte zu Atlanta. «

»Haben sie einen Termin? «, erkundigte sich der atlantische Mitarbeiter.

»Nein«, entgegnete John. »Es ist ein reiner Inspektionsbesuch. «

»Ich frage nach, da unsere Kommandantin sehr beschäftigt ist. Sie kann nicht jeden anreisenden Captain empfangen. «

»Das ist mir wohl bewusst«, antwortete Captain Hunter ungehalten. »Ich kann ihnen auch gerne eine Alpha-Order vorlegen, oder sie eventuell auch von dem Posten abziehen lassen. Stellen sie unverzüglich eine Verbindung zu Atlanta her. «

Der Atlanter schien seine Kommandantin erreicht zu haben. Ungeniert unterhielt er sich mit ihr. Dann legte er das Sprechgerät ab.

»Sie haben Glück, Atlanta kommt sofort und holt sie ab«, antwortete der Offizier mit grimmigem Gesicht. »In der Zwischenzeit folgen sie bitte unseren Robotern aus der Sicherheitszone. Einen guten Aufenthalt auf der Atlantis-Basis wünsche ich ihnen. «

Der Transmitter-Offizier lächelte Captain Hunter frech an. John Hunter nickte und wurde von den Kampf-Robotern aus der Transmitter-Station geleitet.

Vor dem Eingang blieb er stehen. Die Roboter wichen nicht von seiner Seite. Es dauerte nur wenige Minuten, bis Atlanta erschien. Sie lächelte ihn an.

»Entschuldigen sie bitte unsere Sicherheitsmaßnahmen«, sagte sie. »Wir haben noch nicht alle hochrangigen Offiziere des Imperiums in unser System eingegeben. Es werden derzeit noch System-Abteilungen modifiziert. Hunderte von Wissenschaftlern und Technikern laufen mir unter den Füßen herum. Daher die ganzen

Sicherheits-Maßnahmen. Was verschafft mir die Ehre ihres Besuches? «

»Ich wollte mich informieren, wie weit die Umrüstungen an ihren Schiffen vorangeschritten sind? «, antwortete Captain Hunter.

»Trauen sie mir die Überwachung der Arbeiten nicht zu? «, fragte sie. » Vielleicht, weil ich eine Frau bin? «

Sie schaute in sein Gesicht.
Er lächelte sie an.

»Ich halte sehr viel von ihnen«, antwortete er. »Aber ich habe von General Poison die Leitung hierfür übertragen bekommen. Meine Arbeiten erledige ich gewohnt zuverlässig. Das ist nichts gegen ihre Person. «

Atlanta schlug ihm auf die Schulter.
»Das habe ich mir gedacht«, sagte sie. »Gehen wir in den Hangar und schauen uns diese Arbeiten an. «

Sie zeigte nach rechts auf ein kleines Anti-Grav-Brett.
» Das reicht für uns beide«, lächelte sie. »Sind sie schon einmal mit einem Gleit-Brett geflogen? «

»Nein«, entgegnete Captain Hunter. »Das Vergnügen hatte ich noch nicht«.

»Dann wird es aber Zeit«, lächelte Atlanta. » Halten sie sich an mir fest. Ich steuere das Gefährt. Es erspart uns viel Zeit. «

Sie sprang auf das Brett und suchte sich breitbeinig festen Halt. Captain Hunter stellte sich hinter sie. Zaghaft legte er seine Hände um ihre Hüften. Atlanta drückte den Schubhebel nach vorne. Das Gefährt sprang förmlich aus dem Stand in die Luft und beschleunigte. Captain Hunter musste fester zugreifen, um nicht den Halt zu verlieren. Er zog sich näher an Atlanta heran. Der Duft ihrer langen Haare betörte ihn. Ihre Taja saß wie gewohnt hauteng an ihrem Körper. John hatte keine Gelegenheit auf den Weg zu achten, den Atlanta mit dem Anti-Gravitations-Brett einschlug.

Sie flog eine enge Kurve und bog in einen Korridor ab. John Hunter hatte das Gefühl abzurutschen und legte seinen linken Arm um ihre Taille und ihren schlanken Bauch. Schnell zog er sich noch fester an sie. Er hatte genug zu tun, sein Gleichgesicht zu halten. Wenige Minuten später bremste Atlanta kräftig ab. Der Bremsdruck ließ ihn noch ein Stück mehr auf Atlanta aufprallen. Das Gefährt hielt an. Schnell sprang er ab und blickte sie an.

Sie lächelte.
»Die Flugbretter sind eigentlich nicht für zwei Personen ausgelegt«, bemerkte sie. »Aber es stand vorhin kein zweites Brett zur Verfügung. Ich hoffe, der Flug war nicht unangenehm für sie? «

»Im Gegenteil«, antwortete er. » Ich habe den Gleitflug genossen«.

Dabei blickte er sie frech an.
»Das können wir gerne öfter machen«, grinste er. »Es war sehr spaßig. «

Jetzt wirkte Atlanta etwas irritiert.

Sie gingen nebeneinander auf ein großes Tor zu. Atlanta gab ihren Code in die Tastatur ein, das Hangar-Schott sprang schlagartig auf. Grelles Licht trat ihnen entgegen. Captain Hunter konnte das Ende der Halle nicht erkennen. Sie musste gewaltig sein.

»Das ist unser Haupt-Hangar unserer Basis«, sagte Atlanta stolz.

Fein säuberlich standen rechts und links die Naada-Schiffe geparkt. Es handelte sich um Angriffs-Kreuzer der 500-Meter-Klasse. In der Mitte erkannte Captain Hunter ein quirliges Treiben von unzähligen Technikern, die hin und her liefen. Senga-Hol kam von einem Kontrollstand auf sie zu.

»Hallo Captain Hunter, was verschafft uns die Ehre«, fragte er.

Der Captain gab ihm die Hand.

»Ich möchte wissen, wie lange sie noch für diese Flotte brauchen werden«, erkundigte er sich. » Wir erwarten bereits die nächsten Schiffe. «

»Ich schätze, wir werden diese Nacht fertig«, erwiderte der 1. Offizier der Basis. »Dann haben wir alle atlantischen Schiffe umgerüstet. «

»Perfekt«, entgegnete der Captain. »Ich wollte sie um einen Gefallen bitten. Macht es ihnen etwas aus, die Schiffe an den Sammelpunkt Jupiter zu verlegen. Ich würde gerne 100 Cuuda-Schiffe und 350 Termar-Schiffe bei ihnen in der Werft umrüsten lassen. Das wäre bereits eine enorme Hilfe für uns. «

»Selbstverständlich, Captain«, antwortete Leutnant Senga-Hol. »Das können wir gerne machen. «

»Sagen sie mir bitte Bescheid, wenn ihr Hangar frei ist, dann leite ich die Schiffe zu ihnen«, konterte John.

»Wie können wir sie erreichen? «, fragte Atlanta.

»Über die imperiale Leitstelle«, antwortete John Hunter. »Dort verbindet man sie sofort weiter. Man hat uns eine Leitstelle in der Stadt Tattarr zugeteilt. «

»Dann sind sie ja bei unserer Prominenz«, lächelte Leutnant Senga-Hol.

»Ob das immer gut ist, weiß ich noch nicht zu bewerten«, antwortete der Captain. »Wir werden es sehen. «

Er blickte auf das emsige Treiben zwischen den Schiffen. »Fehlt ihnen noch etwas? «, fragte er zum Abschluss des Gespräches.

»Falls sie die neuen Flotten zu uns leiten, benötigen wir weitere Modifikations-Module«, erklärte Senga-Hol Würde sie uns den Bedarf schnellstens zuteilen? «

»Ich leite alles in die Wege«, antwortete der Captain.

»Dann will ich sie auch nicht länger aufhalten «, antwortete der Leutnant. Wir sehen uns bald wieder. «

»Ich bringe sie noch zurück«, sagte Atlanta.

Sie drehten sich um und gingen dem Ausgang entgegen.

»Kommen sie ruhig einmal öfter vorbei«, lächelte Atlanta ihn an. »Wir sollten uns näher kennenlernen. «

Sie zeigte auf das Anti-Grav-Brett.
»Springen sie auf, hiermit geht es schneller«, schmunzelte sie.

Andromeda-System

Es dämmerte auf dem Ursprungs-Planeten der Green-Lizards. Die Hauptstadt des Planeten hieß Tygerian und war gleichzeitig Regierungs-Sitz. Sie befand sich fest in der Hand von Worgass-Besatzungstruppen. Hier war das Haupt-Kontingent ihre Soldaten stationiert. Vier große Garnisons-Stützpunkte lagen außerhalb der Stadt und kontrollierten alle Zugänge. Die insgesamt 20.000 stationierten Worgass-Soldaten ließen nicht mit sich spaßen. Sie waren der aktive Arm der Netzwerk-Denker. Emotionslos und stur folgten sie den Anweisungen ihrer Befehlsstruktur. Sie hatten bereits viele Aufstände niedergekämpft und kannten die unberechenbaren Green-Lizards zur Genüge.

Der Kommandant der 2. Garnison betrachte die vielen Monitore, die das Treiben der Lizards in der Stadt aufzeichneten. Er lehnte sich zurück.

»Unsere Zucht-Brut scheint endlich eine gewisse Ruhe gelernt zu haben«, sagte Lygall Magill. »Wir haben lange nicht mehr einschreiten müssen. «

»Dank unseres rigorosen Vorgehens sollte die dümmste Echse es mittlerweile auch verstanden haben, dass ein törichtes Verhalten immer nur zur Abschlachtung ihrer eigenen Rasse führt«, antwortete Patan Fazan, der als Überwachungs-Offizier seinen Dienst verrichtete.

»Das stimmt«, bemerkte Äytzin Doryill, der Kohorten-Führer. »Es wird Zeit, dass wir wieder einmal ein Exempel statuieren. «

Alle drei lachten laut auf.

»Es sind Tiere«, erwiderte Lygall Magill. »Doch wir ziehen uns den Zorn der Gill-Grimm zu, wenn wir ohne Grund einige Lizards abschlachten. Gerade jetzt, wo sie den Befehl bekommen haben, die Brütungen ihres jungen Nachwuchses zu verdoppeln. «

»Ich glaube nicht, dass uns die Netzwerk-Denker hieraus einen Strick drehen werden«, lachte Äytzin Doryill. »Für sie sind die Green-Lizards doch auch nur Abschaum. Ein misslungenes Genprojekt. «

»Täusche dich da nicht«, sagte Lygall Magill. »Sie genießen den Vorteil der Einzigartigkeit. Oder anderes ausgedrückt, die Gill-Grimm haben derzeit keine anderen Zuchtobjekte in unserer Region ihres Imperiums zur Verfügung. Sie brauchen die Echsen, um ihre Schiffe zu bemannen. «

»Das weiß ich alles«, bestätigte der Kohorten-Führer. »Aber meine Truppen müssen auch in der Übung bleiben. Zu lange untätig herumsitzen, fördert nicht ihre Einsatzqualität. «

»Du hast doch Übungsräume hier in der Garnison«, sagte Lygall. »Dort kannst du die nachgestellten Puppen der Lizards vernichten. «

Wieder lachten alle drei tief auf.

»Es ist etwas anderes gegen Puppen zu kämpfen, oder lebende Lizards ihre Krallen abzuschlagen«, antwortete Äytzin Doryill.

»Wir könnten Unruhe unter der Bevölkerung stiften«, bemerkte Patan Fazan. »Dann haben wir Grund einzuschreiten. «

»Wie soll das funktionieren? «, fragte Lygall Magill.

»Ganz einfach«, entgegnete der Überwachungs-Offizier. »Wir lassen durchsickern, dass wir die doppelte Menge von ihrem neu gebrüteten Nachwuchs benötigen. Das entspricht sogar den Wünschen der Netzwerk-Denker. Bei einer Nichtaushändigung verkünden wir, dass alle Familien hingerichtet werden, die ihren Nachwuchs vor uns verstecken. «

Alle drei dachten nach.
»Das hört sich gut an«, antwortete Äytzin Doryill. »Ich werde die Meldung an einige geschwätzige Soldaten ausgeben, die in den Kneipen von den Lizards verkehren. Dann wird sich die Information wie ein Lauffeuer verbreiten. «

»Gut«, nickte Lygall Magill. »Machen wir es so. «
Seine Augen leuchteten teuflisch.

Die Dämmerung hatte die große Stadt erreicht. Die drei Gestalten in langen, dunklen Kapuzen-Anzügen, schlichen vorsichtig durch die schmalen Straßen der Altstadt. Jede

Nische ausnutzend, vermieden sie in den Blickfang einer der zahlreichen Überwachungs-Kameras zu geraten.

»Wir sind gleich da«, flüsterte Sorazz Lytzin seinen Kollegen zu.

Sie waren in einem Geheimauftrag des Ältesten-Rates von Lizzit unterwegs. Ein persönlicher Kontakt zu den Widerstandskämpfern im Untergrund sollte hergestellt werden. Eine Gruppe erwartete die Ratsmitglieder an einem sicheren Ort.

»Vorne an der Abzweigung, geht's nach links«, erklärte Maise Yozan.

»Ich habe die Wegbeschreibung im Kopf«, murrte Sorazz zurück.

Die Gruppe beschleunigte ihre Schritte. In der Gasse vor ihnen tauchte ein Abgang in den Erdboden auf.

»Das muss er sein«, flüsterte Kysian Ayzon. »Vorsichtig, es geht tief herunter. «

Die drei blickten in das dunkle Loch. Es war kein Licht erkennbar. Vorsichtig tasteten sie sich die Stufen hinunter in das Dunkle.

»Wann hört die Treppe endlich auf? «, fragte Maise. » Ich habe bereits 27 Stufen gezählt. Hoffentlich ist das keine Falle. «

»Wir hätten besser eine Lampe mitgenommen«, bemerkte Sorazz Lytzin.

»Die würde man aber von oben deutlich erkennen«, antwortete Kysian. »Wir sollten gleich da sein. Achtet auf das Ende der Stufen. «

»Wir sehen nichts, du Narr«, schimpfte Sorazz und lief vor eine Mauer. Schmerzhaft schrie er auf, als er von den Nachfolgenden noch fester an die Wand gedrückt wurde.

»Hier geht's nicht weiter«, sagte Maise. »Irgendwo muss eine Türe sein. «

Sie fühlten mit ihren Händen die Wände ab. Rechts fanden sie eine Holztür. Schnell war der Türöffner gefunden und betätigt. Die Türe sprang knarrend auf und gab den Blick in einen düster beleuchteten Raum frei. Die drei Vermummten gingen hinein.

»Niemand da«, bemerkte Maise. »Wie geht es jetzt weiter? «

Hinter ihnen schlug die Tür krachend ins Schloss.

Erschreckt drehten sie die Personen um. Hinter ihnen stand eine Person in einem Kampf-Anzug gekleidet. Seine Laser-Waffe zielte auf die Rats-Mitglieder.

»Keine Sorge«, sagte er. »Ich gehöre zum Untergrund. Heben sie ihre Klauen nach oben, ich möchte sie scannen.«

Seine rechte Hand mit dem Laser blieb weiterhin auf die Besucher gerichtet. Mit seiner anderen Hand griff er nach einem Scanner, den er aus einer Tasche seines Anzuges zog. Er klappte den Deckel auf und aktivierte das Gerät. Behäbig hielt er es den Rats-Mitgliedern entgegen. Ein leises Summen zeigte die Aktivität des Gerätes an.

»Alles in Ordnung«, sagt er nach wenigen Sekunden. »Folgen sie mir bitte. Ich geleite sie zu unserer Führung. « Er drückte auf einen Knopf auf seinem Gürtel. In dem Boden wurde eine weitere Treppe sichtbar, die vorher getarnt war. Die Gruppe schritt die lange Treppe hinunter. Ihr folgte ein beleuchteter Felsengang. Er war feucht und roch muffig. Eilig durchschritten sie ihn. Am Ende des Ganges wurde ein metallisches Tor sichtbar. Der Untergrund-Kämpfer pochte dreimal gegen das Metall. Das Tor wurde von innen geöffnet. Die Rats-Mitglieder wurden in einen hellen beleuchteten Raum geführt. An einem Tisch saßen fünf grimmig schauende Green-Lizards in Kampf-Anzügen. Sie erhoben sich, als die Rats-Mitglieder hineingeführt wurden.

Sorazz, Maise und Kysian gingen auf den Tisch zu und blieben hiervor stehen. Sie zogen ihre tief ins Gesicht gezogenen Kapuzen zurück.

»Mein Name ist Sorazz Lytzin«, stellte sich das Ratsmitglied vor. »Ich bin in Begleitung von Maise Yozan und Kysian Ayzon. Wir sind eine Sonderkommission des Ältesten-Rates von Lizzit. «

»Ich weiß, wer sie sind«, unterbrach einer der fünf Untergrund-Kämpfer das Vorstellungs-Gespräch. »Mein Name ist Byron Lazar. Mir unterliegt die Ehre, dieses Kommando zu leiten. «

»Sie sind der legendäre Byron, der Untergrund-Kämpfer, der den Worgass so viele Probleme bereitet hat? «, fragte Sorazz.

»Der bin ich«, antwortete er. »Rechts und links neben mir sehen sie meine Adjutanten und gleichzeitig auch meinen Personenschutz. Also vermeiden sie zu schnelle Reaktionen. Die Waffen meiner Leute sitzen locker. «

»Wir sind unbewaffnet«, entgegnete Sorazz. »Ihre Leute können ihre Waffen stecken lassen.«

»Das überlassen sie bitte uns, wie wir unsere Waffen tragen«, antwortete Byron. »Was mich interessiert, warum suchen sie uns auf, nach diesen vielen Jahren. Bisher waren wir doch für sie immer die Bösen. Ein Tumor, dem der Tod vieler Artgenossen zugeordnet werden konnte. Wir wurden von ihnen geächtet und verfolgt. Auch viele Leben unserer Kämpfer wurden von ihrer Polizeigewalt getötet. «

Sorazz senkte seinen Kopf.

»Nach heutiger Sicht sehen wir das als einen großen Fehler an und entschuldigen uns hierfür«, erwiderte er. »Von der damaligen Sichtweise kann ich unser Vorgehen nur als Gehorsam gegenüber den Besatzungs-Truppen rechtfertigen. Sie wissen selbst, dass ein anderes Handeln sofort ein Blutbad unter unserer Bevölkerung angerichtet hätte. Wie man es dreht, als Volk waren wir immer im Nachteil. «

»Weil sie nie etwas hiergegen unternommen haben«, antwortete Byron. »Gegen den Ansturm von wütenden Massen sind die Worgass nach unserer Einschätzung recht hilflos. Bisher sind wir nur Sklaven der Besatzungs-Truppen. «

»Sie haben Recht«, entgegnete Sorazz. »Aber heute sind wir hier und möchten mit ihnen sprechen. Für uns bedeutet ein Umdenken auch einen neuen Schritt, heraus aus den eingefahrenen alten Gesetzesstrukturen. «

»Da bin ich aber einmal neugierig, was sie uns vortragen möchten? «, entgegnete der Kommandant des Untergrundes. » Beenden wir unsere Vorhaltungen und kommen zu dem Grund ihres Besuches. «

Er zeigte auf die freien Plätze.

»Bitte nehmen sie Platz«, sagte er. »Hochrangige Rats-Mitglieder müssen auch in unseren bescheidenen Unterkünften nicht stehen. «

Sorazz lächelte.

»Danke«, sagte er. »Das ist äußerst freundlich. «

Byron wartete, bis sich alle drei Gäste auf den Stühlen niedergelassen hatten. Mit einem strengen Blick musterte er seine Gäste. Seine Augen wanderten wieder zu Sorazz.

»Heraus mit der Sprache«, sagte er. »Was wollen sie? «

»Die Worgass werden immer dreister«, antwortete Sorazz. »Sie bluten unser Volk aus. Ich bin hier mit einem Mandat unserer Regierung und auf den besonderen Wunsch unseres Vorsitzenden Traise Zyran. «

»Der alte Traise hat sie geschickt? «, fragte Byron.

»Wirklich erstaunlich, dass er seine Meinung geändert hat. Vor vielen Zyklen hatte er mir ins Gewissen geredet, nicht von dem rechten Weg abzuweichen. Aber entschuldigen sie meine Unterbrechung, reden sie weiter. «

»Gerne«, erwiderte Sorazz. »Ich mache es kurz. Irgendetwas ist passiert. Die Gill-Grimm fordern von uns die Verdoppelung der jungen Brüter. Wir können diesem Wunsch unmöglich Folge leisten. Unsere Brut-Stationen arbeiten bereits in höchster Auslastung. Eine Verkürzung der Brutzeit würde nicht mehr gutzumachende Schäden an dem Nachwuchs verursachen. Das verstehen die Netzwerk-Denker aber nicht. Sie zwingen uns zu diesem Schritt. «

»Aber was soll das für einen Sinn haben«, fragte Byron. »Sie wollen doch denkfähigen Nachwuchs für ihre Invasions-Flotte haben. «

»Das ist die Ursache der ganzen Misere«, antwortete Sorazz. »Sie haben ebenfalls allen Produktions-Regimentern befohlen, ihre Produktionszahlen zu verdoppeln. «

»Daher weht der Wind«, grübelte Byron. »Ich vermute einmal, dass von der Seite der Produktion ebenfalls keine wesentliche Erhöhung erfolgen kann. Wir haben Spione in den Werken. Dort arbeitet man ebenfalls am Maximum des Möglichen. «

»Wenn das wahr ist, warum denn das Ganze? «, fragte Sorazz.

»Vermutlich sind die Netzwerk-Denker an geheime Informationen gelangt, die eine schnelle Fertigstellung der Invasions-Flotte nötig macht«, bemerkte Byron. » Das können neue Feinde sein, aber auch eine mögliche Aufrüstung der Rassen in der Milchstraße. Wie ich aus geheimen Quellen erfahren habe, patrouillieren wieder Schiffe der Natrader in der Nachbar-Galaxie. Ich spreche nicht von einzelnen Schiffen, sondern von ganzen Verbänden mit diesen großen Schiffs-Zerstörern. Ihnen war es ein Leichtes, unsere Flotten einfach aus dem All zu schießen. «

»Jetzt komplettiert sich alles zu einem Bild«, sagte Sorazz. »Der Rat möchte nicht länger den Befehlen unserer Besatzer folgen. Wir suchen einen Weg, uns von ihnen zu befreien. «.

»Welch ein naiver Narr sind sie? «, fragte Byron. » Sie kommen zu mir und teilen mir mit, dass sie es leid sind, unter der Herrschaft der Worgass zu dienen. Wissen sie, wo wir uns befinden? Lizzit ist ein Teil des Worgass-Imperiums. Glauben sie wirklich, die Gill-Grimm entlassen uns aus der Verantwortung? Wir sind ihr Eigentum. Sie sehen uns als Tiere an, als eine ihrer misslungenen Züchtungen. Nicht nur dass, denken sie an die hier stationierten 75.000 Worgass-Soldaten. Alle bestens bewaffnet und organisiert. Wie sollen wir gegen diese Truppen vorgehen? «

»Wir von der Regierung des Planeten sind keine ausgebildeten Kämpfer, doch haben wir Planungsebenen, die hilfreich sein können«, sagte Sorazz. » Nach unseren Erkenntnissen verfügen sie derzeit über knapp 500.000 Soldaten. So wie wir wissen, alles freiwillige Lizards, die nicht mehr mit dem Regime der Worgass einverstanden sind. «

»Das ist richtig«, antwortete Byron selbstsicher. »Es werden jeden Monat mehr. Trotzdem haben wir nicht genug Waffen, um im direkten Kampf gegen die Worgass-Truppen bestehen zu können. «

»Wir könnten ihnen eine Falle bauen? «, antwortete Sorazz.

»Was für eine Falle? «, fragte Byron.

»Das ist jetzt ein Vorschlag unseres militärischen Planungs-Büros«, entgegnete Sorazz. »Ich gebe an den Leiter dieses Büros weiter, Maise Yozan. «

Alle Augen richteten sich auf den Angesprochenen, der bisher still zugehört hatte.

Maise rückte seinen Stuhl näher an den Tisch heran.

»Wir sehen eine Möglichkeit, indem wir an unterschiedlichen Stellen der Stadt Demonstrationen durchführen«, erklärte er. »Es sollten viele sein, die alle Garnisonen zum Handeln zwingen. Da die Stützpunkte direkt um die Stadt verteilt liegen, rücken die Worgass mit einer starken Fuß-Truppe an. Die schweren Geräte und Geschütze bleiben in den Kasernen, nur noch von leichten Wachtruppen gesichert. Das sind kleinere Trupps mit wenigen Soldaten. Zu dieser Zeit stürmen wir ihre Stützpunkte und eignen uns ihre schweren Waffen an. Gleichzeitig erfolgt ein Angriff auf alle Produktions-Regimenter mit anschließender Übernahme der Areale.

Alle flugfähigen Schiffe werden an Admiral Mazrin übergeben. Die Demonstrationen werden zu dieser Zeit aufgelöst, dass möglichst wenig Schaden an der Bevölkerung entsteht. Dieses Vorhaben startet zur gleichen Zeit auf dem ganzen Planeten. Sobald wir ihre Garnisons-Kasernen besetzt, die Produktions-Regimenter übernommen haben, ihren Funk unter unsere Kontrolle gebracht haben, erhalten wir Luft-Unterstützung von Admiral Mazrin. Mit den erbeuteten Geräten in den Kasernen, hierunter sind Kampf-Gleiter, gepanzerte Bodenfahrzeuge mit Laser-Kanonen und neuste Waffen, werden wir den Endschlag gegen die Worgass durchführen. Dank der Luftunterstützung unseres Admirals, werden alle zurückkehrenden Worgass-Fußtruppen vernichtet. Kein Soldat darf überleben. «

»Haben sie auch berücksichtigt, dass die Produktions-Regimenter über Hyperkomm-Funkanlagen verfügen«, sagte Byron. »Von hieraus können ebenfalls die Netzwerk-Denker informiert werden. «

»Es muss eine globale Aktion gestartet werden, entgegnete Maise. »Wer arbeitet in den Werften, wer wird dort ausgepeitscht und drangsaliert. Es sind unsere Artgenossen. Sie sind dem Wachpersonal hundertfach überlegen. Der richtige Zeitpunkt ist entscheidend. Wir werden einige Worgass des Wachpersonals gefangen nehmen. Durch die Androhung des Todes, werden sie hoffentlich mit uns zusammenarbeiten und dem Regime der Worgass falsche Informationen durchgeben. «

Byron beriet sich mit seinen Kollegen. Eine Zeitlang wurde wild gestikuliert. Dann lehnte er sich zurück und schaute Maise und Sorazz an.

»Wir sind dabei«, antwortete er. »Rechnen sie mit uns und planen sie unsere Ressourcen ein. Das wird der letzte Schlag unseres Volkes gegen die Tyrannei der Worgass sein. Denn eins ist ihnen hoffentlich klar. Die Worgass werden diese Schlappe nicht auf sich sitzen lassen. Vermutlich mobilisieren sie ihre ganzen Kräfte hier in Andromeda. Dann werden sie versuchen den Planeten zurückzuerobern. Sind wir dann auch noch in der Lage, gegen sie zu bestehen? «

»Das hoffen wir«, entgegnete Sorazz. »Wir besitzen dann eine Flotte von derzeit 641.000 Kampf-Schiffen. Es gibt aber noch eine zweite Option. «

Er ließ kurz seine Worte wirken.

»Wir haben die Schiffe«, fuhr er fort. »Ein Funkkontakt zu der Worgass-Regierung, vor allem zu ihren Netzwerk-Denkern, wird positiv aufrechterhalten. Entsprechend sollten sie keinen Verdacht hegen. Wir bauen die Wurmloch-Steuerung fertig, aktivieren sie und verschwinden mit unserem Volk in die Milchstraße. Vorher verminen wir das Wurmloch und zerstören es, wenn unser letztes Schiff durch ist. Uns liegen Informationen aus der Milchstraße vor, dass Teile unseres Volkes von den Natradern einen vergleichbaren Planeten zugewiesen bekommen haben, auf dem unsere Art wächst und gedeiht. Sie sind ein Teil des Neuen-Imperiums, wie sie sich nennen. Ihnen geht es gut, im Einklang mit den humanoiden Rassen. Diese scheinen gar nicht so schlecht zu sein, wie man es uns immer einzureden versucht. «

Das Gesicht von Byron hellte sich auf.
»Das sind ganz neue Perspektiven«, entgegnete er. »Wenn das wahr ist, dann brauchen wir uns keine Sorgen, um den Fortbestand unserer Rasse zu machen. Ich gehe davon aus, wenn wir ihnen helfen, dass alle unsere Kämpfer von der Regierung rehabilitiert werden und sie mit ihren Familien in Ruhe leben dürfen. «

»Das ist ihnen bereits jetzt zugesichert«, antwortete Sorazz. » Von unseren Gesprächen darf nichts zu den Worgass gelangen. Sorgen sie bitte dafür. «

»Das versteht sich von allein. Ich lege für meine Leute die Klauen ins Feuer. Sie werden froh sein, wenn die Worgass vernichtet sind. Wir sollten eine Test-Demonstration durchführen, nur um zu sehen, ob die Worgass wieder mit der gleichen personellen Fußtruppe in die Stadt einmarschieren. «

»Damit bin ich einverstanden«, entgegnete Sorazz. »Wir arbeiten den Plan aus und informieren sie über den besten Zeitpunkt. «

Beide schüttelten sich die Klauen.

»So sei es. Nieder mit den Worgass«, antworteten beide wie aus einem Mund. Dann drehten sich die Lizards wortlos um und gingen dem Ausgang entgegen. Der

Untergrund-Kämpfer, der sie hinein begleitet hatte, führte sie wieder zu dem Ausgang hinaus.

Kazan Tyrill saß in der Leitstelle des 17. Produktions-Regimentes und kontrollierte die Monitore der Fertigungs-Hallen.

»Die Arbeiter sind unermüdlich«, dachte er. »Sie arbeiten im Sinne der Worgass. Es sind gute Leute, ausgebildet und fähig. Die Ausfallquote unserer Produktion ist sehr gering. Wir können froh sein, diese Leute zu haben. «

Sein Blick schwenkte auf die zugeteilten Umlaufbahnen im Orbit des Planeten Lizzit. Sein Blick prüfte die automatische Geschwindigkeit und den Umlaufwinkel der Schiffe.

»Keine Abweichungen«, registrierte er. »Alles läuft nach Vorschrift. Der Kurs ist verankert. Es sind keine Probleme feststellbar. «

Der Schott fuhr auf und Zaran Hawil trat in die Zentrale. »Bitte einen Statusbericht«, sagte er noch am Eingang.

Zaran verzog das Gesicht.
»Ein paar freundliche Worte wären auch nicht falsch gewesen«, dachte er.

»Keine Probleme«, antwortete er. »Alles läuft nach Plan. Die Produktion arbeitet fehlerfrei, die Schiffe in der Umlaufbahn fliegen stabil. «

»Gut«, antwortete Zaran bedächtig. »So soll es sein. Wir können uns keine Fehler mehr leisten, das würde der Fertigung Zeit kosten und uns zurückwerfen. «

»Unsere Arbeiter sind die Besten«, entgegnete Kazan. »Sie wissen, was sie tun. «

»Trotzdem sollten wir sie weiter antreiben«, bemerkte Zaran. »Die Produktionszahlen müssen erhöht werden. Falls sie nicht spuren, drosselt ihre Verpflegungs-Rationen und setzt die Laser-Peitschen ein. Die Echsen müssen schneller arbeiten. «

»Zu Befehl Kommandant«, entgegnete Zaran irritiert.

»Was ist mit der Absprache der anderen Regiments-Führern. Sie haben einen Plan ausgearbeitet, den ich dir gestern vorgetragen habe. «

Zaran Hawil schaute seinem ersten Offizier in die Augen.

»Ich habe die ganze Nacht hierüber nachgedacht«, antwortete er. »Dieser Plan ist zu gefährlich. Ich werde mich hieran nicht beteiligen. Eine undichte Stelle und wir sind erledigt. Der Plan ist mir zu unsicher und nicht ausgewogen. Der planetare Worgass-Kurator hat überall seine Spione. Ich glaube, dass wir alle sehr schnell auffallen würden. «

»Das heißt jetzt, wir fallen unseren Kollegen in den Rücken? «, fragte Kazan.

»Jeder Leiter eines Produktions-Regimentes ist für sich selbst verantwortlich«, erwiderte er. »Wir können hierauf keine Rücksicht nehmen. «

»Dir ist aber klar, dass wir eine Verdopplung der Produktionszahlen nicht mit dem Entzug von Essen und Peitschenschläge hinbekommen? «, antwortete Kazan.

»Das muss sich erst noch zeigen«, entgegnete Zaran. »Die Green-Lizards sind robust und brauchen vielleicht nur die richtige Motivation. Das wird das schon funktionieren. «

»Du scheinst diese Nacht eine wirklich realistische Eingabe gehabt zu haben«, bemerkte Kazan.

»Genug mit dem Gequatsche«, antwortete Zaran. »Kümmere dich um deine Aufgaben. «

Verärgert drehte sich Kazan wieder seinen Monitoren zu. Aus den Augenwinkeln sah er unterhalb der Umlauf-Bahnen einen grellen Blitz in sich zusammenfallen.

»Ich habe einen grellen Blitz gesehen, oberhalb unserer Umlaufbahnen«, meldete er. »Jetzt ist er aber nicht mehr zu sehen. «

Zaran Hawil kam zu ihm an den Monitor gelaufen. »Welche Position hatte der Blitz? «, fragte er.

Kazan zeigte mit seiner Klaue auf den Koordinatenpunkt. Zaran schüttelte seinen Kopf.

»Da ist nichts«, bemerkte er. »Du hast eine Sinnestäuschung gehabt. Ich glaube wirklich, ich muss dich von dem Posten abziehen und dich in der Produktion einsetzen. «

Kazan antwortete nicht auf diese Bemerkung. In seinem Kopf formte sich ein Gedanke heran.

»Zaran muss ausgeschaltet werden«, dachte er. » Er ist nicht mehr tragbar für unser Vorhaben. Unser Plan wird scheitern, wenn er redet. Alle anderen Regimenter sind durch ihn gefährdet. Es muss etwas passieren. «

»Eine Meldung kommt von der Kommandantur des 2. Garnison-Stützpunktes herein«, meldete Ötazan Kniezal.

»Auf die Lautsprecher legen«, sagte der Leiter des 17. Produktions-Regimentes.

»Ich stelle laut«, antwortete Ötazan.
Ein Knistern in den Lautsprechern wurde hörbar.

»Hier spricht der Kommandant des 2. Garnison-Stützpunktes. Wir haben mehrere Demonstrationen unzufriedener Lizards in der Stadt registriert. Wir entsenden Straftruppen. Sichern sie ihre Anlagen. Aktivieren sie ihren Schutz-Schirm und informieren sie ihr

Sicherheitspersonal. Wir wissen nicht, ob es uns gelingt, alle Lizards zu beruhigen. Ihre Produktion darf nicht beeinträchtigt werden. Dies ist eine Anweisung des 2. Garnisons-Kommandanten. Bestätigen sie die Anweisung sofort. «

Die Mitteilung brach ab.
»Sofort bestätigen«, befahl Zaran Hawil.

Ötazan Kniezal schlug seine Klauen in die vor ihm liegende Tastatur und schrieb eine Meldung.

»Die Bestätigung wurde gesandt«, meldete er nach wenigen Sekunden.

Zaran Hawil drehte sich zu Zaran um.

»Warum bist du noch hier? «, fragte er. » Du hast doch gehört, was zu tun ist. Kümmere dich sofort hierum. «

Der erste Offizier sprang auf und lief zum Ausgang.

»Befehl erhalten«, bestätigte er. Dann lief er durch das geöffnete Schott.

Auf dem Marktplatz von Tygerian, der größten Stadt des Planeten, hatten sich mehr als 5.000 Lizards versammelt, die gegen die Pläne ihrer Besetzer demonstrieren wollten. Sie hielten Plakate hoch, auf denen sie ihren Missmut zum Ausdruck brachten. Die aufgeregte Menge schrie Parolen und gestikulierte wild mit ihren Armen und ihren Klauen.

Einige von ihnen waren als Rädelsführer auf die Barrikaden gestiegen und heizten die Menge an.

»Wir werden nicht noch mehr Neugeborene den Worgass überlassen«, forderte einer. »Es ist eine Schande, was die Besetzer von uns verlangen. Das können wir unmöglich akzeptieren. Es wird Zeit, dass wir etwas unternehmen. «

»Wir sollten sie vernichten«, schlug ein anderer vor. »Jagen wir sie von unserem Planeten fort. Wir sind das Volk. Viel zu lange haben wir uns von den Worgass knechten lassen «

»Die Worgass haben Waffen«, antwortete ein vorne stehender Lizard. »Wie sollen wir sie besiegen? «

»Unser Volk ist eine große Nation«, brüllte der Rädelsführer zurück. »Sie sind uns mengenmäßig weit unterlegen. Wir zertreten sie wie lästige Insekten. Unsere Klauen sind unsere Waffen. Vielleicht kann der Untergrund uns helfen? «

»Der Untergrund verfolgt eigene Ziele«, entgegnete ein anderer Lizard. »Bisher haben sie nur Unruhe gestiftet, den wir mit vielen Toten haben bezahlen mussten. «

»Jetzt aber können wir gemeinsam vorgehen«, entgegnete der Rädelsführer. »Wir alle müssen zusammenstehen. «

Die Menge schrie wieder wie im Rausch.

»Nieder mit den Worgass«, schimpften sie. »Tötet sie und rächt unsere gefallenen Brüder. Erweist ihnen die letzte Ehre. Der große Zosan wird mit uns sein. «

»Da«, sagte einer entsetzt und zeigte auf eine Gasse, die in den Marktplatz mündete. Eine Kohorte Worgass-Soldaten lief im Laufschritt auf den Marktplatz ein. Das Geschrei der Menge verstummte.

Die Kohorte blieb vor der Barrikade stehen. Der Truppführer Äytzin Doryill trat vor.

»Was ist hier los? «, fragte er mit tiefer Stimme. » Wir dulden keine Massen-Versammlungen. Ich fordere sie alle sofort auf, den Platz zu räumen. Sie gefährden die Staatspolitik. «

»Das ist uns gleichgültig«, tobte der Rädelsführer. »Wir wollen unser Recht. Wir werden keine weiteren jungen Brüter abgeben. «

»Das ist nicht ihre Entscheidung«, bemerkte der Führer der Kohorte. »Der Befehl kommt von ganz oben. Die Netzwerk-Denker haben es beschlossen. Wir erwarten die Erfüllung der Vorgaben. Ansonsten werden wir uns gewaltsam des Nachwuchses bereichern. Ich warne sie davor, ihren Nachwuchs vor uns zu verstecken. Als Folge hieraus werden wir ihre Familien exekutieren. «

»Das werden wir verhindern«, polterte die Menge.

Äytzin Doryill wirkte irritiert. Noch nie stand er vor so einer entschlossenen Menge. Er schaute zu seinem Adjutanten.

»Fordern sie eiligst Verstärkung an«, befahl er. »Der Mob wird gleich explodieren. «

Der Angesprochene nickte und sprach etwas in seinen Communicator. Der Anführer drehte sich wieder der aufgebrachten Menge zu.

»Beruhigen sie sich, wir werden eine Lösung finden«, versuchte er auf den Mob einzureden.

»Leere Worte«, antwortete der Rädelsführer. »Nie ist eine Zusage gehalten worden. Wir sind es leid. Teilen sie den Netzwerk-Denkern mit, dass wir keine zusätzlich jungen Brüter abgeben werden. «

»Das werden die Netzwerk-Denker nicht akzeptieren«, erwiderte der Führer der Worgass-Soldaten.

»Dann werden wir in allen Produktions-Regimentern die Arbeit niederlegen«, fluchte einer der Rädelsführer. »Wir stellen sämtliche Produktions-Arbeiten ein. «

»Das wagen sie nicht«, antwortete Äytzin Doryill, der Anführer der Kohorte. »Genug der Diskussion. Räumen sie den Platz. Meine Geduld ist zu Ende. «

Er winkte 12 Soldaten heran. Diese stellten sich in breiter Front auf.

»Anlegen und zielen«, befahl der Anführer.

Die Soldaten nahmen ihr geschultertes Lasergewehr, entsicherten es und legten auf die Menge an.

»Wollen sie uns alle jetzt niederschießen«, brüllte der Rädelsführer den Soldaten zu. »Schämt euch, ihr undankbaren Kreaturen. «

Er drehte sich zu der Menge der schreienden Lizards um. »Geht nach Hause, bevor es ein Blutbad gibt. Mit den Worgass kann man nicht reden. «

In seinem Rücken hörte er noch, wie der Führer den Feuerbefehl gab. Noch im Umdrehen wurde er von einem heißen Laserstrahl in den Unterleib getroffen. Der Einschlag riss ihn von der Barrikade zu Boden. Ein großes verbranntes Loch klaffte in seiner Hüfte. Aus den Augenwinkeln sah er, wie weitere Laserstrahlen in die ungeschützte Menge einschlugen und viele der Demonstranten von den Füßen fegten.

»Sie schlachten uns ab«, dachte er noch, als ihn seine Sinne verließen.

Die Menge wirkte wie erstarrt, dann schnellte sie nach vorne auf die wartenden Soldaten zu. Ungebändigter Zorn entlud sich auf die Handlanger der Besetzer. Die

Schnelligkeit der Lizards verhinderte, dass weitere Soldaten ihre Waffen aktivieren konnten. Wie Todesengel sprangen Tausende von den Lizards auf die Worgass-Soldaten zu. Sie zerfetzten ihre Schutzanzüge und schlugen ihre scharfen Klauen in ihre Körper. Es dauerte nur wenige Sekunden, bis alle Soldaten blutend am Boden lagen. Der Marktplatz hatte sich rot gefärbt. Viele abgetrennte Gliedmaßen lagen im Umkreis verstreut. Die Echsen kannten kein Erbarmen mehr. Zu lange hatten sie ihren Zorn bändigen müssen. Sie hielten erst inne, als kein Worgass mehr lebte.

Entsetzt schauten sie auf ihre Tat. Ein alter Green-Lizard bahnte sich einen Weg durch die Menge. Er trug einen weißen Umhang. Schnell stieg er auf die Barrikade und blickte die Menge an.

»Geht es euch jetzt besser? «, sagte er. » Ich bin Mitglied des Ältesten-Rates. Wie sollen wir diese Tat vor dem planetaren Worgass-Kurator verantworten. Ihr wisst, dass für jeden getöteten Worgass 50 Lizards unseres Volkes hingerichtet werden. «

Das alte Rats-Mitglied schüttelte den Kopf.
»Immer wieder lasst ihr euch zu diesen unüberlegten Handlungen hinreißen«, schimpfte er. »Wie sollen wir euch noch schützen? «

»Ihr habt uns noch nie schützen können«, erklärte ein aufgebrachter Lizard aus der Menge. »Wir können den

Ältesten-Rat auch abschaffen. Das wäre das gleiche Resultat. «

Die Menge jubelte.
Oyaise Tazran hob beide Arme in die Luft.

»Geht sofort nach Hause«, fluchte er. »Die Worgass werden gleich Verstärkung schicken. Das lassen sie nicht auf sich sitzen. Bringt euch nicht in neue Gefahr. Geht nach Hause. Befolgt meine Worte. Ich weiß, wovon ich spreche. «

Die Menge verhöhnte ihn.
Das Mitglied des Ältesten-Rates stieg von der Barrikade herunter und verließ den Mob durch eine schmale Gasse. Nur wenige Lizards folgten ihm.

Es waren nur wenige Minuten vergangen, als von allen Seiten Laser-Panzer auf dem Marktplatz vorfuhren. Ihnen folgten weitere Hundertschaften von Worgass-Fußsoldaten. Die Fahrzeuge fuhren in Stellung, die Soldaten stellten sich in breiter Front auf. Ohne eine weitere Vorwarnung eröffneten sie das Feuer auf die schreiende Menge.

Kontaktaufnahme

Langsam ging das Beiboot des Evolutions-Schiffes in den Sinkflug über. Die Monitore gaben das Geschehen in der Stadt wieder. Heran, Major Travis und Morass schauten gespannt auf die Bilder.

»Da geht es aber zur Sache«, bemerkte Heran. »Deine Artgenossen haben viele Demonstrationen auf die Beine gestellt. «

»Das ist ein Wahnsinn«, antwortete Morass. »Die Worgass-Soldaten werden fürchterlich zurückschlagen. Hoffentlich treffen wir Traise Zyran an. Sein Haus liegt etwas außerhalb der Stadt. Er ist ein entfernter Verwandter von mir. «

»Ich zoome das Bild näher«, sagte Heran. »Kannst du es uns zeigen? «

Morass rückte mit dem Kopf näher an den Bildschirm heran. Sein Blick flog über die Bilder. Vor einem Waldstück verharrte er.

»Das ist es«, bemerkte er. »Dort neben dem Wald. Traise liebt die Natur. «

Er zeigte mit einem Finger seiner Klaue hierauf.
»Das passt gut«, bemerkte Heran. »Wir können auf dem Feldstück, neben dem Wald landen. Koordinaten erfassen und Landeanflug einleiten.«

»Die Landedaten sind eingespeist«, hauchte die KI zurück. »Ich leite die Landung ein. «

»Danke«, sagte Heran.

Die Automatik senkte das getarnte Schiff unbemerkt tiefer ab und drosselte seine Geschwindigkeit. Die Anti-Grav-Servos wurden zugeschaltet. Sanft, ohne einen Ruck, setzte das Schiff auf dem weichen Boden auf.

»Gehen wir zum Schott«, sagte Heran. »Morass, du führst uns. Bevor ich jetzt den Schott aufmache, aktivieren wir alle unsere Tarnvorrichtung. Gespräche werden nur über die Funkleitung geführt. «

Morass und der Major nickten und drückten den entsprechenden Knopf auf dem Display an ihrem Gürtel. Ein dünnes Energiefeld senkte sich über die drei Besucher und löste sie förmlich in Nichts auf.

»Alles in Ordnung? «, fragte Heran.
Die anderen zwei bestätigten seine Frage.
»Gehen wir«, sagte Heran.
Er drückte auf einen Knopf an dem Schott, das nach oben aufklappte. Eine kleine Treppe fuhr aus und senkte sich zu Boden. Langsam schritten die drei Besucher, aus einer anderen Galaxie, auf das Haus von Traise Zyran zu.

Morass klopfte an der Tür. Es dauerte eine Zeit, bis Traise die Türe öffnete. Er schaute nach rechts und nach links, konnte jedoch keinen Besucher erkennen. Er wollte die Türe schließen, doch Morass schob seinen Fuß davor.

»Erschrecke nicht«, sagte er leise. »Ich bin es Morass Zyran. Du kannst uns nicht sehen, wir sind getarnt. Lass uns ins Haus kommen, dann erkläre ich dir alles. «

»Morass, bist du das wirklich? «, fragte Traise. » Du lebst, dem großen Zosan sei gepriesen. Ist das kein Traum? «

»Nein«, antwortete Morass. »Der große Zosan hat nichts hiermit zu tun. Das alles ist nur Tarntechnik. Kannst du das Zimmer abdunkeln, dass man uns nicht von außen sieht? «
»Das kann ich«, antwortete der Vorsitzende des Ältestenrates.

»Einen kleinen Moment bitte«, ergänzte er.
Er lief auf die Fenster zu und zog dicke Vorhänge davor, die kein Licht mehr in den Raum eindringen ließen. Dann zündete er einige Leuchtstäbe an.

»Ist es so recht? «, erkundigte er sich.

»Wunderbar«, antwortete Morass. »Bitte bekomme bitte keinen Schreck, ich habe zwei humanoide Freunde dabei, die mich unterstützen. «

Traise schaute irritiert in die Richtung der Stimme.

»Du bringst zwei humanoide Teufel mit in mein Haus? «, sagte er. » Wie kannst du nur?«

»Warte bitte ab, was wir zu sagen haben«, antwortete Morass. »Ich habe dich immer geschätzt und dich für einen aufrichtigen Lizard gehalten. Höre uns an, dann bilde dir bitte ein Urteil. Wir enttarnen uns jetzt. «

Ein kurzes Flimmern entstand mitten im Raum des Lizards. Das Energiefeld der Tarnschirme löste sich von oben auf und fiel bei den Füßen in sich zusammen. Vor dem staunenden alten Green-Lizard standen 3 Personen.

»Du bist es wirklich«, sagte Traise. »Ich bin froh, dich zu sehen. Es gibt so viel zu erzählen, die Ereignisse überschlagen sich hier auf Lizzit. Wer sind deine Freunde?«

»Ich stelle sie dir vor«, antwortete Morass.

»Links, das ist Heran«, sagte er. »Er ist Angehöriger einer alten Species aus der Milchstraße. Ein so gutmütigen Humanoiden ist dir noch nicht begegnet. Rechts daneben steht Major Travis. Er ist Oberbefehlshaber und Nachkommens-Verwalter der natradischen Hinterlassenschaften. Man kann sagen, eigentlich ein Nachkomme der Natrader, die jetzt versuchen, das alte Imperium wieder neu zu beleben. Er ist ebenso ein besonderer Humanoider, wie Heran. «

»Wieso erzählen uns die Worgass denn immer Geschichten von humanoiden Teufeln? «, fragte Traise.

»Das ist auch wieder eine Lüge von ihnen«, bemerkte Morass.» Major Travis hat uns Lizards, von der letzten Worgass-Flotte, eine neue Welt zugeteilt. Wir haben sie Lizzit 2 genannt. Dieser besonders schöne Planet, er steht unserer Ursprungswelt in nichts nach. Er ist unsere neue Heimat geworden. «

Die Flotte mit unseren Angehörigen hat überlebt? «, freute sich Traise.

Morass nickte.
»Nicht alle, aber die meisten von ihnen«, entgegnete er. »Nur die, welche bedenkenlos den Worgass-Befehlen gefolgt sind, leben nicht mehr. Sie sind im Kampf umgekommen, weil die Worgass-Schiffe im Kampf massiv unterlegen waren. Die von uns gebauten Schiffe sind entgegen den Äußerungen der Netzwerk-Denker, nur mit primitiver Technik ausgestattet. Wir haben ihnen immer geglaubt, nie eine andere Möglichkeit in Betracht gezogen. Die Worgass wollten uns als Kanonenfutter an der Front verheizen. «

»Aber sie haben doch auch mit dieser Technik, die seinerzeit überlegene natradische Übermacht zerschlagen können«, erwiderte Traise.

»Das ist eine andere Geschichte«, antwortete Morass. »Hier hatte der Zufall eine große Rolle gespielt, weil ihre

Heimat-Verteidigung nicht wachsam war. Es ist noch nicht geklärt, ob die Netzwerkdenker überhaupt hieran beteiligt waren, oder ob sie sich nur mit dem Ruhm schmücken wollen. «

Er blickte Traise an.
»Wir sind hier, weil wir von dir die Lage vor Ort erklärt haben möchten«, teilte er mit. »Wir haben unzählige Demonstrationen in der Stadt gesehen. Sie alle werden von den Worgass-Soldaten derzeit blutig niedergeschlagen. «

»Nehmen wir Platz«, sagte Traise.
Nachdem sich alle gesetzt hatten, fuhr er fort.

»Ihr habt es richtig erkannt«, sagte er. »Unser Volk ist unzufrieden und gereizt. Ich hatte sie noch gewarnt, diese Demonstrationen nicht weiterzuführen. Der aufgebrachte Mob hat leider nicht auf mich gehört. «

»Woher kommt diese Unruhe? «, erkundigte sich der Major.

Traise schaute ihn an.

»Alles hat den Ursprung in neuen Befehlen der Gill-Grimm«, antwortete er. »Sie verlangen von uns, die Brütungen der jungen Lizards zu verdoppeln. Unsere Brutstationen laufen bereits auf Maximum. Ebenso wurden die Produktions-Regimenter aufgefordert, die Fertigung ihrer Schiffe zu verdoppeln. Es ist etwas passiert, das die Netzwerk-Denker zu diesen neuen Befehlen veranlasst haben muss. Sie scheinen vor etwas Angst zu haben. «

Heran und Major Travis dachten nach.
»Sie haben vermutlich herausbekommen, dass wir an einer beträchtlichen Abwehr-Flotte arbeiten«, sagte der Major »Es scheinen immer noch Horchposten in der Milchstraße zu existieren. «

Traise überlegte kurz.
»Das könnte eine Lösung sein«, antwortete er. »Es kann aber auch sein, dass sie an einer anderen Stelle des Imperiums angegriffen werden. Hierüber haben wir jedoch keine Informationen. Jedenfalls haben wir herausbekommen, dass die Produktions-Werften nur noch halbfertige Schiffe in den Orbit schicken werden. Diese Raumschiffe sind lediglich vergleichbar mit Fracht-Transportern. Es sind keine Personendecks mehr vorhanden, keine Nasszellen, keine Aufenthaltsräume, oder sonstige aufwendige Sonder-Ausstattungen für Besatzungen«.

»Was wollen sie später mit den Schiffen? «, fragte Heran.

»Das werden nur Alibi-Schiffe sein«, antwortete Traise. »Die leitenden Worgass der Produktions-Regimenter möchten unbedingt dem Zorn der Netzwerk-Denker entrinnen. Nur die Schiffszahlen zählen. Wie es im Inneren der Schiffe aussieht, danach fragt keiner. «

»Gibt es denn keine Schiffskontrolleure, oder Abnahme-Kontrollen? «, erkundigte sich der Major.

Der alte Rats-Vorsitzende schüttelte seinen Kopf.

»Nein, so etwas haben die Worgass nicht«, antwortete er. »Wir haben Kontakt zum Untergrund aufgenommen. Es ist an der Zeit, uns von den Worgass zu befreien. Sie quälen und drangsalieren unser Volk bis zum Äußersten. Wir werden sie vernichten. Unsere Widerstandspläne liegen bereit. Wir werden gleichzeitig alle Garnisons-Kasernen und alle Produktions-Werften angreifen. Alles passiert synchron. Unsere Leute vor Ort werden rechtzeitig die Hyper-Funk-Stationen sabotieren. Den Worgass wird es nicht mehr möglich sein, Hilfe anzufordern. Ein Sturm wird über die Worgass hereinbrechen und sie alle von unserem Planeten fegen. Es wird sicherlich auch Opfer an unserer Bevölkerung geben, doch unser Volk ist dazu bereit. Dieses letzte Opfer werden wir bringen, koste es, was es wolle. «

Morass sah Heran und den Major an.
»Entschuldigen sie Traise«, fragte der Major den Vorsitzenden des Rates. »Dürfen wir uns kurz beraten? «

»Ja sicher«, antwortete dieser. » Ich bereite in der Zwischenzeit etwas Qwod zu. «

Er stand auf und ging aus dem Raum.
»Können wir Traise trauen? «, fragte Major Travis.

»Unbedingt«, antwortete Morass. »Er lässt sich eher eine Klaue abschlagen, als dass er ein Geheimnis ausplaudert. «

»Wird es dem Vorsitzenden gefallen, wenn wir das ganze Volk der Lizards evakuieren? «, fragte der Major.

»Das würden sie wirklich machen wollen? «, antwortete Morass begeistert.

»Natürlich«, entgegnete der Major. »Ihr neuer Planet ist groß genug. Eine weitere Frage stellt sich hierdurch. Können sie ihr ganzes Volk auf ihrem neuen Planeten aufnehmen? Unterwerfen sich die Neuen auch ihrer Gesetzgebung? «

»Das ist das geringste Thema«, antwortete Morass. »Wir besitzen eine eigene Sicherheits-Polizei und unsere Ordnungshüter. Als Gast in einer neuen Galaxie richten wir uns nach den dortigen Gegebenheiten. Ich kann ihnen versichern, dass wir immer nur als ihre Verbündeten auftreten werden. «

Major Travis blickte Heran an.
»Hast du etwas hiergegen? «, erkundigte er sich.
»Keineswegs«, antwortete Heran. » Wir bekommen die Lizards auf diesem Wege aus dem Einflussgebiet der Worgass und können ihnen endlich ein freies Leben ermöglichen. Wie wollen wir das technisch lösen? «

»Die Lizards produzieren abgespeckte Raum-Schiffe, gleichzusetzen mit Transport-Frachtern«, ergänzte der

Major. » Diese benutzen wir für die Evakuierung. Du öffnest wieder ein Wurmloch-Fenster, das uns direkt vor dem Planeten Lizzit 2 herausbringt. Dank diesem Verbindungs-Tunnel dauert die maximale Flugdauer nur 1 Stunde. In diesem Wert sind bereits die Beschleunigungs- und Abbremswerte enthalten. Alle evakuierten Lizards sollten diese kurze Flugdauer aushalten können. «

»Das wird funktionieren«, bestätigte Heran.

Er wandte sich Morass zu.
»Frage bitte deinen Freund, ob das in seinem Sinne ist. Falls ja, helfen wir gerne sein Volk zu übersiedeln. «

Traise Zyran kam zurück und stellte ein Gefäß auf den Tisch. Er lief zu einem Schrank und entnahm 4 kleine Becher. Diese füllte er mit dem heißen, transparenten Getränk.

Der Major schnüffelte kurz hieran.
»Es riecht fast wie Kaffee«, sagte er.

»Es schmeckt auch so«, entgegnete Heran. »Ich habe es bereits öfter getrunken. «
»Sie sind schon mehrmals bei den Green-Lizards zu Besuch gewesen? «, fragte Traise.

»Nein«, antwortete Heran. »Aber es gibt noch mehr Rassen im Universum, die alle das gleiche Getränk zubereiten können. «

»Das ist aber interessant«, lächelte Traise.

»Wir wollten dich etwas fragen«, bemerkte Morass, nachdem er einen Schluck aus dem Becher zu sich genommen hatte. »Ihr wollt die Worgass vernichten. Ich traue euch das auch zu, aber was passiert danach? Rechnet ihr nicht mit Straf-Maßnahmen der Worgass. Sie werden mit ihren Raumschiffen landen und fürchterlich unter der Bevölkerung wüten. «

»Das ist gut möglich«, antwortete Traise. »Wir werden aber trotzdem Widerstand leisten und versuchen unsere Kultur zu retten. «

Die Gäste aus der Milchstraße schauten sich an.
»Ich mache dir einen Vorschlag«, entgegnete Morass. »Was ist, wenn wir rechtzeitig alle Lizards evakuieren? Wir haben in der Milchstraße eine neue Welt. Sie ist größer, schöner und naturbelassener als unser alter Heimat-Planet. Ein Paradies für jeden Lizard. «

Die Augen von Traise weiteten sich.
»Das wäre möglich? «, fragte er freudig. » Wenn ich das alleinige Sagen hätte, würde ich sofort auf den Vorschlag eingehen. Ich werde es im Rat besprechen. Welcher Zeitpunkt würde hierfür in Frage kommen? «

Der Major schaute Heran an.
»Wann werden wir bereit sein? «, erkundigte er sich.

»Wenn die anderen Rassen, zügig ihre Flotten beisteuern, würde ich einen Zeitraum von zehn Tagen benennen«, antwortete der Lantraner. »Das hängt im Wesentlichen von der Überzeugungskraft ihrer Parlamentarier ab. «

»Darüber mache ich mir die wenigsten Gedanken«, antwortete Major Travis. »Ich bin sicher, dass unsere Freunde die anderen Rassen überzeugen können. «

Morass schaute wieder Traise an.
»Ist es dir möglich, in diesem Zeitrahmen alles zu organisieren? «, erkundigte er sich. » Auch unter dem Aspekt, dass die Worgass bestimmt nicht lange warten werden, bis sie Verstärkung senden. Wenn das geschieht, sollten alle Lizards den Planeten verlassen haben. Aus der Vergangenheit weiß ich noch, dass ihre Wut fürchterlich sein wird. Mit diesen Kreaturen lässt es sich nicht verhandeln. «

»Das sollte funktionieren«, antwortete Traise. »Vermutlich werden einige der wenigen treuen Worgass-Anhänger hier auf dem Planeten bleiben. «

Major Travis blickte Traise an.
»Wenn ihr Untergrund zuschlägt, sorgt bitte dafür, dass die Hyperkomm-Funkanlagen zuerst ausgeschaltet werden «, sagte er. »Die Netzwerk-Denker dürfen über euer Vorhaben nicht informiert werden. Wenn zu früh Verstärkung eintrifft, ist das ganze Unternehmen gefährdet. Der Überraschungs-Moment muss erhalten bleiben. «

»Wie zahlreich ist die Bevölkerung auf ihrem Planeten? «, erkundigte sich heran.

»Die letzte Zählung unseres Rates erfasste knapp 30 Millionen Lebewesen«, erwiderte Traise.

»Wie viele Fracht-Schiffe benötigen wir hierfür? «, fasste Major Travis nach.

»Es wurde vor vielen Jahren einmal getestet«, bemerkte Traise. »In einem solchen Fracht-Schiff können 20.000 Lizards angenehm reisen. «

»In diesem Fall benötigt ihr eine Anzahl von 1.500 Schiffen«, teilte Major Travis mit. » Steht euch diese Anzahl in zehn Tagen zur Verfügung? Schaffen die Werften diese Menge zu fertigen? «

»Wir haben 43 Produktions-Regimenter auf unserem Planeten«, antwortete Traise. »Die Werft-Leitungen sind nervös. Sie produzieren mit dem maximalen Ausstoß. Aus Insiderkreisen weiß ich, dass alle Werften derzeit pro Tag 5 Schiffe fertigstellen. «

»Gut«, antwortete der Major. »Das macht in 10 Tagen 2.150 Schiffe. Diese sollten für die Evakuierung ausreichen. «

Major Travis schaute Morass und Heran an.
»Wie erkennen wir die Schiffe, wenn wir angreifen? «, fragte er.

Morass dachte nach.

»Wie kommt ihr auf die Schiffe? «, erkundigte er sich. » Wir haben festgestellt, dass sie noch im Automatik-Modus in einer orbitalen Umlaufbahn fliegen. «

»Alle Besatzungen werden per Shuttle oder Transmitter-Verbindungen auf die Schiffe gebracht«, teilte Traise mit. »Wir können vorher nur ausgesuchtes Wartungspersonal auf die Fracht-Schiffe entsenden. Ihnen ist es möglich die Schiffe zu aktivieren, um sie später auf eine neue Warteposition zu bringen. «

Heran nickte begeistert.

»Bringen sie die Schiffe mindestens 10.000 Kilometer, gemessen an den derzeitigen Umlaufbahnen, in eine neue Warteposition. Aktivieren sie ihre Schutzschirme, wenn sie feststellen, dass ein eingehendes Wurmloch von uns geöffnet wurde. Das ist der Zeitpunkt, an dem wir die Kampf-Schiffe der Worgass angreifen werden. «

Traise stand auf und holte zwei Karten aus seinem Schrank. Sie zeigten den Planeten Lizzit, vom Weltraum aus betrachtet.

»Hier habe ich zwei Koordinaten-Karten«, flüsterte er. Er malte unterschiedliche Kreise um den Planeten.

»Das sind die derzeitigen Umlaufbahnen der Kampf-Schiffe«, teilte er mit.

Major Travis und Heran schauten auf die Karte. Heran nahm den Stift und malte ein Kreuz an einer Stelle, rechts oberhalb der Umlaufbahnen.

»Hier sollten sie ihre Fracht-Schiffe zusammenziehen«, sagte er. »Diese Position reicht für unser Vorhaben aus. Hier werden ihre Personen-Frachter nicht in Mitleidenschaft gezogen. «

Er wiederholte die Angaben auf der zweiten Karte, die er danach einsteckte.

»Wir speisen die Angaben in unsere Schiffs-KI ein, antwortete er. »Halten sie sich ganz genau an die Vorgaben. «

»Das werde ich«, antwortete Traise. »Wie soll ich ihnen danken. Das kann unser Volk niemals wieder gutmachen.«

Der Major lächelte.
»Wir helfen gerne«, erwiderte er. »Morass ist unser Freund. Ich habe gesehen, wie er und sein Volk gelitten haben. Jetzt haben wir die Möglichkeit einer Zusammenführung. Diese Gelegenheit sollten wir nutzen. «
Heran und Major Travis standen auf.
»Wir müssen zurück und alles vorbereiten«, entschuldigte sich der Major.

Morass erhob sich, ging zu Traise und schlug ihm auf die Schulter.

»Kopf hoch, es wird schon alles glatt laufen«, sagte er. »Die wichtigsten Aufgaben habt ihr hier vor Ort. Eure Revolution muss gelingen. Schaltet die Hyperkomm-Funkanlagen aus und übernehmt die Kasernen und die Produktions-Anlagen. «

»Ich sende sofort meinen Vertrauten zu dem Widerstand«, erwiderte der Vorsitzende des Ältesten-Rates. »Alles wird organisiert sein. «

Traise brachte seine geheimen Gäste zu der Türe seines bescheidenen Hauses. Heran, Major Travis und Morass verabschiedeten sich und aktivierten ihre Tarnvorrichtung. Dann verließen sie das Haus und eilten zu dem wartenden Beiboot. Geräuschlos hob der Gleiter ab und flog den Rendezvous-Koordinaten von Heran Evolutions-Schiff entgegen.

Der Gleiter hatte den Hangar des Evolutions-Schiffes von schnell erreicht. Dank des Wurmloch-Portals wechselte das Evolutions-Schiff nach wenigen Minuten in die Milchstraße.

Niemand hatte die erneute Öffnung des Durchganges registriert. Vor ihnen lag das Sol-System.

»Auf Unterlicht-Geschwindigkeit gehen«, befahl Heran seiner Hypertronic-KI.

»Dein Befehl wird ausgeführt«, bestätigte die weibliche KI freundlich.

»Wir sollten trotzdem vorsichtig sein«, mahnte der Major.

Er blickte Morass an.
»Bei aller Liebe zu deinem Volk wissen wir nicht, ob die geplante Revolution gelingt. Vielleicht gibt es eine undichte Stelle im Rat. Traise sprach ja von einigen Lizards, die den Worgass bedenkenlos ergeben sind. «
»Diese werden ausgesondert, bewacht und kaltgestellt«, antwortete Morass. » Ich bin sicher, dass Traise sein Vorhaben realisieren kann. «

»Major Travis hat trotzdem Recht«, bestätigte Heran.

»Wir werden mit unserer Angriffs-Flotte im Leerraum materialisieren und erst einen Spionage-Flug durchführen. Dieses Schiff wird kein Wurmloch öffnen, sondern sich getarnt mit Hyperraum-Geschwindigkeit dem Planeten nähern. Es wird die Situation analysieren und uns Bericht erstatten. Erst wenn alles wie abgesprochen vorgefunden wird, greifen wir mit unserer Flotte an. Bist du hiermit einverstanden? «

»Selbstverständlich«, antwortete Morass. »Das ist in jedem Fall der sicherste Weg. «

Sol-System

Das Schiff näherte sich Titan. Der zentrale Bildschirm des Schiffes flammte auf.

»Die Flotte von Morass ist bereits angekommen«, erkannte Major Travis. »Raise hat auch Wort gehalten. Die Schiffe der Lizards haben bereits angedockt und werden in unseren Werften aufgerüstet. «

»Das ist gut«, bestätigte Heran. »Dann brauche ich ihn nicht zu deinem Planeten zurückzubringen. Ich muss nämlich nochmals nach Centros, um die letzten Dinge zu klären. Erwartet mich in zwei Tagen zurück. «

»Wolltest du nicht die Lotsen-Schiffe rufen? «, fragte sich der Major.

»Stimmt«, antwortete Heran. »Das hätte ich glatt vergessen. Es ist gut, dass du an alles denkst. «

»Hyperkomm-Funknachricht an Centros«, befahl Heran zu seiner Hypertronic-KI. »Ich ordne den Einsatz für vier Lotsen-Schiffe an, Koordinate Titan-Sol-System. Sende ihnen bitte unseren genauen Standort. «

»Die Nachricht wird generiert, Gebieter«, flüsterte die KI zurück.

Heran schaute Major Travis und Morass an.
»Die Schiffe werden spätestens in 5 Minuten hier sein«, sagte er »Ich warte noch und weise sie ein. «

»Du solltest noch einmal mit eurer Hohen-Empore sprechen«, sagte der Major. »Der Wurmloch-Antrieb würde uns das Eingreifen in Notsituationen sehr erleichtern. «

»Ich habe dir versprochen, dass ich einen Weg finden werde«, lachte Heran. »Es baut sich auch bereits ein Plan in meinem Kopf auf. Ich bitte darum, nicht ungeduldig zu werden. Ich bin bei euch und unterstütze die Flotte. Vor vielen Zyklen wäre das bei unserem Volk ein massiver Verstoß gewesen. «

»Wurmloch-Öffnung vor uns«, bemerkte die KI. »Ich registriere lantranische Identifikationen. «

Vor Herans Schiff öffnete sich grell ein Wurmloch-Fenster, aus dem vier identische Schiffe austraten.

»Eingehender Hyper-Funk-Spruch«, meldete die KI.

»Auf die Lautsprecher legen«, befahl Heran.

»Hier spricht Uran«, tönte es aus dem Lautsprecher. Ich rufe Heran. Wir wurden als Unterstützung mit Lotsen-Funktion geschickt. Heran bitte melden. «

»Hier spricht Heran, Bevollmächtigter der Hohen-Empore mit einem Sonderauftrag von Aritron«, antwortete er. »Ich danke für euer schnelles Erscheinen. Bitte begleitet die Schiffe der terranischen Parlamentarier zu ihren Bestimmungsorten. Öffnet ihnen ein Wurmloch-Fenster und wartet auf der anderen Seite auf ihre Rückkehr. Öffnet nur auf ihren ausdrücklichen Wunsch hin ein Fenster für den Rückflug. Ansonsten empfehle ich den Tarnmodus. «

»Wir verfahren wunschgemäß«, antwortete Uran. » Die gleichen Anweisungen haben wir von Aritron erhalten. «

»Sehr gut, nachfolgend meine weiteren Instruktionen«, fuhr Heran fort.

Heran informierte sein Team über alle neuen Gegebenheiten. Major Travis meldete der Titan-Bodenkontrolle den Einflug der vier Schiffe der Lantraner. Gleichzeitig erteilte er den Einsatzbefehl für die eingeteilten Schiffe, die sich auf die Reise zu den befreundeten Rassen des Imperiums auf den Weg machen sollten. Das Evolutions-Schiff von Heran beschleunigte und nahm Kurs auf den großen Raumflug-Hafen von Titan.

General Poison stand mit Noel in der großen imperialen Leitstelle in Tattarr. Sie unterhielten sich über die zügig ablaufenden Modifikationen an den Schutz-Schirmen, der Andromeda-Flotte.

»Die Umrüstung läuft schneller als gedacht«, bemerkte Noel. »Wir liegen gut in der Zeit. «

»Die Techniker wissen, was zu tun ist«, antwortete der General. »Dank ihrer Hypno-Schulung ist es ein Kinderspiel. Nur noch einige Schiffe, dann sind die 600 Schiffe der Green-Lizards durch. Sie können sich, nach Abschluss der Arbeiten, auf eine Umlaufbahn bei Jupiter zurückziehen. «

»Genauso zügig wird auch in den anderen Werften gearbeitet«, teilte Noel mit. » Die 600 Naada-Schiffe von Trantos sind bereits abgearbeitet. Derzeit fliegen die Kaiser-Klasse-Schiffe die Werften an. Major Travis wird mit uns zufrieden sein. «

»Captain Hunter scheint für die Koordination ein guter Mann zu sein«, erwiderte General Poison. »Gut, dass wir ihn haben. «
Schriller Alarm ertönte plötzlich. Das Licht in der Zentrale schaltete sich um auf ein gedämpftes Rotlicht. Alle Personen liefen aufgescheucht umher.

»Wir haben fünf Fremdschiffe vor Titan ausgemacht«, meldete der Ortungs-Offizier. »Es sind Schiffe, der 200 Meter Klasse. Commander Ciacombo hat ein Abfang-Geschwader losgeschickt. «

»Ich vermute stark, dass es wieder dieser Lantraner ist«, bemerkte General Poison. »Diesmal mit seinen Freunden er macht sich immer einen Spaß daraus, unsere Abwehr-Flotten zu testen. Wenn ich richtig liege, erhalten wir gleich einen Hyperkomm-Funkspruch. Er kann es nicht.«

Der General kam nicht dazu, seinen Satz zu beenden.

»Eingehender Funkspruch von Major Travis«, meldete die Funkleitstelle.

General Poison trat auf den Offizier zu und ließ sich einen Communicator geben.

»Hier spricht Major Travis«, tönte es aus einem Lautsprecher. »Ich rufe die imperiale Leitstelle. Hören sie mich? «
»General Poison spricht«, antwortete er. »Ich höre sie, Major. «

»Hallo General, wir sind gut zurückgekommen«, teilte der Major mit. »Die benötigten Informationen haben wir dabei. Erteilen sie bitte den vier Parlamentarier-Schiffen eine Erlaubnis zu starten. Die lantranischen Lotsen-Schiffe sind eingetroffen. Die Reise zu unseren Freunden kann beginnen. «

Noel nickte und kümmerte sich um alles.

»Die Schiffe starten bereits «, erwiderte der General.

»Wir sehen es«, antwortete der Major. »Sie heben von dem Raumflug-Hafen auf Titan ab. Wir werden warten, bis die Lotsen-Schiffe die Schiffe übernommen haben. Heran setzt mich danach auf Titan ab. Ich komme per Transmitter-Verbindung zu ihnen. «

»Gut«, antwortete der General. »Ich erwartete sie. «

Es waren nur 30 Minuten vergangen, bis Major Travis und Morass das Büro von General Poison auf Tarid erreicht hatten.

»Da sind sie ja schon wieder «, sagte der General in bekannter Manier. »Das ging ja schneller als ich dachte. Wo ist Heran? «

»Der ist kurz nach Hause geflogen, um alles mit der Flotte abzustimmen «, erklärte der Major. »Ich habe einen weiteren Gast mitgebracht. «

»Wir haben es gesehen «, antwortete der General.
Flink erhob er sich hinter seinem Schreibtisch und eilte Morass entgegen.

»Herzlich willkommen auf Natrid «, begrüßte er den Besucher. »Wir sind ihnen wirklich dankbar, dass sie sich mit ihrer Flotte an der schwierigen Andromeda-Mission beteiligen. Ich habe die Einzelheiten bereits mit ihrer Tochter besprochen. Sie ist sehr umgänglich gewesen. Ihre Schiffe wurden bereits alle modifiziert. Es war sehr gut, dass sie direkt den Startbefehl gegeben haben. «

»Ich habe ihnen bei meinem letzten Besuch bereits mitgeteilt, dass wir zuverlässige Partner in dem Neuen-Imperium sein wollen «, antwortete Morass. »Hierunter verstehen wir nicht nur nehmen, sondern auch geben. Ich hoffe, sie hegen keine Vorurteile mehr gegen uns Echsenwesen. «

»Lieber Morass «, entgegnete General Poison. »Ich habe sie direkt als zuverlässigen Partner erkannt, als ich ihnen das erste Mal gegenüberstand. «

Der Blick von Morass schweifte zu Noel.

»Ich hoffe, sie sind auch mit meinem Besuch einverstanden«, erkundigte er sich.

Noel gab Morass die Hand.
»Wir sind froh, über jede Hilfe, die wir bekommen können«, sagte er tonlos. »Meine Emotionen beschränken sich auf ein Mindestmaß. Aber das hat nichts mit ihnen zu tun. Wie sie wissen, bin ich ein Kunst-Klon der großen Hypertronic-KI. Aber erzählen sie bitte, was haben sie auf ihrem Heimat-Planeten vorgefunden? «

General Poison bot den Gästen einen Platz an. Major Travis und Morass setzten sich.

»Wir kamen in Andromeda ohne Problem an«, erzählte er. »Heran hatte das Austrittsfenster auf ein Minimum begrenzt. Entsprechend kurz war der Lichtreflex des Wurmloches sichtbar. Unser getarntes Schiff analysierte die Daten vor Ort. Wir haben es derzeit mit einer Anzahl von knapp 641.000 Worgass-Schiffen zu tun. Es kommen pro Tag 215 Schiffe dazu. Hierzu muss aber gesagt werden, dass es gewaltig auf dem Planeten brodelt. «

General Poison schaute seine Gäste irritiert an.

»Was meinen sie hiermit? «, erkundigte er sich.

»Auf meinem Heimat-Planeten werden derzeit zahlreiche Demonstrationen durchgeführt, alle gegen das Worgass-Regime gerichtet«, sagte Morass. »Wir waren Zeugen, wie die Demonstrationen blutig niedergeschlagen wurden. Die Besatzungs-Truppen betrachten uns Green-Lizards als ihre Tiere. Wir scheinen ihnen nur als Arbeiter, oder als Schiffs-Besatzungen gut zu sein. Erst jetzt stellen wir fest, dass wir nichts anderes, als Kanonenfutter für sie sind. Als wir die Bilder der Fernortung auf Heran's Schiff zu sehen bekamen, entschieden wir uns einzugreifen. Wir landeten auf dem Planeten und suchten den Vorsitzenden des Ältesten-Rates Traise Zyran, auf. Wie sie dem Namen entnehmen können, ist er ein entfernter Verwandter meines Clans, aber auch der wichtigste Regierungsvertreter unseres Planeten. Er hat uns über die Situation vor Ort aufgeklärt. «

»Sie sind doch nicht auf Feindesgebiet gelandet«, erzürnte sich der General. »Das war überaus leichtsinnig. «

»Da befinden sie sich im Irrtum«, entkräftete der Major die Aussage des Generals. »Die technische Ausrüstung von den Lantranern ist perfekt. Wir waren stets unter einem Tarnschirm und konnten nicht geortet werden. Eine Berührung mit dem Gegner gab es nicht. Aber die Informationen, die wir durch das Gespräch mit Traise Zyran erhielten, waren sehr hilfreich. «

»Da sind wir aber gespannt«, entgegnete der General. »Lassen sie hören. «

»Das Volk von Morass auf dem Planeten unterstützt uns«, teilte der Major mit. »Die Worgass haben den Bogen überspannt. Sie fordern von ihnen die Verdoppelung der Brütungen und die Abgabe des jungen Nachwuchses. Diese werden als Besatzungen für ihre Raumschiffe ausgebildet. Hierzu ist die Bevölkerung nicht bereit. Ferner haben sie die Werften angewiesen, ihre Produktionszahlen zu verdoppeln. Auch das ist nicht realisierbar. Die Schiffe werden nicht mehr komplett ausgestattet. Es sind nur noch flugfähige Skelette, die über keine Ausstattungen mehr verfügen. Sie können maximal noch als Transport-Schiffe eingesetzt werden. «

»Habe ich das richtig verstanden«, bemerkte Noel. »Es kommen keine Kriegs-Schiffe mehr hinzu. Lediglich Raumschiffe ohne Bedeutung. «

»Das ist richtig«, antwortete Morass. »Es sind Alibi-Schiffe, damit die Vorgaben von den Netzwerk-Denkern eingehalten werden können. «

»Fällt das denn bei einer Prüfung nicht auf? «, fragte Noel.

»Es existieren keine Kontrollen«, antwortete Morass. »Die Netzwerk-Denker sind zu weit entfernt. Keiner hat bisher ihre Befehle missachtet. Eine Befehls-Verweigerung bedeutet automatisch den Tod. «

»Wie wollen die Lizards diese Vorgehensweise auf Dauer verheimlichen? «, fragte General Poison.

»Das können sie nicht«, antwortete Morass. »Es laufen Gespräche bezüglich eines globalen Aufstandes. Die Worgass sollen von unserem Heimat-Planeten vertrieben werden. Mein Volk ist der Knechtschaft endgültig überdrüssig geworden. Sie werden kurz vor unserem Angriff, die Garnisonen der Worgass angreifen und versuchen, diese in ihre Hand zu bekommen. Ebenfalls werden die Produktions-Regimenter infiltriert und übernommen. Sämtliche Hyperkomm-Funkanlagen werden lahmgelegt. Alle Worgass geraten in Gefangenschaft, oder werden eliminiert. «

»Das kann nicht gutgehen«, sagte der General. »Die Worgass werden aus anderen Regionen Unterstützung anfordern. Was dann passiert, will ich mir nicht ausmalen. «

»Sie dürfen nicht die Möglichkeit haben, Unterstützung von anderen Quadranten oder Galaxien anzufordern«, ereiferte sich Morass. »Machen sie sich keine Sorgen, der Rats-Vorsitzende Traise Zyran wird richtig entscheiden. «

»Sie trauen ihrem Ratsvorsitzenden immer noch? «, fragte General Poison seinen Gast Morass. » Sie sind ja bereits längere Zeit in der Milchstraße, so dass sie keinen Kontakt mehr zu ihm hatten. «

Der Green-Lizard überlegte nicht lange.

»Unbedingt«, antwortete Morass. »Er war und ist über jeden Zweifel erhaben. Wenn wir ihm nicht mehr trauen können, dann niemandem mehr. Er ist das Sprachrohr auf dem Planeten. Jeder Lizard kennt ihn und respektiert ihn. «

Sein Blick schweifte Major Travis.

»Wie sehen sie die Lage? «, erkundigte er sich. » Haben sie das Gefühl, dass wir in einen Hinterhalt geraten können? «

»Wir werden nicht wie eine Bombe vor dem Planeten Lizzit auftauchen und explodieren«, antwortete Major Travis. »Es versteht sich von allein, dass wir kurz vor dem Erreichen des Planeten, in ausreichender Entfernung eine Wartepause einlegen und erst ein Tarnschiff entsenden, das uns die aktuellen Daten übermittelt. Außerdem bin ich nicht der Meinung, dass Morass seine beigesteuerten 600 Schiffe in die Arme der Worgass fliegen will. Wir werden die Mission vorsichtig angehen. Falls wir einer großen Worgass-Flotte gegenüberstehen sollten, greifen wir erst gar nicht an. In diesem Fall begeben wir uns auf den Rückflug und arbeiten neue Pläne aus. «

»Das wollte ich hören«, bemerkte der General.

»Es gibt aber noch etwas, über das ich sie informieren möchte«, ergänzte der Major. Falls unser Plan gelingt, wir die Kriegsschiffe vernichten, die Garnisonen und die Produktions-Werften ausschalten können, dann führen wir im Anschluss eine große Übersiedlungs-Aktion durch.«

»Ich habe es vermutet«, sagte Noel. »Es war auch für sie untypisch, die Green-Lizards der Vergeltung der Worgass zu überlassen. Sie sehen, ich kenne sie auch bereits sehr gut. «

»Das ist richtig«, antwortete Major Travis. »Wie könnten wir das Volk einer befreundeten Rasse, den Schlächtern der Galaxie überlassen. Allein nur Zuschauen und Nichtstun wäre bereits schändlich. «

»Eins ist mir klar, die Worgass werden das nicht einfach so hinnehmen«, sagte Noel. »Entsprechende Vergeltungs-Maßnahmen werden kommen. «

»Sie haben wie immer Recht, Noel«, erwiderte der Major. »Morass wird sein Volk auf Lizzit 2 ansiedeln. «

Die Augen von Morass glänzten.
»Freuen sie sich nicht zu früh«, trübte General Poison die Stimmung. »Ihr Aufstand kann genauso schnell fehlschlagen. Es brauchen nur undichte Stellen in dem Widerstands-Netz zu existieren. Wenn die Worgass-Soldaten auf die angreifenden Scharen der Green-Lizards vorbereitet sind, dann rechne ich mit einem Massaker. «

»Wichtig ist der Zeitpunkt«, antwortete Major Travis. »Wir starten in neun Tagen. Wenn wir feststellen, dass die Worgass-Garnisonen erbitterten Widerstand leisten, bombardieren wir die Stützpunkte aus der Luft und leisten Unterstützung. Wichtig ist mir, dass wir rechtzeitig vor Ort sind. «

»Die EWK hat grünes Licht gegeben«, sagte General Poison. »Führen sie die Mission durch. Der Codename lautet. „Mission Andromeda". Bereiten sie sich jetzt vor. «

Er blickte den Green-Lizard an.

»Morass, sie sollten ihre Tochter über ihre Pläne informieren«, erklärte er. »Falls sie ein Schiff brauchen, um ihr Parlament zu informieren, lassen sie es mich wissen. Vielleicht wollen sie auch einen Adjutanten entsenden. Ich kann mir vorstellen, dass sie viele neue Unterkünfte auf ihrem Planeten brauchen werden. «

Andromeda-Galaxie

Der große Saal war gut besucht. Aus allen Städten waren die eingesetzten Verwalter des Green-Lizards Regierungs-Rates angereist, um Informationen über die geplanten Aktionen zu erhalten. Es war ein Geheimtreffen. Nur die treu ergebenen Anhänger des Rates wurden im Vorfeld unter der verdeckten Klaue, angesprochen und eingeladen.

Als Oyaise Tazran und Traise Zyran durch die Tür traten, verstummte die Geräuschkulisse. Jeder der Anwesenden kannte die hochrangigen Regierungs-Vertreter. Byron Lazar, Befehlshaber der Untergrund-Kämpfer, stand auf einem Podest und hob beschwichtigend die Hände.

»Ruhe bitte, ich bitte um Ruhe«, sagte er energisch. Sein Blick wandte sich den neuen Besuchern zu.

»Es war nicht einfach, alle Stadt-Räte zu diesem Besuch zu animieren«, sagte er. »Viele von ihnen haben Angst, wenn es um geheime Gespräche geht. «

Er begrüßte Oyaise und Traise herzlich.
»Sind sie verfolgt worden? «, fragte er. » Wir müssen aufpassen. Unsere Demonstrationen haben die Worgass wachgerüttelt. Es patrouillieren viele Sicherheits-Trupps in den Städten. «

»Nein«, antwortete Oyaise. »Wir sind Umwege gegangen und haben unsere Spuren verwischt. Auf Kontrollen sind wir nicht gestoßen. «

»Das ist gut«, antwortete Byron. »Hier ist die ganze Leitung unseres Planeten versammelt. Das wäre ein gefundenes Fressen für die Worgass. Was ist so wichtig, dass sie diese Zusammenkunft beantragt haben? «

»Es haben sich neue Fakten ergeben«, antwortete Oyaise. »Ich habe unseren Vorsitzenden Traise Zyran mitgebracht. Er wollte es sich nicht nehmen lassen, die Anwesenden auf unser Vorhaben einzuschwören. «
»Wollen sie einen Rückzieher machen? «, fragte Byron enttäuscht. » Alles ist vorbereitet, wir können die Aktionen jetzt nicht mehr stoppen. «

»Beruhigen sie sich«, antwortete Oyaise. »Der ursprüngliche Plan wird noch erweitert. Es haben sich neue Perspektiven ergeben. «

»Was für neue Perspektiven? «, fragte Byron. » Warum werde ich nicht rechtzeitig hierüber informiert? « »Weil wir die Informationen erst seit gestern vorliegen, haben«, beruhigte Oyaise den Führer des Widerstandes. » Warten sie ab, bis Traise gesprochen hat. «

Byron schaute auf die wartende Menge.

»Unser ehrwürdiger Rats-Vorsitzende Traise Zyran ist zu uns gekommen«, teilte er der Menge mit. »Er möchte zu uns sprechen. Ich erteile ihm das Wort. Hören wir ihm zu. «

Er bat Traise auf das Podest. Mühsam schritt Traise die Stufen nach oben und stellte sich neben Byron an das Rednerpult. Respektvoll schaute er auf die Menge.

»Wie ich sehe, haben sich alle Stadt-Räte eingefunden, um unsere Vorschläge anzuhören«, sagte er. »Ich danke für das zahlreiche Erscheinen. Wir alle haben Angst vor den kommenden Tagen. Der planetare Worgass-Kurator hat uns durch seine Besatzungs-Kommandantur mitteilen lassen, dass wir die Züchtung unserer jungen Brüter verdoppeln müssen. Unseren Einwand, dass dies technisch nicht möglich ist, da alle Brutstationen bereits auf Hochleistungen arbeiten, wurde von ihm ignoriert. Auch unser Einwand, dass wir bereits genügend Nachwuchs übereignen, hat ihn nicht interessiert. Die Befehle der Netzwerk-Denker sind eindeutig und vollständig zu befolgen, teilte er uns mit.

Widerhandlungen werden mit dem Tode bestraft. Das Wort unseres Rates war wieder einmal nichts wert. Ihr wisst alle nur zu gut, was dies für unser Volk bedeutet. «

Er ließ seine Worte einwirken und machte eine kleine Pause.

»Die Worgass werden alle Clans ausdünnen und die Ältesten töten«, reif einer aus der Menge.

»Was können wir dagegen tun, das darf nicht passieren«, schimpfte ein anderer Zuhörer.

»Die Worgass werden nicht ablassen, uns als Tiere zu betrachten«, erklärte Byron der Masse. »Ihr könnt schon einmal anfangen, Freiwillige für sie auszusuchen. «

»Wir werden nichts tun«, erklärte ein aufgebrachter Zuhörer. »Das muss endlich aufhören. Lange genug haben wir untätig zugeschaut, wie die Worgass unseren Nachwuchs in ihre unsinnigen Kriege schickte. Von den großen Schiffs-Verbänden, die in die Milchstraße entsandt wurden, ist niemals ein Schiff zurückgekommen. Die humanoiden Teufel haben sie alle vernichtet. «

Traise Zyran zog sein Gesicht in Falten.
»Diese Denkweise haben wir im Regierungs-Rat ebenfalls«, betonte er. »Es ist genug der Versklavung und Unterdrückung unseres Volkes. Seit Anbeginn unserer Rasse waren wir stets ein zuverlässiges Hilfsvolk für die Worgass und die Netzwerk-Denker.

Aber unser treues Verhalten wurde mit Füßen getreten. Unser Volk wurde nicht gefördert, unterstützt, oder forciert. Das Einzige, das die Worgass perfekt beherrschen, ist die Ausbeutung unserer Rasse als billige Arbeitskräfte und als Kanonenfutter für ihre Expansion-Pläne. Ab sofort ist es hiermit vorbei. «

Lautes zustimmendes Geschrei hallte durch den großen Saal.

»Das war schon lange überfällig«, bestätigte einer der Anwesenden. »Gebt uns unsere Ehre wieder. «

»Das ist unsere Absicht«, antwortete Traise. »Aus diesem Grunde hat der Rat vor einigen Tagen Gespräche mit dem Untergrund und dessen Führung aufgenommen. Wir planen einen globalen Widerstand. Unsere Population auf dem Planeten beträgt knapp 30 Millionen Lizards. Wir möchten einen letzten Schlag gegen die Worgass führen und sie von unserem Heimat-Planeten vertreiben. Der Name unseres Volkes wird in der Andromeda Galaxie nicht mehr für eine Zuchtrasse der Worgass stehen, sondern für eine mutige Rasse von Freiheits-Kämpfern, die alle Hochgeborenen der Worgass-Dynastie und ihre Besatzungs-Truppen vertrieben, oder vernichtet haben. Wir befreien uns aus der Knechtschaft und gehen erhobenen Kopfes in eine neue Zukunft. Aus diesem Grunde haben wir mit dem Widerstand einen Plan ausgearbeitet. Wir greifen gleichzeitig zu gegebener Zeit alle Garnisons-Stützpunkte und die Produktions-Werften an. Diese wurden vorher von uns infiltriert. Letztendlich sind unsere Arbeiter-Kolonnen sowieso in den Werften und bauen ihre Schiffe.«

»Wir würden das gerne glauben«, antwortete einer der Zuhörer. »Aber wie sollen wir die waffentechnisch gut ausgestattete Infanterie der Worgass-Soldaten überwältigen. Das ist uns in der Vergangenheit noch nie gelungen.«

»Mein Name ist Lyriss«, sagte ein anderer Gast. »Ich bin im Stadt-Rat von Mygerian, der östlichsten Stadt unseres Planeten. Ich stimme meinem Vorredner zu. Das ist nicht zu schaffen. Die Besatzungs-Truppen werden ein Blutbad unter unserem Volk anrichten.«

Traise hob seine Klauen in die Luft.
»Das werden sie auch machen, wenn wir ihre Vorgaben nicht wunschgemäß erfüllen«, sagte er. »Wir können es wenden, wie wir es wollen. Die Worgass werden Vergeltung üben. Diesem Abschlachten möchten wir entgehen und die Initiative ergreifen. Schwört alle kräftigen Kämpfer in eurer Region auf eine letzte Schlacht ein. Der große Zosan hat zu mir gesprochen und meine Hilferufe erhört. Dazu aber später mehr. Ich möchte euch unseren Plan von Byron erläutern lassen.«

Der alte Vorsitzende trat etwas zurück und machte Platz für den Anführer des Widerstandes.

»Wir Widerstandkämpfer haben seit vielen Zyklen das Verhalten der Worgass-Soldaten studiert«, teilte Byron mit. »Es sind schwerfällige Befehls-Empfänger. Sie haben keine Instinkte und kein Gewissen. Entsprechend greifen sie immer nach der gleichen Methode an, mit der sie bisher immer erfolgreich waren. Wir werden in allen Städten unseres Planeten zur gleichen Zeit Massen-Demonstrationen durchführen. Das werden unsere Frauen und Töchter für uns machen. Habt keine Furcht, die Demonstrationen werden sich auflösen, sobald die ersten Worgass-Kohorten eintreffen. Eure Frauen bringen sich dann auf dem direkten Weg in Sicherheit. Sie dienen lediglich dazu, ihre Garnisons-Stützpunkte zu leeren.

Die Demonstrationen finden zu gleicher Zeit in allen Städten statt. Es reicht nicht aus, wenn die Worgass nur eine Kohorte aussenden. Sie werden zahlreiche Trupps, in alle betreffenden Städte entsenden müssen. Ihre Stützpunkte werden leer sein, ihre Kampf-Truppen im Einsatz. Zu dieser Zeit werden wir die Kasernen stürmen. Die wenigen Soldaten des Wachpersonals werden unserem Angriff nicht standhalten können. In den Stützpunkten bemächtigen wir uns ihrer Laserwaffen, Gewehre und Kanonen. Wir bemächtigen uns der dort stationierten Laser-Panzer und der Kampf-Gleiter. Unsere Kämpfer werden diese Waffen gegen alle zurückkehrenden Worgass-Kohorten einsetzen und die grausamen Besatzungs-Truppen ein für alle Mal eliminieren. Andere Widerstands-Truppen werden die globalen Hyperkomm-Funkanlagen sabotieren. «

Byron sah in die Gesichter der Zuhörer und bemerkte, wie sie überlegten.

Dann fuhr er mit seinen Erläuterungen fort.
»Zu dem gleichen Zeitpunkt rebellieren unsere Arbeiter in den Produktionswerften«, erläuterte er. »Sie legen auch dort die Hyperkomm-Funkanlagen lahm und deaktivieren die Schutz-Schirme. Dann öffnen unsere Arbeiter die Tore und unsere wartenden Kämpfer dringen in die Werft-Anlagen ein und übernehmen sie. « »Das hört sich alles sehr leicht an«, bemerkte einer der Zuhörer. » Aber wie lange lässt sich unser Freiheitskampf vor dem imperialen Worgass-Regime verheimlichen. Irgendwann werden sie uns mit ihren großen Schiffen bedrohen und uns erneut unterjochen. Wir wissen aus der Vergangenheit, dass sie so etwas nicht auf sich sitzen lassen werden. Sie werden unser halbes Volk ermorden. «

Byron senkte seinen Kopf.
»Ohne Verluste wird ein Widerstandskampf nie ablaufen können«, bemerkte er. » Doch ist der jetzige Zustand lebenswert? «

Traise trat wieder an das Mikrofon.
»Hierzu möchte ich noch etwas beisteuern«, bemerkte er. »Ich hatte gestern Besuch von einem alten Bekannten. Ihr werdet es nicht glauben, aber es ist wahr. Auf meine alten Tage sage ich keine Unwahrheiten mehr. Morass Zyran hat mich besucht. «

Die Masse schrie laut auf.

»Morass Zyran und seine Tochter wurden von den Worgass getötet«, schimpften ein Zuhörer.

»Er war bei den Worgass in Ungnade gefallen«, erklärte ein anderer Zuhörer in dem großen Saal.

»Das ist alles richtig«, entgegnete Traise. »Morass ist seinerzeit vor den Worgass geflüchtet, weil er von ihnen hingerichtet werden sollte. Seine neue Heimat ist die Milchstraße. «

»Bei den humanoiden Teufeln? «, fragte ein Zuhörer irritiert. » Das wird er auch nicht lange überleben. «

»Lasst Morass aussprechen«, bat Byron. »Er hat sicherlich noch mehr zu sagen. «

Die Menge beruhigte sich wieder.
»Er hatte zwei humanoide Freunde dabei«, ergänzte Traise. Sie haben ihn gerettet und ihm ermöglicht, mit mir in Kontakt zu treten. Morass hat eine neue Welt für sein Volk gefunden. Er und viele Angehörige der Raumschiffs-Besatzungen leben auf dem Planeten Lizzit 2. Es ist ein ursprünglicher Planet, wie unserer vor vielen Zyklen einmal einer war. Tropische Wälder, Seen, Bäche, sonnige Sandgebiete und vor allem sehr groß. Die Brutstationen funktionieren besser als auf unserem Planeten. Viele der verschollenen Lizards unserer letzten Angriffs-Flotte leben dort in einer nie gedachten Glückseligkeit. Sie sind Teil eines Neuen-Imperiums in der Milchstraße geworden, dass sich für Recht und Ordnung einsetzt und

als Allianz zusammenhält. Viele unterschiedliche Rassen und Lebensformen sind dem Imperium bereits beigetreten. Sie leben unbeschwert nach ihren Vorstellungen. Unter den Worgass war es leider nie möglich. «

Morass schaute in die Menge der Zuhörer. Kein Mucks war zu hören.

»Sie haben das erreicht, was wir immer vergeblich gesucht haben, liebe Zuhörer«, sagte er. »Ein glückliches und ausgeglichenes Leben unter den verkannten humanoiden Teufeln. «

»Wie ist das möglich? «, fragte einer der Zuhörer. » Die Worgass haben uns doch gesagt, dass die Humanoiden alle Andersartigen vernichten würden «.

»Alles Lügen und Falschaussagen«, bemerkte Traise. »Wir wurden immer mit falschen Informationen von unseren Besatzern versorgt. Gutgläubig haben wir ihnen alles geglaubt. Ich bin heute der Ansicht, dass nichts von ihren Informationen der Wahrheit entspricht. Sie wollen nur das eine, ihr Imperium auf dem Rücken unserer Rasse stetig ausbauen. «

»Es freut uns sehr, dass Morass und unsere jungen Brüter der letzten Angriff-Flotte noch am Leben sind«, sagte einer der vorderen Besucher. »Aber wie hilft uns das jetzt bei unseren Plänen weiter. «

»Aufgrund der Vergeltungs-Maßnahmen, die wir durch unser Vorgehen gegen die Besatzungs-Truppen zwangsläufig irgendwann zu erwarten haben, brachte Morass mich auf eine Idee«, erwiderte Traise. »Er schlug vor, unser ganzes Volk auf seinen neuen Planeten zu evakuieren. Dieser Vorschlag wird von den humanoiden Rassen in der Milchstraße unterstützt. Sie haben das ganze Leid mitbekommen, das uns die Worgass zufügen. Wir haben ihre garantierte Unterstützung. In Anbetracht, dass an unserem Planeten stetig Raubbau von den Worgass betrieben wurde, stelle ich diesen Plan zur Diskussion. Unsere subtropischen Wälder sind alle gerodet.

Die Rohstoff-Vorkommen unseres Planeten weitgehend ausgebeutet. Wir leben auf einem gequälten Planeten. Es dauert nicht mehr lange, dann werden wir alle Rohmaterialien bei den Worgass beziehen müssen. Hierfür werden wir vermutlich noch mehr arbeiten müssen als bisher. Dort in der Milchstraße finden wir einen neuen Planeten vor, den wir nach unseren Wünschen gestalten können. Das wäre der von mir erwähnte Start in eine neue Zukunft. Es ist die Hilfe, die ich bei Zosan erbeten habe. «

Traise schaute sich um und blickte in das erstaunte Gesicht von Byron. Dieser trat wieder in den Vordergrund an das Rednerpult.

»Ihr habt alle unseren Vorsitzenden des Regierungs-Rates gehört, bemerkte Byron. »Wir konnten ihm bisher vertrauensvoll begegnen. Ich weiß aus Erfahrung, dass er uns diese neuen Informationen nicht mitgeteilt hätte, wenn sie nicht wahr wären. Das ist unsere neue Chance. Stimmen wir ab. Wollt ihr übersiedeln in eine neue Zukunft, oder hierbleiben? Hebt eure Arme und Klauen in die Luft. Wer ist für die Evakuierung? «

Unzählige Handzeichen hoben sich aus der Menge.
»Das ist die Mehrzahl«, bemerkte Byron. »Wer ist dagegen und möchte sich der Vergeltung der Worgass aussetzen? «

Keine Hand hob sich aus der Menge.
»Wir sind uns einig«, sagte Byron. »Die Übersiedlung findet statt. «

»Wie sollen wir unser ganzes Volk von dem Planeten evakuieren. Wir haben keine Schiffe«, klagte einer der Zuhörer.

»Doch«, antwortete Byron der Menge. »Wir haben knapp 641.000 Schiffe. Unsere Leute bilden die zahlreichen Besatzungen. Was glaubt ihr wohl, welches Schicksal die wenigen Flotten-Kommandeure erleiden werden. Sie werden gar nicht groß in Erscheinung treten. «

»Es gibt aber noch einen anderen Plan«, sagte Traise hinter Byron, an die Menge gerichtet.

Byron drehte sich interessiert zu ihm um.

»Die Kriegs-Schiffe der Worgass werden Ziel eines Angriffes werden«, sagte er. »Die Allianz der Milchstraße kann unmöglich eine so große Anzahl Schiffe in den Händen der Worgass belassen. Bekanntlich ist das Ziel der Netzwerk-Denker, die langersehnte Invasion der Milchstraße. Die mächtigen Schiffe aus der Milchstraße werden die Kriegs-Schiffe der Worgass vernichten. Hiermit wird den Netzwerk-Denkern die Grundlage einer Invasion genommen. Die Rassen der Milchstraße wissen, dass sie hierdurch nur einen zeitlichen Aufschub erhalten, da die Worgass noch nie von einem Plan abgelassen haben. Auch sie produzieren derzeit eine mächtige Abwehr-Flotte. Das wissen vermutlich auch die Worgass.

Damit ist ihre übertriebene Hektik zu erklären, nicht nur die Anzahl der jungen Brüter zu verdoppeln, sondern auch die Fertigungs-Zahlen der Regiments-Werften auf einen nicht realisierbaren Punkt anzuheben. Ich habe einem Gespräch beiwohnen können, das unter den Leitern der Produktions-Regimenter abgehalten wurde. Sie haben mit den gleichen Problemen zu kämpfen, wie wir auch. Ihnen ist es ebenfalls nicht möglich, die erforderlichen Zahlen zu erreichen. «

»Aber wenn wir keine Schiffe haben, ist auch eine Evakuierung nicht möglich«, entrüstete sich einer der Zuhörer.

Traise hob wieder seine Hände in die Luft.
»Bitte lasst mich ausreden«, sagte er. »Dann versteht ihr die Situation. Die Leiter der Produktions-Werften fertigen

seit einigen Tagen nur noch flugfähige Transport-Raumer. Auf sämtliche zusätzlichen Ausstattungen wird verzichtet. Hierdurch sparen sie Zeit und bekommen die benötigten Zahlen der Raumschiffe zusammen. Es sind Transport-Schiffe, ohne Personalräume, ohne Zwischendecks, ohne Hangar und Beibooten. Es steht ein großer Lagerraum zur Verfügung, den wir nutzen werden. Mit jedem Schiff können 20.000 Lizards evakuiert werden. Das macht eine Anzahl von 1.600 Schiffen aus. Die Werften werden zum Zeitpunkt des Angriffes bereits 2.160 Schiffe gefertigt haben.

Diese werden wir übernehmen. Der Flug an unseren Bestimmungsort wird maximal 1-2 Sequels dauern. Die Humanoiden beherrschen die Wurmloch-Technologie seit langer Zeit. Sie sorgen dafür, dass wir unbeschadet an unserem neuen Planeten ankommen. Morass unterstützt dieses Vorhaben mit einer eigenen Flotte seiner eigenen Schiffe. «

»Wie zuverlässig sind diese Angaben? «, fragte einer der Zuhörer. » Wenn wir jetzt unsere Truppen aktivieren, dann sollte es auch in Kürze zu einem Angriff kommen. «

»Das wird es«, antwortete Traise. »Byron gibt euch die Pläne unseres Angriffes. Den exakten Zeitpunkt übermitteln wir euch maximal 2 Sequels vorher. Das passiert zu unserer Sicherheit. Wir wissen nicht, ob die Worgass etwas von unserem Vorhaben herausbekommen werden. Sorgt dafür, dass eure Soldaten in Bereitschaft sind. Begebt euch vorsichtig nach

Hause und arbeitet weiter wie bisher. Es darf nichts anders sein als sonst auch. Die Worgass dürfen keinen Verdacht schöpfen. «

Traise nickte zum Abschied der Menge zu. Er hob seine Hand in die Luft und ballte seine Klauen zu einer Faust.

»Für uns und unsere Clans«, schrie er der Menge entgegen.

»Für uns und unsere Clans«, wiederholte die Menge der Zuhörer lautstark. »Freiheit für die Lizards«, brüllten plötzlich alle lautstark und trommelten gleichzeitig mit ihren Füßen auf dem Boden. Es hörte sich an wie ein näherkommendes Gewitter, das zu einem Orkan anschwoll. Traise wusste, dass alle Lizards hinter ihm standen.

Byron schaute Traise und Oyaise an.
»Wann wollten sie mir das alles sagen? «, fragte er. Traise schüttelte seinen Kopf.

»Wir sind auf dem schnellsten Weg gekommen«, entgegnete er. »Es ist erst seit gestern bekannt. Ich habe doch gesagt, meine Gebete an Zosan sind erhört worden. «
»Welchen Zeitrahmen haben wir? «, fragte Byron nach. » Ich muss meine Leute anweisen. «

»Fangen sie am besten jetzt bereits hiermit an«, antwortete Oyaise. »Falls wir am letzten Tag die Werften infiltrieren, kann es mehr Aufsehen verursachen, als wenn wir das über einen längeren Zeitpunkt realisieren. Sorgen sie dafür, dass nur Lizards eingesetzt werden, denen wir bedingungslos vertrauen können. Ich vermute, dass nicht alle Stadt-Räte die Pläne einer Evakuierung gutheißen. «

»Die nicht belehrbaren, können gerne auf diesem Planeten bleiben«, antwortete Byron. »Aber wir sollten vermeiden, dass sie möglicherweise den Worgass Informationen zuschieben. Meine Leute kümmern sich hierum. «

»Der nächste Punkt ist die Vorbereitung der Schiffe«, sagte Oyaise. »Ich werde alle Wartungstechniker instruieren, unter einem Vorwand die technischen Gerätschaften zu überprüfen. «

»Wenn die Allianz aus der Milchstraße angreift, müssen die Transport-Schiffe um 10.000 Kilometer versetzt werden«, erklärte Traise. »Ich habe die Humanoiden so verstanden, dass sie eine neuartige Waffe einsetzen werden, die mehrere Worgass-Schiffe gleichzeitig in den Untergang zieht. «

»Auch in diesen Kontrollbereichen haben wir unsere Leute sitzen«, antwortete Byron. »Die Schiffe werden rechtzeitig von unseren Leuten übernommen werden. «Traise nickte dem Leiter des Widerstandes aufmunternd zu.

»Wir bleiben in Kontakt«, flüsterte er. »Wenn es Probleme geben sollte, informieren sie mich, oder auch Oyaise. Er ist über alles informiert. «

»Das mache ich«, antwortete Byron. »Uns allen viel Erfolg. «

Byron stieg von dem Podest hinab und verteilte die ausgearbeiteten Widerstandspläne an die Zuhörer. Traise und Oyaise gingen unbeachtet dem Ausgang entgegen.

Bitte um Unterstützung

»Hier spricht Giratron, lantranisches Lotsen-Schiff 1«, meldete sich der Pilot. »Ich habe Anweisung, sie bei dem Flug in die weit entfernten Regionen der Milchstraße zu unterstützen. Welche Gruppe darf ich übernehmen? «

»Imperiums-Kreuzer Termar 4, Commander Cottle antwortet«, tönte es aus den Lautsprechern. »Wir sind zu parlamentarischen Verhandlungen ins Naado-System befohlen worden. Wir danken ihnen, dass sie uns ein Wurmloch-Fenster öffnen. Ich sende ihnen die Positionsdaten des Sonnen-Transmitters NT-KI 355. Bitte informieren sie uns, wenn sie bereit sind. Commander Cottle Ende. «

Er gab Sergeant Giroux, dem Funkoffizier des Schiffes, ein Zeichen die Koordinaten zu übersenden. Es dauerte nur wenige Sekunden, bis Giratron sich wieder meldete.

»Hier ist Giratron«, hallte es erneut aus den Schiffslautsprechern. »Die Daten wurden eingespeist. Danken sie nicht mir, sondern Aritron und der Hohen-Empore. Wir führen nur unseren Befehl aus. Bereiten sie sich vor. Ich öffne jetzt ein Wurmloch-Fenster. Folgen sie mir in einem geringen Abstand. «

»Sergeant Giroux, geben sie die Info an unsere Begleit-Schiffe weiter«, befahl Commander Cottle. »Antriebe aktivieren und zu dem Schiff des Lantraners aufschließen. Langsamer Schub. «

»Der Befehl wurde gesendet, die Bestätigungen kommen herein«, antwortete Giroux. »Wir sind bereit. «

Commander Cottle beobachte den Panorama-Bildschirm in der Zentrale seines Termar-Schiffes. Vor ihnen öffnete sich ein großes helles Fenster.

»Alle Schiffe beschleunigen und durchfliegen«, befahl der Commander.

Die Termar 4 flog an vorderster Linie auf das geöffnete Fenster zu. Die Crew sah, wie das lantranische Schiff bereits von dem künstlichen Horizont verschluckt wurde. Dann tauchten die 11 Schiffe des natradischen Verbandes in das Wurmloch ein, welches sich hinter ihnen verschloss und dem dunklen Weltall wieder Platz machte.

Der lantranische Lotsen-Raumer hatte innerhalb von Sekunden die Koordinaten erreicht. Die Hypertronic-KI des Schiffes öffnete das Ziel-Fenster automatisch.

»Ziel erreicht, Giratron«, bemerkte sie. »Der Durchflug war erfolgreich. «

»Sind die natradischen Schiffe bei uns? «, erkundigte er sich.

»Alle 11 Schiffe haben den Durchflug vollzogen«, bemerkte die KI. »Welche neuen Aufgaben hast du für mich? «

»Wir nehmen eine Warteposition ein«, antwortete er. »Unsere Arbeit ist hier zunächst beendet. Neue Aufgaben folgen erst nach der Rückkehr der natradischen Schiffe. Gehe in den Überwachungs-Modus. Öffne einen Kanal zu der Termar 4. «

»Die Hyperkomm-Funkverbindung steht«, erwiderte die KI. »Du kannst sprechen. «

»Danke, KI «, antwortete der Lantraner.
»Hier spricht Giratron«, sprach er in sein Gerät. »Ich rufe Commander Cottle. «

Es knisterte kurz in der Leitung.
»Hier ist Commander Cottle«, tönte es aus den Lautsprechern. »Danke für ihre Hilfe. Wir melden uns wieder, wenn wir zurück sind. Aritron sagte uns, dass sie nach unserer Abreise in den Tarnmodus gehen. Halten sie bitte diesen Kanal für uns reserviert. «

»Das ist korrekt «, antwortete Giratron. »Viel Erfolg für ihre Gespräche. «

Die Verbindung brach ab.
»Tarnmodus einschalten «, befahl er seiner KI.

Das lantranische Schiff verschwand augenblicklich von den Monitoren.

Commander Cottle blickte auf den Bildschirm. Vor ihnen lag der große Sonnentransmitter der Natrader. »Eine beeindruckende technische Leistung«, bemerkte er. »Die drei Sonnen produzierten genügend Energie, um die ehemalige kaiserliche Forschungs-Station und den Transmitter problemlos zu betreiben. «

»Eingehender Hyperkomm-Funkspruch «, meldete Funk-Offizier Giroux.

»Auf die Lautsprecher legen «, befahl Commander Cottle.

»Einfliegende Schiffe, identifizieren sie sich«, tönte es aus den Lautsprechern. »Hier spricht die Schutzflotte von NI-KI 355, unter Commander Arron Kilburn. «

»Resonanz-Kontakt«, meldete Ortungsoffizier Sergeant Drewberry. »Eine breite Front von 25 Schiffen der Kaiser-Klasse formiert sich vor uns. Es ist der Schiffs-Verband NT 297. «

»Sofort unsere IDs senden«, befahl der Commander. »Informieren sie unsere Begleit-Schiffe. Öffnen sie mir einen Hyperkomm-Funkfrequenz. «

»Die Leitung steht, Commander «, antwortete der Funk-Offizier.

»Hier spricht Commander Cottle«, sprach er in seinen Communicator. »Wir sind in parlamentarischer Funktion unterwegs. Unsere IDs kommen gerade durch. Wir haben den Auftrag mit den Naado und den Tanlegrieden zu verhandeln. «

»Hier spricht Commander Kilburn«, meldeten die Lautsprecher. »Ihr Erscheinen wurde angekündigt, Commander Cottle. Die imperiale Zentrale hat uns angewiesen, ihnen bei jeglichen Wünschen behilflich zu sein. Verfügen sie über uns. «

»Danke, sehr freundlich «, erwiderte Jed Cottle. Doch wir sind zu Freunden unterwegs. Öffnen sie uns bitte den Sonnen-Transmitter. Wir möchten einfliegen. Unsere Begleit-Schiffe sollten für mögliche Gefahren ausreichen. Bleiben sie weiter in einer Wachposition. « »Ich werde eine außerordentliche Aktivierung für sie veranlassen«, antwortete der Commander der Wach-Flotte. » Wir haben zwischenzeitlich auf der anderen Seite eine Steuer-Station installiert. Wenn sie zurückwollen, senden sie einfach einen natradischen Impuls. Das Transmittertor öffnet dann für sie. Viel Erfolg für ihren Einsatz. «

»Danke «, erwiderte Cottle.

»Fliegen sie bis auf 1.000 Meter an den Sonnentransmitter heran«, antwortete Commander Kilburn. »Nachdem er sich aufgebaut und stabilisiert hat, durchqueren sie ihn bitte. Sie werden dann in der Enklave der Naado materialisieren. Möglicherweise werden sie von 6 Schiffen der Naado zu dem Regierungs-Planeten eskortiert. Bedingt durch den Kontakt zu neuen Rassen, haben unsere Freunde ihr Eingangstor besser gesichert. Vermeiden sie jede mögliche Waffen-Aktivitäten. «

»Das versteht sich von allein «, antwortete Commander Cottle. »Ich bin auch nicht erst seit gestern dabei, Commander Kilburn. Danke für ihren Hinweis. Lassen sie bitte den Transmitter öffnen. Unsere Mission eilt. «

Die Leitung brach ab. Commander Cottle dachte kurz darüber nach, ob er den Commander der Wach-Flotte zu schroff abgefertigt hatte, doch er verwarf seine Gedanken schnell. Vor ihnen öffnete sich der Sonnen-Transmitter.

»Befehl an die Schiffe «, befahl er. »Sobald sich der Durchgang stabilisiert hat, langsamer Flug in das Dreieck.«

»Der Befehl wurde bestätigt «, antwortete Sergeant Giroux. »Die Schiffe nehmen Fahrt auf. «

Commander Cottle winkte dem Sergeant Cuomo zu.

»Das Schiff beschleunigen und den künstlichen Horizont durchqueren. «

Der Steuermann bestätige den Befehl.
»Aye Commander. «

Die kleine Flotte durchbrach den Dreiecks-Transmitter und materialisierte in der Enklave der Naado.

»Bitte einen Statusbericht «, sagte Commander Cottle.

»Die Ortungsmonitore aktualisieren sich «, antwortete Sergeant Tracy Drewberry. »Ich bekomme neue Daten. Vor uns liegen 6 Schiffe der Naado. Weitere 250 Abfang-Schiffe liegen auf einer Warteposition, in 10.000 Metern Abstand. «

»Das ist vermutlich ihre Wach-Flotte «, bemerkte Commander Cottle. »Stellen sie bitte einen Funkkontakt her.«

»Nicht nötig«, antwortete dieser. »Sie rufen uns bereits.«

»Hier spricht Captain Siankaru«, klang die fremde Stimme aus den Lautsprechern. » Wir begrüßen die natradischen Schiffe in der Enklave der Naado. Wie lautet der Name ihres Commander? «

»Hier spricht Commander Cottle«, antwortete der Befehlshaber der kleinen Flotte. »Wir wurden angekündigt und bitten um eine Landerlaubnis. Unser Wunsch ist es, mit ihrem Rats-Vorsitzenden Itarus und seinem Stellvertreter Kanusu zu sprechen. Wir kommen in einer dringenden Angelegenheit. «

»Wir sind informiert «, antwortete der Naado. »Folgen sie uns bitte zu dem Regierungs-Planeten. Sie haben Landegenehmigung auf Nardt. Weisen sie ihren Begleit-Schiffen eine Umlaufbahn im Orbit unseres Regierungs-Planeten zu. «

»Das machen wir «, antwortete der Commander. »Nur unser Parlamentarier-Schiff landet gemäß ihrem Leitstrahl. «

»Danke«, antwortete das Schiff der Naado.«

»Dem Schiff folgen «, befahl Commander Cottle. »Unsere Begleit-Schiffe sollen in der Umlaufbahn warten. Steuermann, langsame Fahrt voraus. «

»Aye Commander «, antwortete Andy Cuomo.

Die Termar 4 war auf dem Regierungs-Planeten gelandet. Ein schwerer Gleiter hatte Commander Cottle, Barenseigs und den Sergeant der Sicherheit, Emil Saito abgeholt. Die drei Abgesandten wurden in den großen Sitzungs-Saal des Regierungs-Gebäudes geleitet. Sie wurden bereits erwartet. 6 Regierungs-Mitglieder und 4 Militärs des Sicherheits-Dienstes schauten ihnen freudig entgegen. Lächelnd trat einer der Wartenden auf die Besucher zu.

»Willkommen «, sagte er. »Mein Name ist Kanusu. Ich bin stellvertretender Rat-Vorsitzender. Wir möchten sie in unserer Enklave begrüßen. Hatten sie einen problemlosen Flug? «

»Vielen Dank für ihren freundlichen Empfang «, antwortete Commander Cottle. »Wir sind Sonder-Beauftragte des Neuen-Imperiums von Natrid und Tarid. Wir kommen zu ihnen, auf den besonderen Wunsch von Major Travis. «

Er zeigte auf seine Begleiter.

»Das ist mein Sicherheits-Offizier, Sergeant Saito. Uns begleitet Gildor Barenseigs als technischer Berater. Es gibt einiges zu besprechen. Wir benötigen ihre Hilfe. «

Der Naado begrüßte die Crew von Commander Cottle auf natradische Art. Barenseigs tat es ihm gleich. Der Naado war irritiert.

Er blickte Barenseigs an.

»Sie beherrschen den alten natradischen Gruß perfekt«, sagte er. »Wenn ich noch ihre Hautfarbe betrachte, könnten sie ein direkter Nachfahre des natradischen Reiches sein. «

Barenseigs verzichtete auf eine Antwort. Kanusu blickte wieder Commander Cottle an.

»Das große Imperium braucht die Unterstützung von den kleinen Naado? «, fragte Kanusu. » Da sind wir aber gespannt. Folgen sie mir bitte. Ich stelle ihnen unsere restlichen Regierungsmitglieder vor. «

Kanusu führte die Gäste vor den großen Tisch, an dem die restlichen Naado warteten.

Kanusu stellte den alten Rats-Vorsitzenden Itarus vor. Dieser stütze sich auf einem Stock ab.

»Wir haben eigentlich gehofft, dass Major Travis sich zu einem Besuch zu uns begibt «, sagte Itarus.

Die Gäste bemerkten sein hohes Alter. Sein Gesicht wirkte faltig und die Haut wirkte wie gegerbt. Seine Augen funkelten und er blickte die Besucher interessiert an.

Commander Cottle lächelte den Rats-Vorsitzenden an.
»Das wird sicherlich schnell nachgeholt. Im Moment brauchen wir den Major für dringende Aufgaben in unserem Heimat-System. «

Kanusu schritt mit den Gästen die wartenden Naado ab.
»Das ist Taranusu, unser Minister für Beziehungen mit neuen Rassen des Imperiums. Diesen Posten haben wir nach dem Besuch ihres Major Travis neu geschaffen. Wir treten dank der Öffnung unserer Enklave mit neuen Rassen in Kontakt. «

Die Crew der Termar 4 begrüßte den vorgestellten Minister.

»Als nächste Person darf ich ihnen Milwarus vorstellen«, lächelte Itarus. »Er bekleidet bei uns das Amt des Ministers für die Innere Sicherheit. «

Auch ihn begrüßte Commander Cottle und seine Offiziere freundlich.

»Minister Otarus füllt die Funktion unseres Militär-Experten aus«, ergänzte Kanusu. »Mein Freund Rattisch Tanlegra ist der wichtigste Handels-Mogul unseres 7. Planeten, der sich überwiegend mit technischen Erfindungen und Produktionen auseinandersetzt. Die vier

Sicherheits-Soldaten gehören zu dem Empfangs-Protokoll im Regierungs-Palast. Ich hoffe, sie verstehen dies nicht als Misstrauen ihnen gegenüber. «

»Wir würden genauso vorgehen «, antwortete Sergeant Saito.

»Setzen wir uns «, sagte Kanusu und bot allen Personen einen Platz an.

»Warum sind sie hier? «, fragte Itarus schwerfällig.

Commander Cottle blickte ihn an.
»Es gibt eine Rasse in der Galaxie, die viele Sternensysteme bereits unterjocht hat und einen Hass gegen sämtliche humanoiden Völker pflegt «, antwortete er.

»Da kenne ich nur eine Rasse, auf die ihre Beschreibung zutrifft «, erwiderte Itarus. »Sprechen sie von den Worgass? «

»Sie kennen diese Rasse? «, fragte Barenseigs erstaunt.

»Ja «, entgegnete Kanusu. »Uns ist diese Species zwar noch nicht direkt begegnet. Aber zu uns kommen auch einige freie Raumfahrer, die Handel mit uns auf eigene Rechnung betreiben. Ihre Heimat-Galaxie ist die Kleine Magellansche Wolke. Von ihnen wissen wir um die Heldentaten von Major Travis und der Vertreibung dieser Rasse aus dem Sternen-System. Seit diesen Vorfällen ist die Kleine Magellansche Wolke geeint. Sämtliche Völker stehen zusammen und haben eine große Abwehr-Flotte auf die Beine gestellt, die zukünftige Interventionen, nach der Meinung dieser Händler, abwehren können. Major Travis ist ein Held in dieser Galaxie. «

»Das ist gut zu hören, denn auch Abgesandte von uns sind dorthin unterwegs «, sagte Commander Cottle. »Aber kommen wir wieder zurück zu dem ursprünglichen Thema. Sie erklärten uns, dass sie dieser Rasse noch nicht persönlich begegnet sind. Seien sie froh. Mit den Worgass können sie nicht verhandeln. Sie wären über sie hergefallen und hätten sämtliches Leben in ihrer Enklave vernichtet. Es ist der Abschaum der Galaxie. Sie treten nicht direkt in Erscheinung. In der Regel züchten sie in ihren Laboren neue schreckliche Rassen. Kampf-Maschinen, ohne eigenen Willen, nur um ihre Befehle ausführen zu lassen. «

»Das hört sich alles sehr schrecklich an «, bemerkte Itarus.

»Sollen sie ruhig kommen «, erwiderte Otarus. »Wir sind schon mit anderen fertig geworden. Unsere Flotte ist technisch auf dem neusten Stand. «

Barenseigs schaute in traurig an.
»Diese Aussagen führen ganze Rassen in den Untergang«, antwortete er. »Es geht hier nicht um das Kräftemessen zweier Rassen. Wir möchten gerne bereits im Vorfeld die Invasion der Milchstraße unterbinden. «

Commander Cottle nickte.

»Was mein Kollege zum Ausdruck bringen möchte, ist folgender Aspekt«, erklärte er. »Die Worgass beherrschen die Andromeda-Galaxie. Alle humanoiden Völker wurden vernichtet. An der uns zugedrehten Seite ihrer Galaxie, gibt es einen Werft- und Produktions-Standort von ihnen. Die Worgass arbeiten an einer großen Invasions-Flotte. Derzeit verfügen sie über knapp 641.000 Schiffe. Es sind zwar nur 200 Meter-Raumschiffe, doch sie produzieren weiter. Unsere Schätzungen belaufen sich auf eine Armada von mindestens 1.200.000 Schiffen, die sie sich als Ziel-Vorgabe gegeben haben. Kann ihre Flotte es mit einer solchen Anzahl von Schiffen aufnehmen? «

Der Militär-Minister hatte sein Gesicht verzogen. Er flüsterte Kanusu etwas zu.

Dieser nickte und blickte die Besucher an.

»Ich will ehrlich zu ihnen sein«, antwortete er. »Unsere Produktion von Kriegs-Schiffen läuft auf Hochtouren. Wir werden in Kürze die Flottenstärke von 15.000 Schiffen überschreiten. Sie sehen also, dass wir unmöglich einen Angriff dieser Größenordnung abwehren könnten. «

Commander Cottle lächelte verschmilzt.
»So geht es uns allen«, entgegnete er. »Aus diesem Grunde bin ich hier. Wir stellen eine Allianz-Flotte zusammen. Viele unserer befreundeten Nationen beteiligen sich an dieser Armada. Nennen wir sie einmal

Gemeinschafts-Flotte. Wir möchten sie ebenfalls um eine Beteiligung von 300 Schiffen bitten. Gemessen an der Größenordnung ihrer genannten Flottenstärke denken wir, dass die von uns benötigte Anzahl von Kriegsschiffen nicht ihre Heimat-Verteidigung beeinträchtigen würde.«

»Diese von ihnen erwarteten 300 Schiffe haben alle wichtige Aufgaben«, bemerkte Milwarus, der Minister für die innere Sicherheit.

»Diese Aufgaben würden entfallen, wenn die Flotte der Worgass über sie herfallen würde«, erwiderte Barenseigs. »Nach dem Angriff der Worgass brauchen sie sich keine Gedanken mehr über Sicherheitsfragen zu machen. Die Rasse der Naado würde nicht mehr existieren.«

Gescholten lehnte sich der Minister in seinem Stuhl zurück.

»Ich denke, wir sollten sofort zustimmen«, sagte Rattisch Tanlegra. »Wir Wirtschafts-Mogule werden unseren Beitrag leisten. Als wir Major Travis um Unterstützung gebeten haben, hat er sofort reagiert und nicht mitteilen lassen, er hätte wichtige Aufgaben zu erledigen.«

»Damit sie alles richtig verstehen«, sagte Commander Cottle. »Die Milchstraße ist auch ihre Heimat, nicht nur die von Major Travis. Wir stellen eine Flotte zusammen, um unsere Milchstraße zu schützen. Somit auch ihren Lebensraum. Bitte erkennen sie den Unterschied. Es soll nicht als Gefallen für Major Travis ausgelegt werden. Sie beteiligen sich für eine Zukunft ihrer Rasse. «

»Wir wissen doch gar nicht, ob die Bedrohung wirklich so existent ist, wie sie es schildern«, erwiderte Milwarus.

»Sie können warten, bis der Zeitpunkt gekommen ist «, bemerkte Sergeant Saito. » Nur wenn er da ist, greifen die Worgass mit einer solch großen Flottenstärke an, dass jede Rasse genug mit sich selbst zu tun hat. Inwieweit dann noch Unterstützung gewährt werden kann, ist zu dem heutigen Zeitpunkt nicht absehbar. «

»Es kommt noch ein anderer Punkt hinzu «, bemerkte Barenseigs. »Diesen bitte ich auch noch in ihren Überlegungen zu berücksichtigen. Die Worgass arbeiten zeitgleich auch an der Fertigstellung eines Wurmloch-Knotens. Wir wissen, dass viele Galaxien von ihnen besetzt wurden. Was ist, wenn sie neben der jetzt produzierten Flotte, noch weitere Schiffs-Verbände aus anderen Galaxien zusammenziehen. Dann könnten sie mit einer unvorstellbar großen Armada in die Milchstraße einfallen. Wir hätten ihnen nichts entgegenzusetzen.

Diesen Zustand möchten wir beenden und ihren Wurmloch-Knoten vernichten. «

»Sind unsere Schiffe stark genug, um bei dieser Mission hilfreich zu sein? «, fragte Kanusu.

Commander Cottle nickte.

»Major Travis hat ihre exzellenten Laser-Geschütze kennengelernt«, sagte er. »Unser Imperium bietet an, ihre 300 teilnehmenden Schiffe mit einem Super-Schutz-Schirm auszustatten, den die Worgass nicht durchdringen können. Nach einer erfolgreichen Mission erhalten sie im Anschluss von uns die Konstruktions-Pläne. Sie haben hierdurch die Möglichkeit, alle ihre Schiffe später zu modifizieren. «

»Wir erhalten natradische Schirmfeld-Technik«, freute sich Otarus. »Die wäre uns sehr hilfreich. «

Itarus stand auf. Er stieß mit seinem Stock dreimal auf den Boden auf.

»Ich habe genug gehört «, sagte er. »Meine Entscheidung ist gefallen. Der Nutzen neuer Freundschaften ist hilfreicher, als abgeschieden in einer Enklave zu vegetieren. Eine solche Verbundenheit wird von unserer Rasse auch in schlechten Zeiten mitgetragen. Ich bitte um eure abschließende Stellungnahme. Wer schließt sich meiner Entscheidung an, eine Flotte zur Unterstützung zu entsenden? «

»Ich halte es ebenfalls für ratsam «, bemerkte Kanusu. »Wir haben gerade erst Wirtschaftsbeziehungen aufgenommen. Alles funktioniert reibungslos. Wir sind ein Partner in dem Neuen-Imperium. Es ist eine Verpflichtung zu helfen, auch in unserem eigenen Interesse. «

Otarus und Milwarus gaben ein Handzeichen.

»Wir unterstützen diesen Wunsch, jedoch schweren Herzens«, antworteten sie. »Doch sehen wir die Notwendigkeit ein. «

»Meine Zustimmung hatte ich bereits gegeben«, erwiderte Rattisch Tanlegra.

»Fliegen sie zurück und teilen sie Major Travis mit, dass wir die Mission unterstützen «, antwortete Itarus.

Commander Cottle räusperte sich.
»Ich vergaß mitzuteilen, dass die Flotte bereits in knapp 9 Tagen natradischer Zeit startet«, erklärte er.

»Wie sollen wir rechtzeitig im Sol-System sein, um ihre Flotte umzurüsten. «

»Haben sie die lange Flugzeit berücksichtigt? «, fragte Kanusu.

»Deswegen bin ich hier«, antwortete Jed Cottle. »Aktivieren sie ihre Flotte sofort. Ich habe das Schiff einer befreundeten Rasse, außen vor ihrer Enklave stationiert. Dieses Schiff öffnet uns ein Wurmloch, mit dem wir innerhalb von wenigen Minuten das Sol-System erreichen können. Wir begleiten ihre Schiffe zu der Umrüstung. «

»Schaffen wir das «, fragte Itarus seinen Stellvertreter.

»Ja «, antwortete Kanusu. »Wir rufen sofort den Alarm-Zustand aus. Hierdurch haben Besatzungen den Auftrag sich sofort in ihren Schiffen zu sammeln. Ich denke darüber nach, unsere Wach-Flotte mit dieser Mission zu beauftragen. Die 250 Schiffe stehen bereits im Raum nahe dem Dreiecks-Transmitter. Sie werden nur noch durch 50 Schiffe verstärkt werden müssen. Eine neue Wach-Flotte können wir innerhalb kürzester Zeit wieder an der gleichen Stelle positionieren. «

»So machen wir das «, entgegnete Otarus. »Ich leite alles Erforderliche in die Wege. Admiral Fantarus wird der richtige Mann für diesen Einsatz sein. «

»Gehen sie zurück auf ihr Schiff und nehmen sie eine Warteposition vor dem Dreiecks-Transmitter ein «, sagte Kanusu. »Ich lasse die Flotte bei ihren Schiffen zusammenziehen. Grüßen sie Major Travis von uns. Es würde uns freuen, wenn er nochmals persönlich in unserer Enklave vorbeischauen könnte. «

»Ich danke ihnen für alles «, antwortete Commander Cottle. »Ihre Grüße richte ich gerne aus. Er hat leider noch viele unerledigte Aufgaben zu erledigen. «

»Wir wissen es«, entgegnete Kanusu. »Der Major versucht die Trümmer des alten natradischen Imperiums zu suchen. Wir drücken ihm die Daumen, dass er weitere verwertbare Schätze findet. «
Die Gäste verabschiedeten sich und wurden von dem Sicherheitspersonal zu dem wartenden Gleiter begleitet.

Die Termar 4 war gestartet und nahm mit seinen Begleitschiffen Kurs auf den Dreiecks-Transmitter. Hier sollte sie warten, bis sich die Flotte der Naado formiert hatte.

»Schub zurücknehmen «, befahl der Commander. »Wir nehmen hier eine Warteposition ein. «

Er schaute den Gildor an.
»Es scheint fast so, als ob Kanusu ihre Herkunft erkannt hat? «, fragte er.

»Ich bin mir nicht sicher «, bestätigte Barenseigs. »Aber ausgeschlossen ist das nicht. Er ist jedenfalls nicht weiter hierauf eingegangen. «

»Ich bekomme Ortungsdaten herein«, sagte Sergeant Tracy Drewberry. »Auf dem Planeten 4 laufen etliche Generatoren an. «

»Das werden die restlichen Raumschiffe sein «, antwortete Commander Cottle. »Dieser Planet wurde von Major Travis als ihr Werft-Planet bezeichnet. «

»Ich registriere den Start von 50 Raum-Schiffen «, ergänzte Sergeant Drewberry. »Sie hatten Recht, Commander. «

»Auf den Bildschirm legen «, erwiderte Jed Cottle.

Der große Panorama-Schirm zeigte, wie die Schiffe der 300-Meter-Klasse nach und nach von den Start-Basen abhoben und in den Orbit des Planeten aufstiegen. In einer Keil-Formation nahmen sie Kurs auf die wartenden Wach-Schiffe der Enklave.

»Eingehender Funkspruch von dem Naado-Flaggschiff «, bemerkte der Funk-Offizier Giroux.

»Ich nehme ihn an «, antwortete Commander Cottle.
Er griff nach dem auf dem CIC liegenden Hörer.

»Hier spricht Commander Cottle, von dem Schiffs-Verband des Neuen-Imperiums «, sprach er in den Hörer.

»Admiral Fantarus spricht«, tönte es aus den Lautsprechern. »Ich begrüße sie Commander Cottle. Wir hatten noch nicht die Freude uns persönlich kennenzulernen. Ich soll mich bei ihnen melden. Sie würden uns in ihr Sol-System führen, zwecks einer Modifikation unserer Schutz-Schirme. «

»Hallo Admiral, es freut mich, dass sie so schnell ihre Flotte alarmieren konnten«, antwortete der Commander. »Sammeln sie sich hinter uns. Wenn ihre restlichen Schiffe da sind, sende ich einen Impuls, der den Dreiecks-Transmitter öffnet. Folgen sie uns in einem geringen Abstand. Außerhalb erwartet uns ein Lotsen-Schiff. Es wird ein Wurmloch-Fenster für uns öffnen. Schließen sie auf und durchqueren sie das Tor direkt nach uns. Wir werden im Sol-System erwartet. «

»Danke für die Anweisungen «, antwortete der Admiral. » Unsere Schiffe haben sich eingereiht und wurden informiert. Starten sie ihr Manöver. «

»In Ordnung«, antwortete der Commander und unterbrach die Leitung.

Die Termar 4 gab den Abreise-Impuls an die Kontroll-Station des Dreiecks-Transmitters durch. Sekunden später lief die Energie über den Rahmen des künstlichen Horizonts und stabilisierte sich.

»Befehl an alle Schiffe «, befahl Commander Cottle. »Zügig den Durchgang passieren. «

Die Termar 4 flog voraus und verschwand in dem Dreieck. Auf der anderen Seite drosselte die Termar 4 ihren Schub in 10.000 Kilometern Abstand.

»Funkspruch an Giratron«, befahl Commander Cottle. »Wir sind für den Rückflug bereit. «

Die restlichen Schiffe standen dicht hinter der Termar 4 in einer Formation.

»Hier ist Giratron «, drang die Antwort aus den Lautsprechern. »Glückwunsch für ihre gelungene Mission. Ich aktiviere das Wurmloch-Fenster ins Sol-System. «

»Danke Giratron, wir folgen in einem geringen Abstand«, antwortete der Commander.

»Befehl an die Schiffe, bereit machen und in einem geringen Abstand durch das Fenster fliegen. «

»Der Befehl ist raus «, erwiderte der Funk-Offizier Giroux.

Die Flotte materialisierte im Sol-System.

Alle Schiffe haben den Durchgang problemlos absolviert«, teilte der Commander mit. » Informieren sie alle Schiffe. Wir nehmen eine Warteposition in der Umlaufbahn um Titan ein. Weitere Anweisungen folgen. «

»Ihr Befehl ist raus und wird bereits bestätigt «, antwortete Sergeant Giroux.

»Öffnen sie einen Kanal zur Leitstelle Titan«, ergänzte der Commander. Ich möchte Captain Hunter sprechen. «

»Hier ist die Titan-Leitstelle «, meldete sich eine weibliche Stimme. »Ihr Erscheinen wurde angekündigt. Ich leite ihren Funkspruch nach Natrid weiter. «

»Danke «, antwortete Commander Cottle.
Es dauerte wenige Minuten, dann meldete sich Captain Hunter.
»Hallo Commander Cottle «, sagte Captain Hunter. »Ich sehe, sie haben Erfolg gehabt. Schön sie so schnell zu sehen. Nachfolgende 8 Docks sind für die Flotte der

Naado vorgesehen. Bitte weisen sie die Schiffe an, sich in einem Abstand von 30 Minuten zu nähern. Die Werften senden einen Leitstrahl, wenn das nächste Schiff landen kann. «

»Ich habe verstanden «, antwortete Commander Cottle. »Ich informiere Admiral Fantarus. «

»Die Werftliste kommt durch «, meldete Sergeant Ry Giroux. »Ich lege sie auf das CIC. «

1. Saturn-Mond-Reha, Spaceport, Station mit Raumschiffs-Dock. Registrierungs-Nr. 011.

2. Saturn-Mond-Dione, Spaceport, Station mit Raumschiffs-Dock. Registrierungs-Nr. 012.

3. Saturn-Mond-Phoebe, Spaceport, Station mit Raumschiffs-Dock. Registrierungs-Nr. 013.

4. Saturn-Mond-Titan, Spaceport, Station mit 5 Raumschiffs-Docks. Registrierungs-Nr. 014.

Die Flottenführung der Naado wurde über die Vorgehensweise der Modifikation informiert.

Admiral Fantarus wurde angewiesen die modifizierten Schiffe auf eine Umlaufbahn, um den Planeten Jupiter zu parken. Ein Kommando-Gespräch würde nach der Rückkehr von Major Travis erfolgen. Der Admiral bestätigte und ließ erste Schiffe seines Verbandes die Docks anfliegen.

Der Lantraner Belran hatte den Abflug seines Kollegen Giratron beobachtet. Er war der Pilot des Lotsen-Schiffes 2. Interessiert beobachtete er die Aktivitäten auf Titan.

»Heran hat Recht gehabt«, dachte er. »Die Terraner bewegen wieder etwas in dem Sol-System. Es wird sich lohnen, sie längerfristig zu beobachten. «

Er hatte klare Anweisungen von Aritron erhalten. Er und seine Kollegen sollten den Terranern vier Wurmloch-Fenster öffnen und ihre Parlamentarier-Flotte zu den Bestimmungs-Orten bringen. Nach der Rückkehr würden er und seine Kollegen die eintreffende lantranische Angriffs-Flotte zusammen mit Heran befehligen. Er wusste, dass Heran aber immer noch das letzte Wort haben würde.

»Wir führen die nächste Gruppe«, sagte er zu seiner Hypertronic-KI. » Bringe uns näher an ihre wartenden Schiffe heran. Öffne eine Hyperkomm-Funkverbindung. Ich möchte nicht mehr länger warten. «

»Die Leitung wurde geöffnet«, antwortete die KI.
»Hier spricht Belran, vom lantranischen Lotsen-Schiff Nr. 2« sprach er in die Verbindung. »Welcher Schiffs-Verband schließt sich mir an? «

»Eingehender Funkspruch«, teilte Sergeant Milton mit. »Das zweite lantranische Lotsen-Schiff ruft uns. «

»Das wurde auch Zeit«, antwortete Commander Malley. Jodie McLaine stand neben ihm und schaute ihn verzaubert an.

Commander Malley griff nach dem Hörer vor ihm.
»Hier spricht Commander Malley, von der Termar 3«, antwortete er. »Wir sind bereit ihnen zu folgen. Danke für ihre Hilfe. Ich übersende ihnen unsere Ziel-Koordinaten. « Er winkte seinem Funk-Offizier zu.

»Übermitteln sie die Daten«, sagte Ollie Malley.
»Die Daten werden bereits gesendet«, antwortete der Funkoffizier.

»Das Paket ist angekommen«, meldete Belran. »Die Koordinaten wurden geprüft und eingegeben. Ihr Dank ist nicht nötig, wir haben unsere Befehle. Starten sie ihre Antriebe. Ich öffne ein Wurmloch-Fenster. «

»Befehl an alle Schiffe, Antriebe hochfahren und dem Schiff des Lantraners folgen«, befahl Ollie Malley.

Vor ihnen öffnete sich ein grelles Wurmloch-Fenster. Das lantranische Schiff beschleunigte und flog in das Portal. Commander Malley und die 10 Begleit-Schiffe folgten in einem kurzen Abstand.

Die wartenden Schiffe vor Titan, beobachten den Abflug des zweiten Lotsen-Schiffes. Alles schien wie eingespielt zu funktionieren.

Siratron hatte eine Funk-Verbindung zu seinem noch wartenden Kollegen Uran aufgebaut.

»Soll ich die nächste Gruppe übernehmen? «, fragte er.

»So ist es vorgesehen«, antwortete Uran. »Du bist als Schiff Nr. 3 eingeteilt. Ich fliege als Letzter durch. Denke daran, die Schiffe werden nur begleitet«, sagte Siratron. » Aritron hat während des Lotsen-Dienstes keine Kampfhandlungen genehmigt. Beeile dich, bei eintreffenden Hilfsflotten müssen noch die Schild-Feld-Generatoren modifiziert werden. Funke deine Gruppe an. «

»Ich bin instruiert«, erwiderte Uran. »Führe dich nicht immer als großer Bruder auf. Ich kenne die Befehle. Viel Erfolg für dich.«

Daraufhin beendete er die Leitung. «
Siratron schüttelte seinen Kopf.

»Mein kleiner Bruder hat sich nach den vielen Jahren nicht geändert«, dachte er. »Er ist immer noch sehr impulsiv. Doch er wird diese Aufgabe schon meistern. « Er wischte seine weiteren Gedanken fort.

»Hyperkomm-Funkverbindung auf natradischer Frequenz öffnen«, befahl er seiner KI.

»Die Verbindung steht«, antwortete eine männliche Stimme knapp.

Siratron hasste das weibliche Standard-Gesäusel der ursprünglichen Programmierung. Er hatte darauf bestanden, die KI seines Schiffes zweckmäßig zu gestalten.

»Vor dem Rückzug meines Volkes aus allen Angelegenheiten der Milchstraße war ich Soldat gewesen«, erinnerte er sich. Ich habe immer eine große Flotte lantranischer Schiffe befehligt. Ich war einer von vielen Geschwader-Commandern gewesen, die für eine relative Ordnung in der Milchstraße gesorgt hatten. Doch das war plötzlich vorbei gewesen. Eine neue Hohe-Empore hatte dieses Vorgehen für nicht mehr notwendig angesehen. Laut ihren Vorstellungen stellte dies ein nicht tragbarer Eingriff in die individuelle Entwicklung der Rassen dar. «

Er blickte in Gedanken auf seine Monitore.
»Endlich sind alle wieder wach geworden«, dachte er. »Die in den anderen Galaxien festgestellte, massive Invasions-Politik der Worgass, hat unsere zurückgezogene Führung wieder zu einem Handeln gezwungen. «

Er dachte an die Zeiten, als die Natrader gegen die von den Worgass angeblich gezüchteten Rigo-Sauroiden vorgegangen waren.

»Schon damals hätte man ihnen Beistand geben können«, erinnerte er sich. »Doch die Zurückhaltung unseres Volkes hat zum Untergang vieler wertvoller humanoider Rassen in der Milchstraße geführt. « Ärger gegen die viel zu degenerierte Führung seines Volkes keimte in ihm auf.

Siratron unterstützte die lange Intervention von Heran. Er kannte die vielen Gespräche seines Freundes zu Genüge, die er mit Aritron und der Hohen-Empore. geführt hatte.

»Ich habe mich öfter mit dem Wurmloch-Speziallisten unterhalten«, erklärte er. »Mich brachten diese unendlichen Diskussionen fast an die Weißglut. Doch heute darf ich Heran Respekt zollen. Er hatte es geschafft, ein Umdenken bei der Hohen-Empore. zu erreichen. Das kann fast schon wie ein Wunder angesehen werden. «

Er griff nach dem Communicator.
»Hier spricht Siratron, vom lantranischen Lotsen-Schiff Nr. 3«, sprach er in das Gerät. »Ich rufe die nächste terranische Gruppe. Welchen Schiffs-Verband darf ich unterstützen? Ich bitte um Rückmeldung. «

Ein kurzes Knistern in der Leitung zeigte die Aufnahme einer Verbindung an.

»Hier spricht Commander Brenzby von der Termar 1«, tönte es aus den Lautsprechern. »Danke für ihre Hilfe. Wir schließen uns ihnen an. Unser Ziel ist die Kleine Magellansche Wolke. Ich sende ihnen die Ziel-

Koordinaten des Planeten Ranklarr. Informieren sie uns, wenn sie bereit sind. «

Der Commander gab Sergeant Farmer ein Zeichen. Dieser nickte ihm zu.

»Die Daten wurden gesendet, Commander«, bestätigte der Funkoffizier.

Die Crew der Termar 1 war seit langem ein eingespieltes Team. Unter Major Travis hatte es bereits viele Missionen erfolgreich gelöst.

»Die Koordinaten sind eingetroffen«, meldete Siratron. »Machen sie sich bereit, ich öffne in wenigen Sekunden das Wurmloch-Fenster. Folgen sie bitte in einem geringen Abstand. «

»Danke, Siratron, wir starten unsere Maschinen«, erwiderte der Commander.

»Die Meldungen an unsere Begleit-Schiffe wurden übermittelt«, antwortete Sergeant Farmer. » Alle Schiffe sind bereit. «

»Geringer Schub, auf die Position des lantranischen Schiffes«, befahl der Commander.

Vor ihnen öffnete sich wieder ein helles Wurmloch-Fenster. Das lantranische Schiff beschleunigte, die Flotte unter dem Befehl von Commander Brenzby folgte direkt dahinter. Die Schiffe flogen in den künstlichen Horizont hinein und verschwanden.

Commander Stuart und Sirin beobachteten den Abflug der Schiffe.

»Wir sind die letzte Gruppe«, bemerkte Sirin. »Das lantranische Schiff wird sich gleich melden. Machen wir uns bereit. «

Commander Stuart blickte seinen Funk-Offizier an. »Informieren sie unsere Begleit-Schiffe. Sie sollen die Antriebe hochfahren. «

»Eingehender Funkspruch«, meldete Sergeant Jamar Reid. »Das lantranische Schiff ist in der Leitung. «

Commander Stuart griff nach dem Hörer.

»Commander Stuart, von der Termar 2 spricht«, meldete er sich.

»Hier ist Uran, vom letzten Lotsen-Schiff«, klang es aus den Lautsprechern. Ich begrüße alle Terraner. Übersenden sie mir bitte ihre Zielkoordinaten. Mein Auftrag lautet, sie zu ihrem Zielort zurückzubringen.«

»Danke Uran, wir wissen ihre Freundlichkeit zu schätzen«, antwortete der Commander. » Die Daten kommen gleich durch. «

Er blickte zu der Funker-Konsole von Sergeant Reid.
»Senden sie die Koordinaten«, befahl er.

»Sie werden in diesem Moment übermittelt, Commander«, antwortete der Offizier.

Es dauerte nicht lange, bis Uran sich wieder meldete.
»Ich habe den Kurs programmiert«, bestätigte er.
»Machen sie sich bereit, ich öffne ein Wurmloch-Fenster.«

»Danke Uran«, sandte der Commander als Bestätigung.

Erneut klappte ein Wurmloch-Fenster vor ihnen auf. Die Schiffe beschleunigten und verschwanden in dem Zugang. Der Raum um Titan verdunkelte sich wieder. Alle Schiffs-Verbände waren auf dem Weg. Die Leitstelle auf Titan informierte die imperiale Leitung auf Natrid, über den gelungenen Abflug aller Schiffs-Verbände.

Die Termar 1 brach aus dem künstlichen Horizont als zweites Schiff heraus. Vor ihnen lagen neue, nicht bekannte Sternenbilder.

»Die Ortungsdaten abstimmen«, befahl Commander Brenzby.

Die Flotte verharrte in respektvollen Abstand zu dem Planeten Ranklarr.

»Den Bildschirm einschalten«, befahl der Commander.

Über ihnen flammte der große Panorama-Schirm auf.

»Ich registriere einen regen Schiffs-Verkehr«, bemerkte Sergeant Dantow. »Eine Menge Raumschiffe befinden sich im Lande-Anflug, andere starten von dem Planeten. «

»Das Bild vergrößern«, befahl Commander Brenzby.
Jetzt sah die Crew auf der Brücke, die unzähligen Schiffe, die im Orbit des Planeten warteten.

»Es scheint sich einiges getan zu haben«, registrierte Heinze. »Diese Welt ist nicht mehr der Rebellen-Stützpunkt. Es scheint ein wichtiger Dreh- und Angelpunkt geworden zu sein. «

»Eingehender Funkspruch von dem lantranischen Schiff«, meldete Leutnant Farmer.

»Legen sie ihn auf meine Leitung«, antwortete Commander Brenzby.

»Hallo Siratron, sie wollen jetzt auf dieser Position unsere Rückkehr abwarten? «, fragte der Commander.

»Eigentlich wollte ich ihnen vorschlagen, auf mein Schiff überzusetzen«, tönte es aus dem Lautsprecher. »Dann könnte ich sie begleiten. Mein Evolutions-Schiff ist technisch sehr viel ausgereifter, als das Schiff ihrer Termar-Klasse. Ich denke, das ist noch einmal ein zusätzlicher Sicherheits-Aspekt. «

»Verstoßen sie nicht gegen ihre Befehle? «, fragte Commander Brenzby. » Verstehen sie meine Frage nicht falsch. Sicherlich würden wir uns freuen, wenn sie uns mit ihrem Schiff begleiten würden. «

»Ich kann sie beruhigen«, antwortete Siratron. »Den Handlungs-Spielraum habe ich. Es geht nur um ihre Sicherheit. Eine Einmischung in ihre Verhandlungen habe ich nicht vor. «

Commander Brenzby schaute Heinze an.
»Kannst du seine Gedanken lesen? «, fragte er.

Heinze nickte.
»Ich muss vorsichtig espern«, bemerkte er. »Die Lantraner können ihre Gedanken blockieren. Siratron kennt meine Fähigkeiten noch nicht. So soll es erst einmal bleiben. Heinze legte seinen Kopf zurück und sondierte die Gedanken. Er schaute kurz auf den kleinen Monitor vor ihm, der das Evolution-Schiff des Lantraners zeigte. Er griff mit seinen Gedanken behutsam nach den Gehirnwellen des Lantraners und überflog sie. Dann zog er sich wieder zurück.

Heinze blickte seinen Freund an.
»Siratron meint es ehrlich«, antwortete Heinze. »Er ist begeistert von der Mission. Eine lange Zeit durfte er nicht mehr fliegen und ist jetzt voller Freude. Vielleicht ist er ein wenig übermotiviert. «

»Kann das negative Folgen für uns haben? «, fragte der Commander.

»Wie ich schon sagte«, antwortete Heinze. »Ich kann keine negativen Gedanken ausmachen. Trotzdem sollten wir ein gewisses Maß an Vorsicht walten lassen. Heran kennen wir mittlerweile, doch seine Kollegen nicht. «

»Behalte ihn im Auge«, entgegnete Commander Brenzby

Der Commander griff nach dem Funkhörer.
»Hallo Siratron, wir kommen mit einem Tarin-Jet zu ihnen herüber. «

»Ich freue mich auf etwas Begleitung«, antwortete der Lantraner. »Lassen sie alle Schiffe hier in der Warteposition stehen. Die brauchen wir nicht. Beeilen sie sich, dann können wir los. «

»Geduldigen sie sich etwas, wir kommen zu ihnen, Termar 1, Ende der Mitteilung«, antwortete Commander Brenzby.

Der Commander schaltete die Verbindung ab und rief Leutnant Bender zu sich.

»Ich übergebe ihnen das Schiff und die Flotte«, sagte er. »Wir wechseln auf das lantranische Schiff und fliegen mit Siratron den Planeten an. Falls wir Hilfe brauchen, melden wir uns. «

Er drehte sich zu seinem Stuhl um und nahm den Daten-Kristall von Major Travis an sich.

»Aye Commander, wir halten uns zurück, bis wir neue Befehle erhalten«, bestätigte Leutnant Bender.

Heinze und der Commander verließen die Brücke und liefen zum Lift. Commander Brenzby gab die Nummer des Hangars ein. Geräuschlos nahm dieser Fahrt auf. Das Service-Personal hatte bereits einen Tarin-Jet aktiviert, als Heinze und Commander Brenzby den Hangar betraten. Der Sicherheits-Offizier Harmson kam auf sie zugelaufen.

»Ziehen sie vorsichtshalber ihre Taja's an«, empfahl er. »Sie befinden sich in einem fremden Sternen-System. Seien sie nicht leichtsinnig. «

Commander Brenzby wollte etwas hierauf antworten, doch dann vermied er es.

Der Sicherheits-Offizier wies auf die Schränke.

»Sie wissen ja, wo ihr Kampf-Anzug deponiert wurde«, lächelte er. »Ohne diesen, lasse ich sie nicht fliegen. «
Sein Gesicht wurde ernst.

Heinze und Commander Brenzby liefen auf die Schränke zu und legten ihren Kampf-Anzug an. Der Waffengürtel klickte fast allein ins Schloss. Dann gingen sie zurück, zu dem wartenden Sicherheits-Offizier.

»Sind sie zufrieden?«, lächelte Commander Brenzby.

Der Sergeant überprüfte noch kurz die lebenserhaltenden Systeme und lächelte verhalten.

»Jetzt seht ihrem Ausflug nichts mehr im Wege«, schmunzelte er.

Das Tarin Jet der Termar 1 wurde von einem Greifarm in die Abflug-Schleuse geschoben. Der Schott zum Haupt-Hangar senkte sich. Kurze Zeit später öffnete sich das Außen-Schott und der Tarin-Jet flog in den Weltraum hinaus.

»Hier spricht Commander Brenzby, ich rufe Siratron«, sprach der Commander in das Gerät. »Wir sind gestartet, öffnen sie bitte ihren Hangar. «

»Fliegen sie den hinteren Bereich meines Schiffes an«, antwortete Siratron. »Oberhalb der Triebwerke ist der Hangar. Fliegen sie einfach hinein. Ein Kraftfeld erfasst ihr Schiff und setzt es auf einen geeigneten Landeplatz ab. «

Commander Brenzby umrundete das 200-Meter-Schiff des Lantraners. Er und Heinze sahen, wie sich das Landeschott öffnete. Er steuerte die Öffnung an. Dann hörten die beiden Freunde, aus ihren Schiffs-Lautsprechern, eine Stimme in natradischer Sprache zu ihnen sprechen.

»Ihr Schiff wurde erfasst. Ich übernehme die weitere Landung. Schalten sie ihre Triebwerke aus. «

Commander Brenzby tat wie befohlen. Sanft wurde das Schiff durch das Hangar-Tor geleitet und ohne einen Ruck aufgesetzt. Dass Schott schloss sich wieder. Gedämpftes Licht flammte auf.

Heinze schaute auf die Anzeigen der Cockpit-Anzeigen. Grüne Balken-Diagramme zeigten eine saubere, atembare Atmosphäre in dem lantranischen Schiff an.

»Lassen wir den Lantraner nicht warten«, bemerkte Commander Brenzby.

Das Schott des Tarin-Jets fuhr zur Seite und die Ausstiegs-Treppe senkte sich zu Boden. Siratron wartete bereits vor dem Fluggerät. Er hatte eine ähnliche Figur wie Heran. Sein schwarzes Haar unterschied sich deutlich zu seinem Kollegen. Commander Brenzby schätzte seine Körpergröße auf 190 Zentimeter. Er lächelte freundlich, als Heinze und Jörge auf ihn zuschritten.

»Sind sie beide Terraner? «, fragte er. » Das ist eine sehr beeindruckende Entwicklung unterschiedlicher Rassen auf ihrem Planeten. «

Er schlug sich mit der Hand auf die Brust und hob dann seinen Arm nach vorne, die Hand war zur Faust geballt. Commander Brenzby und Heinze taten es ihm gleich.

»Der alte natradische Gruß wird bei uns nicht mehr oft benutzt«, bemerkte der Commander. »Wir geben uns die Hand. Er hielt sie Siratron entgegen. »Nehmen sie meine Hand und drücken sie diese etwas. «

Siratron war irritiert. Trotzdem hielt er dem Commander seine Hand hin. Jörge ergriff sie und drückte etwas zu.

»Sehen sie, jetzt kennen sie bereits die terranische Begrüßung«, sagte er. »Vielen militärischen Begrüßungen sind wir im Laufe unserer Entwicklung entwachsen. «

»Ich bitte um Entschuldigung«, sagte Siratron in einer angenehmen Stimmlage. » Ich bin viele Jahrtausende nicht mehr mit fremden Rassen in Berührung gekommen. «
»So geht es uns auch«, erwiderte Commander Brenzby.

Er zeigte auf Heinze.
»Das ist mein Kollege«, sagte er. »Sein Volk nennt sich Ro. Er ist ein Mitglied einer befreundeten Rasse aus der Milchstraße. «

Siratron blickte Heinze freudig an. Er reichte ihm auch die Hand. Heinze ergriff sie.

»Er freut mich sie kennenzulernen«, begrüßte er den Lantraner.

Siratron ließ sich nichts anmerken, doch er schien erstaunt zu sein, dass der pelzige Kollege des Commanders reden konnte.

»Beeindruckend«, sagte er. »Es zeigt sich, dass wir Lantraner viel zu lange in der Abgeschiedenheit gelebt haben und die Evolution der Milchstraße nicht mehr verfolgt haben. Es ist vieles nachzuholen. Folgen sie mir in die Kommando-Zentrale. Ich denke wir sollten unsere Aufgabe erledigen. «

Sie gingen auf den Ausgang des Hangars zu. Siratron drückte einen Finger auf die Steuerungstastatur. Der Schott wurde transparent und baute ein Energiefeld auf.

Er trat hinein. Brenzby und Heinze sahen sich an, folgten dann aber direkt im Anschluss. Sie materialisierten auf der Brücke.

»War das ein Transmitter-Feld? «, fragte Heinze.

»Wir sagen Transport-Feld hierzu«, antwortete Siratron. »Es gibt mehrere Arten von Möglichkeiten, die Wege auf einem Raumschiff zu durchqueren. Heran schätzt immer noch die alten Anti-Grav-Lifte. Obwohl diese Technik mittlerweile veraltet ist. «

Er drehte sich um.
»KI, aktiviere die Außensensoren«, befahl er.

Vor Commander Brenzby und Heinze flammten große Monitore auf. Seitlich baute sich ein Hologramm auf. Es zeigte den kompletten Raumquadranten, die natradische Flotte und den Planeten Ranklarr.

»Wir haben Gäste, KI«, sagte Siratron. »Bitte erzeuge zusätzliche Sitzgelegenheiten. «

»Befehl erhalten«, antwortete die Hypertronic-KI trocken. Wie aus dem Nichts formten sich drei Kommando-Sessel vor der Steuer-Konsole.

»Nehmen sie Platz«, sagte Siratron.

Heinze und Brenzby ließen sich in den Sessel fallen.

»Umschalten auf natradische ID's und Kommunikation«, befahl Siratron. »Langsamer Schub, auf den vor uns liegenden Planeten. «

Siratron reichte Commander Brenzby ein kleines Sprechmodul.

»Ich denke, sie sollten uns anmelden«, sagte er. »Er zeigte auf den Planeten.

»Dort startet bereits eine Abfang-Flotte. «

Der Commander nickte kurz.
»Hyperkomm-Funkverbindung öffnen«, befahl Siratron.

Er reichte dem Commander eine Sprechmuschel.

»Hier spricht Commander Brenzby, vom natradischen Parlamentarier-Schiff Lantran 3. Wir bitten um Landeerlaubnis auf ihrem Planeten. Unser weiter Weg führt uns aus der Milchstraße zu ihnen. Wir möchten mit Kommissar Kahlewa und Admiral Samram Nor'daram sprechen. Unsere Schiffs-IDs werden übermittelt. «

Die Antwort erreichte das lantranische Schiff prompt.

»Hier ist die Raumüberwachung des Regierungs-Sektors von Ranklarr«, antwortete eine freundliche weibliche Stimme. »Stoppen sie ihr Schiff. Sie befinden sich in einer Sicherheits-Zone. Wir leiten ihr Anliegen weiter. Geduldigen sie sich etwas. Unser Abfang-Geschwader wird sie eskortieren. Deaktivieren sie ihre Waffentürme. «

»Danke«, antwortete Commander Brenzby. » Unsere Waffen sind deaktiviert. Wir kommen als Freunde. «

»Warten sie unsere weiteren Anweisungen ab«, erwiderte die freundliche Stimme. » Ihr Schiff wird nach der Ankunft unseres Geschwaders gescannt. Das ist eine reine Sicherheits-Maßnahme. «

Commander Brenzby schaute Siratron an.

»Ist das ein Problem? «, fragte er.

Dieser schüttelte seinen Kopf.

»Vielleicht wird es ein Problem«, lachte er. »Sie werden nichts erkennen können. Die Außenhaut meines Schiffes lässt keinen Scanner durchdringen. Warten wir es ab. «

Darhlevor war Leiter des 1. Abfang-Hortes des Regierungs-Planeten Ranklarr. Sie waren ein gemischtes Team von 3 Parhlevi und 3 Damyrern in der zentralen Raumüberwachung. Ihre Aufgabe war es, die Sicherheit des Regierungs-Sektors zu gewährleisten. Sein Blick ruhte auf der holografischen Darstellung des zu überwachenden Systems. Er seufzte schwer. Die langweilige Überwachung nagte an seinen Nerven.

»Die Rebellen-Flotte hat ganze Arbeit geleistet«, dachte er. »Nichts ist mehr von den Worgass zu sehen. Sie waren vor vielen Monden vernichtet worden. Vermutlich weiß ihre zentrale Führung noch nichts von dem Vorfall. Die Zeit läuft für uns. Zwischenzeitlich konnte unser Flotten-Bestand rigoros ausgebaut werden. Alle Völker der kleinen Magellanschen Wolke wurden durch die Gefahr geeint und halten zusammen. Das allein war bereits ein großer Erfolg. So leicht werden wir uns das Heft nicht mehr aus der Hand nehmen lassen. «

Er schreckte aus seinen Gedanken hoch, als Außensensoren die Annäherung einer unbekannten Flotte meldeten. Er drückte den Alarmknopf. Ein schriller Ton heulte auf.

Der Damyrer Wassram kam zu ihm gelaufen.

»Was soll der Alarm? «, fragte er. » Mir ist keine Sicherheits-Übung bekannt. «

»Es handelt sich um keine Übung«, antwortete Darhlevor. »Wir haben unerwarteten Besuch bekommen. «

Er zeigte auf die Stelle des Hologramms.
»Was sagen die Orter? «, erkundigte sich Wassram.

Darhlevor sprang auf und lief zu einem Gerät, das gerade eine Folie ausdruckte. Er riss sie ab und kam zurück.

»Wir haben 11 Schiffe einer 2.000-Meter-Klasse ausgemacht und ein Schiff einer 250-Meter-Klasse. Es sind keine von uns benutzten Bauformen dabei. Die Schiffe stammen nicht aus unserer Sternen-Insel. «

»Haben sie Waffen an Bord? «, erkundigte sich Wassram.

»Über das 250-Meter-Schiff können wir nichts sagen«, antwortete Darhlevor. »Der Scanner dringt nicht durch. Die anderen 11 Giganten sind fliegende Kampf-Basen. Mit ihnen ist nicht zu spaßen. Wir messen unvorstellbare Energiewerte. «

Wassram hatte genug gehört. Er schlug mit der Faust auf die Alarmierung-Taste des in Bereitschaft liegenden Abfang-Geschwaders.

»Einsatz für das Abfang-Geschwader 1«, sprach er in ein Mikrofon. »Das ist keine Übung. Einsatz für das komplette Abfang-Geschwader. «

Alles nahm ab jetzt seinen Lauf. Nur wenige Minuten waren vergangen, als ein Funkspruch einging.

»Hier spricht Captain Gor'daram vom Abfang-Geschwader 1«, tönte es aus den Lautsprechern. » Wir sind in der Luft. Übermitteln sie uns die Koordinaten. «
»Hier ist die Raumüberwachung«, antwortete Wassram. » Die Koordinaten werden bereits gesendet. Wir haben unbekannten Besuch erhalten, Captain. Stellen sie die Eindringlinge und verhindern sie ein weiteres Vordringen.«

»Ich habe den Befehl erhalten«, antwortete Captain Gor'daram. » Wir erledigen das. «

»Eingehender Hyperkomm-Funkspruch von den fremden Schiffen«, meldete Citin Sarhlevus.

Sie war das einzige weibliche Mitglied der Raumüberwachung und zuständig für den Hyperkomm-Funkverkehr.

»Die Schiffe benutzen die alte natradische Sprache. Der Commander der Schiffe bittet um Landeerlaubnis und möchte Kommissar Kahlewa und Admiral Samram Nor'daram sprechen. Sie lassen Grüße von Major Travis und dem Neuen-Imperium der Milchstraße ausrichten. «

Darhlevor blickte Wassram an.
»Sofort Captain Gor'daram informieren«, sagte er. »Er darf die fremden Schiffe nicht angreifen. Sobald eine

Antwort von Kommissar Kahlewa eingegangen ist, erfolgen neue Instruktionen. «

Er blickte wieder seine Kollegin des Funk-Dienstes an.
»Citin, informiere die fremden Schiffe über die weitere Vorgehensweise«, befahl er. »Bitte sie zu warten, bis wir Antwort erhalten haben. Weise auf die Sicherheits-Zone des Regierungs-Planeten hin. «

Citin Sarhlevus sprach die Anweisung in ihr Sprechmodul.
»Der Captain der Abfang-Flotte wurde informiert. «

Im Anschluss erhielt sie eine weitere Nachricht.
»Kommissar Kahlewa hat sich gemeldet«, sprach sie Darhlevor an. »Er ist auf dem Weg zu uns. «

Siratron hatte sich von Commander Brenzby über die Entwicklung im Sol-System informieren lassen. Mit großem Interesse verfolgte er die Informationen des Freundes von Major Travis.

»Sie haben in der kurzen Zeit bereits viel geschafft«, sagte Siratron. »So eine aktive Rasse wie ihr Terraner, habe ich seit vielen Jahrtausenden nicht mehr erlebt. «

»Wie lange lebt ihre Rasse schon? «, fragte der Commander.

»Da erwischen sie mich aber auf dem falschen Fuß«, entgegnete Siratron. »Die Frage hätten sie Heran stellen müssen. Er ist der Geschichts-Experte. Ich kann ihnen nur sagen, dass wir seit dem Beginn des bekannten Universums existieren und es mitgestaltet haben. Unsere Wissenschaftler haben viele der öden Gesteinsbrocken, in den habitablen Zonen der unterschiedlichen Sonnen-Systeme, befruchtet und geformt. Diese dienten später vielen Rassen als ausgegorene Heimat-Planeten. «

»Sagt ihnen der Name der Ablonder etwas? «, fragte Commander Brenzby.

»Ja«, antwortete Siratron. »Eine sehr alte Rasse des Universums. Jedoch leider instabil und unzuverlässig. Sie brachten Unordnung, in die von uns hinterlassene Ordnung. «

Siratron wollte weitererzählen, doch die Hypertronic-KI unterbrach ihn.

»Eingehender Hyperkomm-Funkspruch«, bemerkte die männliche Stimme.

»Auf die Lautsprecher legen«, befahl Siratron.
»Hier spricht Kommissar Kahlewa, ich rufe die natradische Flotte «, hallte es aus der Sprechanlage.

»Commander Brenzby antwortete.
»Ich möchte ihnen Grüße von Major Travis ausrichten«, sprach er in den Communicator. »Wir sind ein Parlamentarier-Schiff. Dürfen wir auf ihrem Regierungs-Planeten landen? Wir haben wichtige Informationen, bezüglich der Worgass und benötigen ihre Hilfe. «

Eine kurze Pause verstrich, ehe der Kommissar sich wieder meldete.

»Ich sehe Wolken unseren Himmel verdunkeln«, antwortete er. »Allein das Wort Worgass, bereitet uns immer noch Schwierigkeiten. Es steht für viele Tote und Verletzte. Wie könnten wir einem Abgesandten unseres Retters aus der Milchstraße die Landung verbieten. Sie sind herzlich willkommen. Landen sie neben dem Regierungs-Palast. Sie werden von einem Gleiter abgeholt. Ich freue mich auf ein Gespräch mit ihnen. «

»Ist Admiral Nor'daram auch zugegen? «, erkundigte sich der Commander. »

»Er ist auf dem Weg zu uns«, antwortete der Kommissar. »Unsere Schiffe weisen sie zur Landung ein. «

»Danke Kommissar«, antwortete Commander Brenzby. » Wir folgen ihren Schiffen. «

Das Gespräch wurde beendet.
»Der größte Teil der Abfang-Flotte dreht ab und fliegt den Heimat-Planeten an«, bemerkte die KI. » Je drei Schiffe haben sich an unseren Außenseiten positioniert. «

»Nur beobachten«, antwortete Siratron. » Langsamer Schub auf den Planeten zu. Landemanöver vorbereiten. «
»Wird programmiert«, entgegnete die KI.

Sechs Personen der Palastwache brachten die Besucher aus der Milchstraße in einen großen Raum. Sie wurden durch eine große Eingangs-Pforte geleitet. Die Wachen verbeugten sich und verteilten sich an der Wand. An einem großen Tisch saßen die Vertreter der Regierung und des Militärs. Vor dem Tisch standen zwei Personen und unterhielten sich lautstark. Sie verstummten, als die Gäste eintrafen. Ihr eindringlicher Blick musterte die Gäste. Langsam kamen sie auf die Besucher zu.

»Ich bin Kommissar Kahlewa«, sagte der kleinere der beiden.

Er zeigte auf seinen äußerst kräftigen Kollegen.
»Das ist Admiral Samram Nor'daram«, erklärte er. »Wir sind erstaunt, Gäste aus der Milchstraße begrüßen zu dürfen? «

»Danke für die Landerlaubnis«, antwortete Commander Brenzby. Er zeigte auf seine Begleitung.

»Das ist unserer technischer Berater Siratron«, stellte er den Lantraner vor. »Mein zweiter Begleiter ist Mitglied einer befreundeten Rasse. Sein Name lautet Heinze. Wir möchten in einer dringenden Angelegenheit mit ihnen sprechen. «

Commander Brenzby bemerkte, wie Falten sich machten in Heinzes Gesicht entstanden.

»Stimmt etwas nicht? «, fragte er.

Der Ro nickte.
»Nicht alle der Anwesenden hegen freundliche Gedanken gegen uns. «

Der Ro trat vor Kommissar Kahlewa.
»Einer ihrer Regierungs-Mitglieder hat soeben eine Waffe aktiviert«, flüsterte er. »Rechnen sie mit einem Attentat.«

»Schutzschirme aktivieren«, empfahl Heinze.
Siratron und Commander Brenzby schauten den Ro irritiert an, nahmen aber seinen Hinweis ernst. Ein Knopfdruck auf die grüne Taste des Multifunktions-Waffengürtels reichte aus. Die Taja's aktivierten sich blitzschnell.

»Kommissar Kahlewa hatte seine Waffe gezogen und musterte die Regierungs-Vertreter. Keine Sekunde zu früh. Einer von ihnen sprang schlagartig auf und feuerte auf die Besucher. Die Schüsse prallten von den Schutz-Schirmen der Taja's wirkungslos ab. Die Schüsse aus den Laser-Pistolen von Kommissar Kahlewa und Admiral Samram Nor'daram streckten den Angreifer nieder. Er wurde durchgeschüttelt, seine Haut quoll auf, die Form seiner Gestalt transferierte. Erschreckt sprangen die in seiner Nähe sitzenden Regierungs-Vertreter auf. Angeekelt blickten sie auf den Boden und sahen ein graues, verbranntes Quallen-Lebewesen. Es lag regungslos von mehreren Laser-Strahlen getroffen brodelnd am Boden.

»Ich bitte um Entschuldigung«, entgegnete Kommissar Kahlewa. »Mit diesem Zwischenfall konnten wir nicht rechnen. Es waren nur ausgesuchte Politiker zu dem Empfang eingeladen. Alle haben unsere Sicherheits-Kontrollen durchlaufen. Es ist uns unverständlich, wie das passieren konnte. Wir haben unsere Sicherheits-Protokolle noch verstärkt, aber scheinbar immer noch nicht genügend. «

»Das war kein Politiker mehr«, antwortete Siratron. »Er ging zu der Stelle, an der das Wesen lag. Er zog einen Teleskop-Stab aus seinem Gürtel und hob das Wesen auf.

»Was sie hier sehen, ist die Urform eines Worgass«, erklärte er den Gastgebern. »Sie scheinen wieder im Fadenkreuz des Worgass-Interesses zu liegen. Die Worgass sind Wechselformer. Das bedeutet, sie können nach einem Kontakt mit einer fremden Rasse, deren Körperform annehmen. Vermutlich ist der betreffende Politiker vorher eliminiert worden. Sie haben ein Problem. Die Worgass haben angefangen, ihre Politiker zu unterwandern. Sie sollten schleunigst eine Personen-Überprüfung durchführen. «

»Wie können wir erkennen, wer ein Worgass ist und wer nicht? «, fragte Admiral Nor'daram mit tiefer Stimme.

Siratron zog einen Scanner von seinem Gürtel ab. Diesen reichte er an den Admiral weiter.

»Das ist ein Worgass-Identifikator«, erklärte er. »Schalten sie ihn ein. Wenn er die Worgass DNA erkennt, gibt er einen Ton aus. «

Der Admiral nahm das Gerät dankend an sich.
»Wir auf der Tarid bereits genügend Geräte produziert, falls sie noch mehr benötigen sollten «, erklärte Commander Brenzby.

»Wie sollen wir ihnen danken? «, antwortete Kommissar Kahlewa. »Jedes Mal, wenn sie uns besuchen, geraten wir in ihre Schuld. «

Der Zwischenfall war noch in den entsetzten Gesichtern der Anwesenden zu registrieren. Einzig Kommissar Kahlewa und Admiral Samram Nor'daram behielten ihre Fassung.

»Was ist der Grund ihres Besuches? «, fragte Kommissar Kahlewa.

Commander Brenzby trat näher an ihn heran.
»Leider sind wir bereits bei dem Thema angekommen, worüber wir mit ihnen sprechen möchten«, erklärte er. »Die Worgass bedrohen jetzt auch die Milchstraße. Sie wollen ihre Widersacher beseitigen. Natürlich wissen die Worgass, dass wir als Nachfolger der Natrader, auf ein unermessliches Arsenal von wissenschaftlichen und technischen Hinterlassenschaften zugreifen können. Hinzu kommt, dass wir ihnen bereits empfindliche Niederlagen zugefügt haben. Hierin ist auch die

Unterstützung für ihr Sonnen-System enthalten. Die Worgass erkennen, dass jemand ihre kontinuierliche Gier nach neuen Sternen-Systemen stoppt. Dank unserer vielen Aktivitäten, ist die Milchstraße ganz oben auf der Liste der Worgass. Sie bereiten eine Invasion vor. Falls sie Erfolg haben sollten, werden sie als nächsten Schritt wieder ihren Fuß in die kleine Magellansche Wolke stellen. «

»Woher haben sie die Informationen? «, fragte Kommissar Kahlewa.

»Wir haben Aufklärungsflüge in die Andromeda-Galaxie geflogen«, erklärte Commander Brenzby. » Dabei konnten wir, dank einer befreundeten Rasse, ihren Produktions- und Werft-Planeten entdecken. Aber sehen sie selbst. Ich habe Informationen als Bildmaterial dabei. « »Können sie irgendwo den Daten-Kristall abspielen? «, fragte der Commander den Kommissar.

»Ja, wenn er nach den alten natradischen Richtlinien konfiguriert wurde«, antwortete er. »Diese Technik wird noch heute von uns verwendet. Wir haben bisher keine bessere entwickeln können. «

Der Kommissar winkte einen Saal-Diener zu sich.

»Aktivieren sie den Wand-Bildschirm. Die Daten befinden sich auf dem Kristall. «

Er übergab dem Diener den Datenspeicher.

»Es dauert einen Augenblick«, entgegnete der Kommissar. »Wir müssen die Technik hierzu aktivieren. « Der Diener kam bereits nach kurzer Zeit zurückgelaufen und übergab dem Kommissar ein Steuergerät. Kahlewa nahm das Gerät an sich. Eine Sprachmuschel steckte seitlich an dem Gerät.

»Den Raum abdunkeln«, befahl der Kommissar.

Das Licht erlosch, nur eine schwache Notbeleuchtung blieb aktiviert. Er gab die Sprachmuschel an Commander Brenzby weiter.

»Bitte kommentieren sie die Bilder«, sagte er. »Es ist dann einfacher für uns den Sachverhalt zu verstehen. «»Das mache ich gerne«, antwortete der Commander.

Kommissar Kahlewa drückte auf einen Knopf auf dem Steuerungsgerät. Der große Monitor in der Wand flammte auf und zeigte die Galaxis Andromeda.

»Das Bild zeigt unsere Nachbar-Galaxie Andromeda«, sagte Commander Brenzby. »Faszinierend und schön anzusehen, birgt sie viele Gefahren. «

Das Bild zoomte einen Planeten heran.
»Sie sehen den Planeten Lizzit«, fuhr der Commander fort. »Er ist Werft und Produktions-Planet der Worgass. Hier werden auch die gezüchteten Kampf-Truppen der Worgass gebrütet. Sie nennen sich Green-Lizards. Es sind

Echsenwesen, denen der Hass gegen alle humanoiden Völker einprogrammiert wurde. «

Die anwesenden Politiker und Militärs schauten gespannt zu. Das Bild zoomte auf die Umlaufbahn des Planeten. Ein Aufschrei war zu hören. In unzähligen Umlaufbahnen umkreisten Raumschiffe den Planeten.

»Das ist die derzeitige Flotte der Worgass«, erläuterte Brenzby. »Unsere derzeitige Zählung beläuft sich auf 641.000 Schiffe. Jeden Tag werden es mehr. Dank den Informationen eines Überläufers wissen wir, dass die Worgass eine Streit-Flotte von 1.200.000 Kampf-Schiffen anstreben. «

Das Bild verließ den Blick auf die im Orbit kreisenden Schiffe und wechselte auf einen überdimensionierten Rahmen, der neben einer Raumstation gebaut wurde. Die Rahmen-Konstruktion war bereits zu drei Viertel fertiggestellt.

»Hier sehen wir das im Bau befindliche Wurmloch-Fenster«, erklärte Commander Brenzby. »Die Worgass verwenden hierfür einen stabilen Energie-Leiter-Rahmen, nicht wie bei anderen Rassen üblich, die flexibel einstellbaren Energiemodule. Der Nachteil an diesem System ist, dass nur Schiffe mit einer Mindesthöhe und Breite passieren können. Trotzdem öffnet es ihnen den Weg in die Milchstraße, oder auch in andere Galaxien, wie in die Kleine Magellanschen Wolke. Sie erkennen unsere Bedenken, dass in wenigen Wochen die Worgass wieder alle Möglichkeiten haben werden, fremde Galaxien anzusteuern. Wir gehen davon aus, dass sie als Erstes die Milchstraße angreifen werden. Sollten wir Unrecht haben, ist es durchaus möglich, dass sie bei ihnen einfallen werden. «

Das Bild erlosch.

»Sind sie für einen Angriff der Worgass gewappnet? «, fragte Commander Brenzby.

Das Schweigen der Anwesenden sagte genug aus.

»Falls sie wirklich mit der von ihnen genannten Anzahl von Kriegs-Schiffen bei uns einfallen, wird es schwierig werden sie aufzuhalten«, erwiderte Admiral Samram Nor'daram. Sein Blick fiel auf seine anwesenden Militärs.

»Sind sie anderer Meinung? «, fragte er.

»Wenn wir sie aufhalten können, erfolgt das nur über schwere Verluste unsererseits«, antwortete einer der Militärs. »Die letzte Auseinandersetzung mit ihnen hat uns leider viele Schiffe und das Leben der Besatzungen gekostet. «

»Das ist der Grund unseres Besuches«, eröffnete Siratron das Gespräch. »Wir werden die Invasions-Flotte und den im Bau befindlichen Wurmloch-Knoten mit der Steuerungs-Basis zerstören. Das sollte sofort passieren, solange die Worgass noch nicht bereit sind. «

Aufgeregte Diskussionen waren unter den Teilnehmern ausgebrochen.

»Wie wollen sie eine so starke Armada vernichten? «, fragte einer der Anwesenden aufgeregt. »Das ist hoffnungslos. «

Commander Brenzby hob seine Hände.
»Hören sie sich unseren Plan an«, erwiderte er. »Dann entscheiden sie, ob sie sich mit einer Flotte von 1.000 Schiffen an unserer Mission beteiligen wollen. Das ist unser Wunsch an sie. Wir möchten von dem Angebot Gebrauch machen, das Kommissar Kahlewa unserem Major Travis, nach der der Unterstützung des erfolgreichen Angriffes auf die Worgass in ihrer Galaxie gegeben hat. Heute brauchen wir ihre Hilfe. «

Eiskalte Ruhe herrschte im Raum. Commander Brenzby schaute die Anwesenden an.

»Wir bieten ihnen an, die Schutz-Schirme ihrer Schiffe mit einem Super-Schutzschirm auszustatten. Dieser kann nach unseren Erkenntnissen, von den Laser-Waffen der Worgass-Schiffe, nicht durchdrungen werden. Später erhalten sie von uns die Konstruktions-Pläne. Damit kann diese Technik Standard auf ihren Schiffen werden. Wir greifen in 9 Tagen unserer Zeit an. Ihre Schiffe mitgerechnet, werden wir mit einer Flotte von 5.000 Groß-Zerstörern zur Andromeda-Galaxie fliegen. Eine befreundete Rasse öffnet uns das Wurmloch-Fenster zur Nachbar-Galaxie. Die auf dem Bildmaterial ersichtlichen Schiffe befinden sich noch im Automatik-Modus.

Das bedeutet, es befindet sich keine Besatzung auf den Schiffen. Sie kreisen, nur durch die Steuerung ihrer Schiffs-KI, im Orbit des Planeten. Es sind keine Schutz-Schirme aktiviert, ebenso keine Waffentürme. Der Überraschungs-Effekt ist auf unserer Seite. Nach der Vernichtung der Schiffe, werden wir die am Boden befindlichen Worgass-Garnisonen vollständig zerstören. Befreundete Green-Lizards auf dem Planeten planen rechtzeitig an wichtigen, globalen Stellen eine Revolution anzuzetteln, um die Kräfte der Worgass zu binden. Sie sind zu dem Zeitpunkt aus ihren Kasernen ausgerückt und haben keinen Zugriff mehr auf ihre Abwehrstellungen. Nach dem erfolgreichen Abschluss der Mission, evakuieren wir die drangsalierte, nach Freiheit strebende Bevölkerung und übersiedeln sie in die Milchstraße. Erst nach unserem Abflug wird das fast fertige Wurmloch-Fenster der Worgass zerstört. «

»Das hört sich alles sehr einfach an«, bemerkte Kommissar Kahlewa. »Was ist, wenn die Daten nicht mehr aktuell sind. «

»Hieran haben wir auch bereits gedacht«, antwortete Heinze. »Unsere Schiffe werden kurz vor Andromeda, im leeren Raum materialisieren. Wir entsenden ein letztes Spionage-Schiff, um die Situation zu klären. Falls sich die Lage für uns deutlich verschlechtert haben sollte, werden wir abbrechen. Das kann möglicherweise bedeuten, dass die Worgass ihren Wurmloch-Durchgang fertiggestellt haben und zusätzliche Verstärkung aus einer anderen Galaxie erhalten haben. Dass ihre Schiffe bemannt und kampfbereit sind, oder ein von uns nicht vorhersehbares Szenario entstanden ist. Wir werden keine Vernichtungs-Kämpfe führen und mutwillig eigenes Material und das Leben unserer Einsatzkräfte gefährden. «

»Das ist ein Wort«, antwortete Admiral Samram Nor'daram. » Ich befürworte ein Eingreifen. Wir sollten den Worgass die Möglichkeit zum Handeln nehmen. «

Er blickte seine Militärs an. Zustimmendes Nicken bestätigte seine Aussage.

»Jetzt brauchen wir nur noch die Zustimmung unseres Regierungs-Sekretärs Kommissar Kahlewa«, sagte er.

Der Angesprochene überlegte intensiv.
»So sehr ich darüber nachdenke, finde ich keine andere Lösung«, sagte er. »In Anbetracht der massiven Flotten-Präsenz tendiere ich ebenfalls dafür, den Worgass die Möglichkeit zum Handeln zu nehmen. Jeder kann ihr nächstes Opfer sein. Wir in der Kleinen Magellanschen Wolke haben ihnen eine militärische Niederlage zugefügt. Die Eventualität besteht, dass wir ihr erstes Opfer sein werden. Bei einem Einfall ihrer Flotte, können wir unmöglich kurzfristig den weiten Weg in die Milchstraße absolvieren, um das Neue-Imperium um Hilfe zu bitten. Sie würde nicht mehr rechtzeitig eintreffen. Aus diesem Grund unterstütze ich ihre Bitte und werde mich ebenfalls mit einem Flotten-Anteil beteiligen. «

Er blickte Admiral Samram Nor'daram an.

»Ich denke wir sind uns einig«, sagte er. »Wir beteiligen uns jeweils mit 500 Kampf-Schiffen an der Mission. Wie lange brauchen sie, um ihre Schiffe zu sammeln? «

»Geben sie mir 3 Stunden«, antwortete der Admiral. »Die stärksten Einheiten sind im näheren Umkreis unterwegs«, erklärte er. »Ich beordere sie per Lichtsprung zurück. «

»Gut«, bemerkte Kommissar Kahlewa. »Endlich sind wir in der Lage, uns für die von ihnen gewährte Unterstützung zu bedanken. «

Commander Brenzby wollte etwas sagen, doch der Kommissar schnitt ihm das Wort ab.

»Auch in unserem Interesse beteiligen wir uns«, ergänzte er. »Es ist gut, dass sie zu uns gekommen sind. Wir müssen dieser schrecklichen Rasse irgendwann einmal völlig das Handwerk legen. Soll ich ihnen in der Zeit, bis wir unsere Flotte vollständig zusammengezogen haben, eine Unterkunft zuweisen? «

»Das ist nicht nötig«, bemerkte Commander Brenzby. »Wir gehen auf unser Schiff zurück. Lassen sie uns als Treffpunkt, die Koordinaten-Position unserer wartenden Begleit-Schiffe ausmachen. Dort werden wir ein Wurmloch-Fenster in die Milchstraße öffnen. Weitere Daten erhalten sie, wenn sie angekommen sind. «

»So soll es sein«, antwortete der Kommissar. »Ich werde persönlich mit Admiral Samram Nor'daram unsere Flotte befehligen. So ein Spektakel lassen wir uns nicht entgehen. Unsere Garde begleitet sie zu ihrem Schiff. Geduldigen sie sich etwas. Unsere Schiffe müssen noch ausgerüstet werden. «

»Unser Dank gilt unseren Freunden in der Magellanschen Wolke«, beendete Commander Brenzby das Gespräch. »Wir wussten, dass wir uns auf sie verlassen können. «

Die Gäste drehten sich um und verließen den großen Raum im Regierungs-Gebäude auf Ranklarr.

»Die große intergalaktische Hilfe konnte ermöglicht werden«, dachte Commander Brenzby. »Unterstützungs-Flotten aus der kleinen Magellanschen Wolke fliegen mit auf eine Mission gegen die Worgass.

Major Travis wird zufrieden sein. «
Die unter der Lotsen-Führung des Lantraners Belran begleiteten Schiffe, flogen 100.000 Kilometer vor der Dunkel-Wolke der Najekesio aus dem geöffneten Wurmloch-Fenster. Die Schiffe waren zielgerecht in Proxima-Centauri angekommen.

»Warteposition einnehmen, auf Tarnmodus schalten«, befahl Commander Malley. »Informieren sie alle Schiffe auf einem verschlüsselten Kanal. Vor unserer Kontaktaufnahme sondieren wir erst die Lage. Liegen Ortungsdaten vor? «

»Die aktuellen Daten kommen soeben herein«, meldete Sergeant Marie Alms. »Ich lege sie auf ihr CIC. «

Commander Malley verließ seinen Stuhl und ging zu dem CIC, das in der Mitte der Zentrale stand. Er bat seine Offiziere hinzu. Auch Captain Jodie McLaine folgt der Aufforderung des Commanders.

»Die Wolke wird von ihnen besser gesichert als bei unserem letzten Besuch«, registrierte der 1. Offizier Mandert. »Ich erstelle Aufnahmen von ihrer Verteidigung. «

»Ich sehe es«, antwortete Commander Malley. »Sie haben dazugelernt. «

»Aber sie gehören doch auch zu unserem Neuen-Imperium «, fragte Captain McLaine. »Wovor haben sie Angst? «

»Ich habe insgesamt fünf Schiffs-Verbände geortet, auf unterschiedlichen Koordinaten«, teilte Sergeant Alms mit. »Sie sichern den ganzen Raumquadranten ab. Jeder Verband besteht aus 35 Schiffen. Es sind ihre größten Zerstörer. Ich orte Schiffe ihrer 350-Meter-Klasse. Kleine Kreuzer kann ich nicht ausmachen. «

Der Sicherheits-Offizier, Sergeant Cortez, zeigte auf einen kleinen Punkt vor der Dunkelwolke.

»Was ist das für ein Objekt? «, fragte er.
Jetzt fiel es auch den anderen Offizieren auf.

»Bitte vergrößern«, sagte Commander Malley.
Das Bild wurde größer und klarer.

»Das ist eine Kampf-Station«, antwortete Leutnant Mandert. »Sie befindet sich noch im Bau. Deswegen konnten keine Energiewerte aufgezeichnet werden. Aber wenn ich die ganzen Laser-Türme sehe, kann es eigentlich nichts anderes sein. «

»Die Größe ermitteln«, befahl der Commander seiner Schiffs-KI.

»Die Auswertung läuft«, antwortete die KI des Schiffes. »Der Durchmesser der Kugel-Basis beläuft sich auf 3.000 Metern. «

Commander Malley pfiff durch die Zähne.
»Es scheint so, dass wir sie wachgerüttelt haben«, staunte er. »Sie errichten einen waffenstarrenden Kontrollpunkt am Eingang ihrer Dunkelwolke. «

»Eingehender Funkspruch von dem lantranischen Schiff«, meldete Sergeant Milton.

»Legen sie auf die Lautsprecher«, sagte der Commander Malley.

»Hier spricht Belran«, tönte es aus den Lautsprechern. Commander Malley meine Mission endet hier. Ich verbleibe im Tarnmodus und warte auf ihre Rückkehr. Melden sie sich bitte, wenn ihre Mission erledigt ist. «

»Danke für ihre Hilfe Belran«, antwortete der Commander. »Wir kommen allein zurecht. Bis später. «

Ollie Malley brach die Kommunikation ab.

»Damit war zu rechnen, dass der Lantraner keine weitere Hilfestellung gibt«, sagte er zu den Anwesenden. »Aber das ist ja auch nicht sein Auftrag. Können wir etwas über die Waffenausstattung der Najekesio-Schiffe sagen? «

»Der Scan der Anlage ergab jeweils 7 Waffentürme pro Seite«, bemerkte Marie Alms. »Weiter gibt es ein Zentral-Geschütz an der Bug-Seite. Laut unserer Energie-Auswertung handelt es sich um Geschütze mit mittlerer Kraftentfaltung. Sie sollten unseren Schutz-Schirmen nichts anhaben können. «

»Warum sollten sie uns auch angreifen? «, fragte Captain McLaine. » Wir sind doch in friedlicher Absicht hier. «

Alle blickten sie an.
»Bei den Najekesio weiß man nie«, antwortete Leutnant Mandert. »Sie sind unglaubwürdig und hinterhältig. Ob sich hieran etwas geändert hat, werden wir noch feststellen. Wie sollen wir weiter vorgehen, Commander? «

»General Poison hat eine Anfrage an die Najekesio gesendet«, entgegnete der Commander. » Leider erhielt er bis zu unserem Abflug noch keine Antwort von ihnen. Wir werden uns ihnen auf dem normalen Wege nähern und um den Einflug in ihre Wolke bitten. Ich möchte das Verhalten der Najekesio testen. Wir werden nur mit unserer Termar 3 auf die Schiffs-Verbände zufliegen. Falls sie Schwierigkeiten machen sollten, rufen wir die Schiffe der Kaiser-Klasse herbei. Allein der Anblick sollte ihnen Respekt einflössen. «

»Wenn die Najekesio so unsichere Partner sind, warum nehmen wir sie überhaupt auf die Mission gegen die Worgass mit? «, fragte Captain McLaine. Möglicherweise können sie die ganze Aktion verraten. Vielleicht haben die Worgass ihre Regierung bereits infiltriert. «

»Dann haben wir äußerst schlechte Karten«, antwortete Commander Malley. »Aber wir sollten nicht den Teufel an die Wand malen. Auch die Najekesio sind darauf bedacht, ihr Haus sauber zu halten. Es war der Wunsch von Major Travis, die Najekesio an der Mission zu beteiligen. Es sagte mir bei dem Abschluss-Gespräch, das es an der Zeit wäre, dass die Najekesio endlich Verantwortung übernehmen würden. «

Commander Malley ging an seinen Kommando-Sessel zurück und setzte sich.

»Alle wieder auf ihre Posten«, befahl er. »Steuermann gehen sie auf UL1. Wir nähern uns der Dunkelwolke. Informieren sie unsere Begleit-Schiffe im Tarnmodus zu folgen. Sie möchten aber den Abstand einhalten. « Er blickte zu seinem ersten Offizier.

»Leutnant Mandert errechnen sie einen Kurs in die Dunkel-Wolke. Sergeant Milton informieren sie die Najekesio über unser Kommen. Bitten sie um Einflug-Anweisungen. Teilen sie ihnen mit, dass wir ein Parlamentarier-Schiff sind und von der Regierung des Neuen-Imperiums kommen. «

»Hier spricht die Termar 3«, sprach der Funk-Offizier in den Kommunikations-Port. »Wir sind ein Parlamentarier-Schiff des Neuen-Imperiums von Natrid und Tarid. Bitte erteilen sie uns Einflug-Anweisungen. Unsere Mission ist dringend. Wir bitten um ein Gespräch mit Verhandlungs-Führer Remesska und ihrem Flotten-Befehlshaber Someska. «

Sergeant Milton drehte sich zu seinem Commander um. »Der Hyperkomm-Funkspruch wurde gesendet«, bestätigte er. »Ich habe aber noch keine Antwort, oder eine Bestätigung empfangen. «

Alle Crew-Mitglieder der Brücke schauten auf den Bildschirm, an der Decke des Schiffes.

»Sie scheinen unseren Funkspruch erhalten zu haben, sagte Commander Malley. Ein Verband formiert sich und kommt auf uns zu. «

»Ich habe vorsichtshalber unseren Schutz-Schirm aktiviert«, teilte Sergeant Cortez mit. »Die Najekesio kommen wie eine wilde Horde Stiere auf uns zugeflogen.«

»Sie wollen uns abfangen«, bestätigte Commander Malley. »Sie fühlen sich wieder stark. Maschinen drosseln und Warteposition einnehmen. Informieren sie unsere Begleit-Schiffe. «

»Der Befehl wurde von unserer KI mit dem Verband synchronisiert«, teilte Sergeant Milton mit.

»Jetzt heißt es abwarten, bis die Herrschaften sich melden«, bemerkte Ollie Malley.

Alle blickten gespannt auf den näherkommenden Schiffs-Verband der Najekesio. Die 35 Schiffe des Verbandes bildeten eine Keilformation. Geduldig warteten die Besucher aus dem Sol-System auf die erste Kontakt-Aufnahme.

»Hier spricht das Abfang-Geschwader 29, unter Commander Hanranka, von der najekesischen Heimat-Verteidigung«, tönte es aus den Lautsprechern. »Sie befinden sich in einer Sperr-Zone. Verlassen sie sofort unser Gebiet, ansonsten wenden wir Gewalt an. «

»Commander Malley von der Termar 3 antwortet«, sprach Ollie Malley in das Kommunikations-Modul. »Sie haben vermutlich nicht richtig verstanden. Wir sind in friedlicher Absicht hier und bitten um ein Gespräch mit ihrer Regierung. Geben sie uns unverzüglich ihre Durchflugs-Anweisungen. Unsere Informationen sind für ihre Regierung sehr wichtig. «

»Verlassen sie unser Gebiet«, antwortete der Commander des Abfang-Geschwaders. »Ich wiederhole meine Aufforderung nicht noch einmal Wir haben den Befehl erhalten, die Annäherung von jeglichen fremden Schiffen zurückzuweisen. Das gilt auch für sie. «

»Achtung«, sagte Sergeant Marie Alms. »Das vorderste Schiff aktiviert seinen Bug-Laser. «

Sie hatte den Satz kaum ausgesprochen, als ein erster Laserstrahl vor der Frontseite der Termar 3 als Warnung vorbeihuschte.

»Wir akzeptieren ihre Aussage nicht«, antwortete Commander Malley. »Informieren sie unverzüglich ihren Verhandlungs-Führer Remesska und ihren Flotten-Befehlshaber Someska. Ansonsten fliegen wir ohne Genehmigung in ihre Wolke ein. Es ist leicht für uns, eine Eingreif-Flotte von 5.000 Kampf-Einheiten hierin zu beordern und bei ihnen für Ordnung zu sorgen. Ihr stures und dummes Verhalten bringt ihr ganzes Volk in Verruf. «

»Wie kommen sie dazu, so mit mir zu reden und mir zu drohen«, antwortete Commander Hanranka. »Ich lasse sie aus dem Universum blasen. «

»Überlegen sie sich ihren Schritt gut«, entgegnete Commander Malley. »Ich gehe davon aus, dass dieser Schritt mit ihrer Regierung abgesprochen ist. Das würde dann nämlich Krieg zwischen unseren beiden Hoheitsgebieten bedeuten. «

Commander Malley winkte Funker Mike Milton zu.
»Die Schiffe der Kaiser-Klasse sollen sich enttarnen und in Stellung gehen. Alle Waffen-Türme sind auszufahren und zu aktivieren. «

»Der Befehl wurde gesendet«, meldete Sergeant Milton.

»Ich fordere sie zum letzten Mal auf, unser Gebiet zu verlassen, ansonsten lasse ich sie ......«, tönte es aus den Lautsprechern. Dann verstummten die Worte.

Dem Commander schienen die Worte im Halse stecken geblieben zu sein. Die Schiffe der Kaiser-Klasse hatten sich enttarnt und lagen kampfbereit neben der Termar 3. Die massiven Waffen-Türme der fliegenden Kampf-Bastionen hatten ihre Laser-Rohre auf die Flotte der najekesischen Heimat-Verteidigung gerichtet. Bedrohlich lagen die Schiffe in breiter Front vor den 35 Schiffen der Dunkelwolke.

Commander Hanranka kannte die Schiffe nur aus den Archiv-Berichten der Flotten-Akademie. Noch nie waren sie ihm begegnet. Er war erst seit drei Monaten mit dieser Aufgabe betraut worden. Bisher hatte sich sein Abfang-Geschwader nur mit Piraten herumschlagen müssen. Diese griffen immer wieder einfliegende Handels-Schiffe an, die von anderen Welten die Dunkelwolke anflogen. Ein Grauen lief ihm bei dem Anblick der natradischen Giganten über den Rücken. Längst hatten seine Scans die Kampfbereitschaft der Schiffe gemeldet.

»Sie sollten die Lage entspannen«, riet ihm sein 1. Offizier. »Ihnen ist doch nicht entgangen, dass wir mit den Natradern freundschaftliche Beziehungen unterhalten. Bringen sie uns nicht in einen neuen Krieg. «

»Ich bin selbst in der Lage die Situation einzuschätzen«, fuhr er seinen ersten Offizier an.

»Ihnen fehlt das Feingefühl für brenzlige Situationen«, erwiderte der erste Offizier irritiert. »Ich werde einen Bericht über ihr Verhalten verfassen und diesen an die Flotten-Führung übersenden. «

»Machen sie es ruhig«, antwortete der Commander verstimmt. »Wir nehmen hier eine Warteposition ein. Öffnen sie eine Transponder-Verbindung in die Wolke und versuchen sie Verhandlungs-Führer Remesska und den Flotten-Befehlshaber Someska zu erreichen. Wollen wir einmal hören, was sie hierzu denken. «

Der erste Offizier gab bereits die entsprechenden Anweisungen.

»Wir erhalten einen Funkspruch von dem natradischen Flagg-Schiff«, meldete der Funk-Offizier.

»Legen sie ihn auf mein Kommunikationsgerät«, bemerkte der Commander. Er griff nach dem Kombigerät und hielt es an sein Ohr.

»Wir haben ihre letzte Mitteilung nicht richtig verstanden«, sprach Commander Maley in sein Kommunikations-Gerät. »Was wollten sie mitteilen? Bitte wiederholen sie. «

»Die Verbindung zu der Führung unserer Regierung wird über diverse Transponder hergestellt«, antwortete Commander Hanranka. »Es dauert einen Augenblick. Die Dunkelwolke verhindert eine direkte Kommunikation. Wir melden uns wieder, wenn Verhandlungs-Führer Remesska antwortet. Dürfen wir sie bitten, auf der Position zu verharren? «

»Wir warten, bis eine Antwort eingeht«, antwortete Commander Malley. Ende der Mitteilung. «

Er blickte in die schmunzelnden Gesichter seiner Crew.
»Das war aber ein sturer Najekesio«, sagte Commander Malley. » Hoffentlich sind alle anderen etwas einsichtiger. Ansonsten werden das sehr schwierige Gespräche. «

Die Flotte der Najekesio stand abwartend vor der Flotte aus dem Sol-System und bewegte sich nicht. Nach langen 15 Minuten kam endlich der ersehnte Hyper-Funkspruch.

»Eingehender Hyperkomm-Funkspruch von dem Najekesio-Schiff«, erklärte Sergeant Milton.

»Hier spricht Commander Hanranka«, hallte es aus den Lautsprechern. Wir haben eine Verbindung in die Dunkel-Wolke. Ich stelle für sie durch. «

»Danke«, antwortete Commander Malley. »Auf die Lautsprecher legen«, befahl der Commander.

Remesska, der Verhandlungs-Führer der Najekesio-Regierung schlug mit der Hand auf seinen Schreibtisch, als er die Mitteilung über das Eintreffen des natradischen Parlamentarier-Schiffes erhielt.

»Warum wurde ich nicht sofort informiert? «, knurrte er den Militär an, der ihm die Nachricht überbracht hatte. Für einen Moment wünschte er sich, am anderen Ende des Universums zu sein. Zeit seines Lebens war er ein treuer Diener und Verfechter der Gesetze und der Ordnung gewesen. Er hatte daran geglaubt, den Najekesio in der Dunkel-Wolke unendlichen Wohlstand und einen unbegrenzten Frieden zu sichern. Doch welches Ereignis hatte wieder dazu geführt, dass man seine Ideale boykottierte? Was würde passieren, wenn die Militärs ihre eigenen Ziele verfolgten und nicht an einer harmonischen Eintracht unter den Lebewesen in der Heimat-Hemisphäre interessiert waren. Er musste die ausufernde Macht der militärischen Führung eingrenzen.

Er blickte den Militär an.
»Antworten sie endlich«, sprach er den Mann an.

»Wir hatten die klare Anweisung von unserer Führung keine nicht identifizierbaren Schiffe durchzulassen«, teilte der Soldat mit. »Durch die Angriffe der Piraten mussten wir viele Schiffe aufgeben. «

»Wer hat das angeordnet? «, fragte Remesska.
»Der Befehl wurde von Vize Admiral Dronaska erteilt. «

»Ist Flotten-Admiral Someska hierüber unterrichtet? «, fragte Remesska.

Der Nachrichten-Offizier schien sichtlich verlegen zu sein. »Das ist mir nicht bekannt«, antwortete er.

»Es ist mir unverständlich, warum solche wichtigen Informationen nicht zu unserer Regierung gelangen«, sagte Remesska. »Ich werde mit dem Flotten-Admiral über dieses Thema sprechen. Sie dürfen sich jetzt zurückziehen. «

Der Militär salutierte, drehte sich um und ging schnellen Schrittes aus dem Büro.

Remesska stand auf und ging zu seiner Angestellten.

»Stellen sie mir bitte eine Transponder-Verbindung, zu der 29. Abfang-Flotte her«, sagte er. »Ich benötige eine Hyperkomm-Funkverbindung zu den natradischen Schiffen. «

»Ich kümmere mich sofort hierum«, antwortete die Mitarbeiterin.

Kurze Zeit später kam die Sekretärin mit einem mobilen Kommunikationsgerät zu dem Schreibtisch von Verhandlungs-Führer Remesska zurück.

»Die Leitung steht«, sagte sie. »Das Kommando-Schiff von Captain Hanranka leitet das Gespräch weiter. «

»Danke, antwortete er.
Er griff nach dem Kommunikationsgerät.

»Hier ist das Regierungs-Büro der Najekesio, Verhandlungsführer Remesska«, sprach er in das Gerät. » Wer ersucht um ein Gespräch mit der Regierung? «

»Hier spricht Commander Malley von dem natradischen Parlamentarier-Schiff Termar 3«, registrierte er die Antwort. »Ich grüße die Regierung der Najekesio. Als Erstes möchte ich ihnen Grüße von Major Travis überbringen. Wir haben wichtige Informationen für sie und kommen auch mit einer Bitte zu ihnen. Dürfen wir um ihre Einflugs-Anweisungen bitten. Ich würde gerne ein Gespräch mit ihnen und Flotten-Befehlshaber Someska führen. Es ist äußerst wichtig, die Worgass bereiten uns wieder Probleme. Doch diesmal ist die ganze Milchstraße hiervon betroffen. «

Allein das Wort Worgass ließen in ihm unangenehme Erinnerungen wach werden.

»Sollten die Welten von Orguun wieder in einen Krieg verwickelt werden? «, dachte er. » Wird wieder alles Erreichte in den Feuergluten angreifender Raumschiffe verglühen? Muss mein Volk wieder leiden, brennen und sterben müssen, wie in der Vergangenheit? Was haben wir Orguun angetan, dass wir so viel leiden müssen. «

Er drückte seine Gedanken beiseite.
»Ihr Besuch ist schon lange überfällig«, antwortete er. »Ich erwarte sie auf Nekegath, der Regierungswelt der Najekesio. Die Abfang-Geschwader werden informiert, ihnen den Durchflug zu ermöglichen. Folgen sie nach dem Verlassen der Wolke unserem Leitstrahl. Warten sie bitte die Informationen des Kommando-Schiffes ab. «

»Danke«, antwortete Commander Malley. »Wir erwarten ihre Instruktionen. «

Die Leitung brach ab. Er blickte Jodie McLaine an.
»Es läuft doch besser als erwartet«, bemerkte sie.

Der Commander nickte.
»Wir kennen die Najekesio jetzt auch bereits ein wenig«, antwortete er. »Sie sind eine ausgestoßene Rasse von Natradern. Trotzdem halten sie sich für die direkten

Nachkommen des großen kaiserlichen Imperiums. Major Travis musste ihnen erst klar machen, dass Admiral Tarin ihn und die Terraner als Nachkommen vorgesehen und begünstigt hatte. Durch die Nachfolge-Programmierung des Admirals haben sie die Zugehörigkeits-Verhältnisse verschoben. Indirekt glaube ich, dass die Najekesio von den Natradern geduldet, sie aber in keiner Weise als reinrassige Nachkommen angesehen wurden. Vermutlich hatten sie unter dem kaiserlichen Regime als Minderheit keinen hohen Stellenwert gehabt. Das wird auch der Grund gewesen sein, dass sie ihre Heimat verlassen haben und sich hier in der Dunkel-Wolke eine neue Zukunft aufgebaut haben. Wir haben jetzt das Problem, ihr Misstrauen zu beseitigen, ihnen beizubringen, dass im Neuen-Imperium Minderheiten genauso willkommen sind, wie alle anderen Rassen auch. «

Jodie trat näher an ihn heran und legte ihre Hand auf seine rechte Schulter.

»Vertrauen muss wachsen «, sagte sie. »Wir wissen doch, dass es ein langer Weg sein wird, den Samen neuer Ideale und Grundsätze unter den Völkern der Milchstraße zu streuen. «

»Eingehender Funkspruch von dem Kommando-Schiff der Abfang-Flotte«, meldete Sergeant Milton. »Captain Hanranka ruft sie. «

»Legen sie auf die Lautsprecher«, antwortete Commander Malley.

»Hier spricht Captain Hanranka«, dröhnte es aus den Lautsprechern. »Ich rufe die Termar 3 unter Commander Malley. Bitte antworten sie. «

»Hier ist Commander Malley, ich höre sie Captain«.

Der Angesprochene räusperte sich.
»Commander Malley, wie soll ich es sagen«, meldete er sich. »Ich möchte mich für den schroffen Empfang ihrer Flotte entschuldigen. Verhandlungs-Führer Remesska hat mich informiert, dass ihr Besuch erwünscht ist. Wir haben seit geraumer Zeit gegen massive Angriffe von unterschiedlichen Piraten-Gruppen zu kämpfen. Diese geben sich unterschiedliche Namen von Rassen, die wir aus der Milchstraße her kennen. Auch als Natrader haben sie sich bereits ausgegeben. Das soll keine Entschuldigung für unser Verhalten sein, aber vielleicht akzeptieren sie unsere erweiterten Sicherheits-Maßnahmen. «

»Wir sind nicht nachtragend, Captain«, antwortete Ollie Malley. »Das ist auch eine Eigenart des Imperiums von Natrid und Tarid. Verständnis für andere Rassen ist eine wichtige Voraussetzung für eine neue Freundschaft. «

»Dürfen wir sie zu unserem Regierungs-Planeten eskortieren? «, fragte der Captain. » Verhandlungsführer Remesska hat ihnen eine Landegenehmigung erteilt. Weisen sie bitte ihren Begleit-Schiffen eine orbitale Umlaufbahn um den Planeten zu. Ein Leitstrahl wird sie zu dem regierungseigenen Raumhafen geleiten. «

»Danke Captain, wir nehmen gerne ihre Eskorte an«, bedankte sich der Commander.

»Denken sie bitte daran, dass die Dunkel-Wolke nur mit UL1, also mit Unterlicht-Geschwindigkeit durchquert werden kann«, erklärte Captain Hanranka. »Schutz-Schirme haben sich als wirkungslos erwiesen. Unsere Schiffe sind mit speziellen Navigation-Rechnern ausgestattet, die für unsere Wolke entwickelt wurden. Navigieren sie exakt auf Kurs, es steht derzeit nur eine enge Passage zur Verfügung. «

»Verstanden Captain, wir sind bereit«, antwortete der Commander.

»Wir positionieren jeweils zwei Schiffe vor ihnen und zwei hinter ihnen«, erwiderte Captain Hanranka. »Falls wir Abweichungen von der Flugroute feststellen sollten, informieren wir sie. Starten sie ihre Antriebe «

»Danke, Captain«, antwortete Commander Malley.

»Informieren sie unsere Begleitschiffe«, befahl der Commander seinem Funk-Offizier. »Wir folgen den Schiffen der Najekesio. «

Eskortiert von vier Schiffen der Najekesio flog der Schiffs-Verband in die Dunkel-Wolke ein.

»Die Sensoren spielen verrückt«, informierte Sergeant Alms den Commander. »Ich stelle an vielen Stellen Energie-Turbolenzen und Verzerrungen fest. «

»Hiermit war zu rechnen. Den Kurs exakt einhalten«, befahl Commander Malley.

»Aye, Captain«, bestätigte der Steuermann. »Das bekommen wir hin. «

Es dauerte lange 12 Minuten, bis die Flotte den äußeren Ring der Dunkel-Wolke durchbrochen hatte.

»Die Ortungsdaten werden aktualisiert«, bemerkte Sergeant Alms.

Vor ihnen lagen die 15 Planeten der Najekesio-Hemisphäre. Jeder von ihnen hatte eine eigene Funktion. Der 4. Planet war gleichzeitig der Regierungs-Planet und trug den Namen Nekegath.

»Ich verzeichne überall starken Flugverkehr«, teilte Sergeant Alms mit. »Auf allen Planeten landen Raumschiffe, andere starten wieder. Es scheinen aber normale Fracht-Schiffe zu sein. «

»Ihre Wirtschaft boomt scheinbar«, bemerkte der 1. Offizier, Leutnant Mandert.

»Ich empfange einen Leitstrahl vom Regierungs-Planeten«, ergänzte Sergeant Alms.

»Einrasten und folgen«, befahl Commander Malley. »Eine Leitung an Captain Hanranka öffnen. «

»Die Leitung steht«, antwortete Sergeant Milton. »Sie können sprechen Commander. «

»Danke für ihre Eskorte«, meldete sich Malley bei dem Captain. »Wir haben den Leitstrahl eingerastet. «

»Nicht dafür«, antwortete der Captain. » Wir wünschen einen guten Aufenthalt. «

Die Leitung brach ab. Die Termar 3 folgte dem Einweisungs-Leitstrahl und näherte sich dem 4. Planeten der Dunkel-Wolke.

Die Türe des Büros von Verhandlungs-Führer Remesska wurde aufgerissen. Irritiert hob er seinen Kopf und blickte in die Richtung.

»Hoher Besuch«, dachte er. »Die Kommunikation auf dem Regierungs-Planeten funktioniert komischerweise einwandfrei. «

Kanriel, der neue Regierungs-Rat des Planeten kam auf ihn zu. Er war in Begleitung von Someska, dem Oberbefehlshaber der Najekesio-Flotte und von Tomanka, dem Vertreter der unterschiedlichen Clans des Planeten. Auch ihm unterstand eine mächtige Flotte, die nicht zu unterschätzen war.

»Verfällst du jetzt wieder in die alten Machenschaften«, fragte Kanriel den Verhandlungs-Führer an. »Du bringst uns immer wieder an den Rand der Unglaubwürdigkeit. Ich frage mich wirklich, ob du die geeignete Person bist, um Kontakte mit fremden Rassen zu pflegen? «

»Ich führe nur das Sicherheits-Protokoll der Regierung aus«, antwortete Remesska ungehalten. »Es ist eure Anordnung gewesen, keine fremden Schiffe mehr in unsere Dunkelwolke einfliegen zu lassen. Unabhängig hierzu wurde ich von den Militärs nicht rechtzeitig über die Ankunft der Schiffe informiert«, beschwerte er sich. Flotten-Admiral Someska hat Vize Admiral Dronaska entsprechend instruiert. «

Der Regierungs-Vorsitzende schaute den Flotten-Admiral an.
»Entspricht die Äußerung den Tatsachen? «, fragte er.
Flotten-Admiral Someska nickte.

»Der Vize-Admiral hatte die Anweisung, rigoros gegen Piraten vorzugehen«, antwortete Admiral Someska. »Vermutlich hat er die einfliegende natradische Flotte hierfür gehalten. Ich kann ihm eigentlich keine Vorwürfe machen. Sie wissen selbst von unseren starken Verlusten an wichtigen Handelsgütern, die uns die Piraten-Horden entwendet haben. Die natradischen Schiffs-Bauten und ihre IDs sind nicht in den KIs unserer Schiffe enthalten. Daher konnten sie nicht identifiziert werden. «

»Das muss schleunigst nachgeholt werden«, bemerkte der Albino der Regierung. »Die Parlamentarier des natradischen Schiffes werden keine hohe Meinung von uns haben. «

Er blickte in die Runde der Anwesenden.
»Ich möchte es allen Personen hier noch einmal verdeutlichen«, sagte er. »Es ist eine neue Zeit angebrochen. Wir haben Verträge mit dem Imperium von Natrid & Tarid abgeschlossen. Diese sind für uns bindend. Wir können und werden sie nicht mehr als Feinde betrachten. Ist das bei allen angekommen? «

Eine leise Zustimmung war zu hören.
»Wir von der Regierung der Najekesio beabsichtigen die Handels-Beziehungen mit dem Imperium auszubauen«, ergänzte er. »Das kommt uns allen zugute. « Er schaute auf Remesska.

»Bereiten sie einen Raum für unsere Gespräche vor«, befahl er. »Die Gäste werden zuvorkommend empfangen und bewirtet. Sie alle werden mich hierbei unterstützen. Ich bin gespannt, was die Terraner uns vortragen möchten. «

Der große Panorama-Bildschirm der Termar 3 war aktiviert. Langsam sank das Schiff durch eine dichte Wolkendecke dem Boden entgegen. Die Anti-Grav-Absorber liefen an und verzögerten das Absinken des Schiffes eindrucksvoll. Alle Augen der Crew waren auf die große Stadt des Regierungs-Planeten gerichtet. Sie sahen weitflächige Parklandschaften, Flächen von hohen Nadelbäumen, die wieder von geordneten Flächen von Laubbäumen abgelöst wurden. Diese wurden von gepflegten Rasenflächen unterbrochen. Anlagen von farbenprächtigen Blumen, die durch Gehwege geteilt wurden, bogen sich in leichten Kurven um angelegte Teiche und Flüsse. Die Najekesio schienen ihre Natur zu lieben und zu pflegen.

Die Grünflächen wurden umgeben von großen Städten, dessen Ende am Horizont nicht absehbar war. In regelmäßigen Distanzen ragten Dom-Bauten in den Himmel, eingerahmt von imposanten Hochhäusern und Fertigungs-Anlagen. Harmonisch waren in unregelmäßigen Abständen Raumflug-Häfen eingefasst. Auf ihnen standen unzählige, unterschiedlich große Schiffe. Roboter luden Container aus und brachten diese zu kleineren Transport-Gleitern. Immer wieder konnte die Crew Ähnlichkeiten zu der natradischen Bauweise verzeichnen.

Die Termar 3 sank ihrem Landeplatz entgegen. Dieser Raumflug-Hafen war nur für die Regierungs-Mitglieder der Najekesio und für wichtige Gäste vorgesehen. Prächtige Prunkbauten schlossen sich dem Flughafen an. Runde Kuppeln, abgelöst von Spitztürmen, zeigten auf das Regierungs-Zentrum der Dunkel-Wolke hin.

»Bereiten wir uns vor«, entschied Commander Malley.

Wir werden von einem Regierungs-Gleiter abgeholt. Legen wir uns Taja's an und nehmen leichte Bewaffnung mit. «

»Soll ich vier Shy-Ha-Narde aktivieren«? «, fragte Sergeant Cortes.

Der Commander blickte ihn an.
»Ja«, erwiderte er. »Sicher ist sicher. «

»Landemanöver abgeschlossen«, bemerkte Sergeant Santo.

»Danke«, erwiderte der Commander. »Sie übernehmen in meiner Abwesenheit das Kommando. Legen sie das Schiff unter den Schutzschirm und beobachten sie die Monitore. Über alles Verdächtige möchte ich informiert werden. «

»Aye, Commander«, bestätigte der Steuermann des Schiffes.

»Leutnant Mandert, Sergeant Cortes und Captain McLaine begleiten mich«, entschied Malley.

Der wartende Regierungs-Gleiter brachte die Besucher aus dem Sol-System ohne weitere Schwierigkeiten in das Regierungs-Zentrum des Planeten. Von Weitem sahen sie das imposante Gebäude, welches den Zentral-Palast darstellte. Auf der großen Zugangstreppe wurden sie von Sicherheits-Gardisten empfangen. Sie verbeugten sich höflich und führten die Besucher aus dem Sol-System in einen großen Raum. Commander Maley maß die Raumhöhe auf mindestens acht Metern.

Interessiert schauten sich die Besucher um. Riesige Fresken hingen an den Wänden, die unterschiedliche Szenarien aus der Vergangenheit der Najekesio zeigten. Sie wurden bereits von vier hochrangigen Regierungs-Mitgliedern erwartet. Sie sahen sich alle sehr ähnlich. Ihr weißes Haar fiel über ihre helle Hautfarbe auf ihre Schultern. Die Körper waren hager und groß gewachsen. Nur die Rötung ihrer Augen unterschied sich etwas. An ihren silbernen Uniformen steckten viele bunte Abzeichen. Die vier Kampf-Roboter der Termar 3 hatten sich unauffällig im Raum verteilt. Ihre Augen leuchteten intensiv rot. Ein junger, großer, schlanker Albino trat ihnen entgegen. Er lächelte ihnen zu.

»Mein Name ist Kanriel«, begrüßte er die Gäste. »Ich bin der Regierungs-Vorsitzende unseres Parlamentes. Mir sind die Ereignisse bei ihrer Ankunft gemeldet worden. Ich möchte mich im Namen unserer Regierung hierfür aufrichtig entschuldigen. Ihr Besuch kommt für uns unvorbereitet. Darf ich sie trotzdem als sehr willkommen begrüßen. Ihre Kampf-Roboter wären nicht nötig gewesen. Auch wir sind ein Mitglied des großen Imperiums. «

Commander Malley trat vor und lächelte zurück. Er bemerkte, dass einer der Regierungsvertreter unruhig mit seiner Hand in der Uniformjacke spielte. Es schien eine nervöse Geste zu sein. Sofort kehrte ein Maß an Misstrauen zurück.

»Mein Name ist Commander Malley, von den vereinigten Streitkräften von Natrid und Tarid«, antwortete er. »Danke für ihren nachträglichen, freundlichen Empfang. Die Kampf-Einheiten dienen nur unserem Schutz. Wir möchten ihnen Grüße von Major Travis überbringen. Leider haben wir auch unangenehme Nachrichten dabei. Diese würden wir gerne mit ihnen besprechen. «

»Das hört sich nicht gut an«, antwortete Kanriel. »Aber warum sonst, sollten sie den weiten Weg zu uns in Kauf nehmen. Wir wissen natürlich, dass der Name Najekesio bei ihnen keinen guten Klang hat. «

»Da irren sie sich«, lächelte Commander Malley. »Vergangenheit ist Vergangenheit. Wir messen unsere Partner an der Zukunft. Es braucht eine Zeit, bis neue Nationen sich verstehen. «

»Da sprechen sie mir aus der Seele«, antwortete Kanriel. »Auch für uns ist ein neuer Weg angebrochen. Viele alte Strukturen müssen erst noch aufgebrochen werden. «

Er blickte Commander Malley in die Augen.
»Ich möchten ihnen noch kurz die anderen Regierungs-Vertreter vorstellen. «

Er zeigte auf den Verhandlungs-Führer.

»Zu meiner rechten Seite steht Remesska, unser Verhandlungs-Führer für fremde Rassen«, erklärte er. »Sie haben bereits mit ihm kommuniziert. Er ist auch für zukünftige Belange ihr Ansprechpartner. Zu meiner linken Seite sehen sie unseren Flotten-Admiral Someska und den gewählten Sprecher aller Najekesio-Clans, Tomanka. Wir alle sind gespannt auf die Neuheiten, die sie uns mitteilen möchten. «

Die Crew der Termar 3 begrüßte die Anwesenden respektvoll.

Kanriel bot allen eine Sitzgelegenheit an einem achteckigen Tisch an.

»Darf ich ihnen etwas anbieten? «, fragte er. »Einen Kaffee vielleicht, oder etwas Wasser? «

Er blickte in die Gesichter der Besucher von Tarid.
»Sie wundern sich, aber dank unserer Aufklärung haben wir einige interessante Dinge übernommen. Auch auf unseren Welten existieren mittlerweile Kaffeebohnen-Plantagen. «

»Umso erstaunlicher ist es, dass der Handels-Austausch zwischen unseren Völkern nicht in Gang kommt? «, bemerkte Commander Malley.

Kanriel blickte verlegen auf seine Kollegen.
»Wir Najekesio verarbeiten die Vergangenheit recht langsam«, erklärte er. »Durch ihre Blockade der

Dunkelwolke und den Verlust einiger Schiffe, sind wir noch im Zwiespalt, wie die zukünftige Zusammenarbeit mit dem Neuen-Imperium aussehen kann. «

Commander Malley lachte.
»Wissen sie, für uns war es auch nicht leicht, sie als einen neuen Partner zu akzeptieren«, bemerkte er. » Sie haben unseren Planeten ausspioniert, ich verweise nur auf ihre Kaffee-Plantagen, haben unsere Station auf Eris infiltriert und Sabotage-Aktionen gegen uns gestartet. Sie haben alles getan, um unser Leben nicht einfacher zu gestalten. Wären sie direkt mit uns in Verhandlungen getreten, wären möglicherweise viele Ereignisse der Vergangenheit vermieden worden. Es ist Zeit für einen neuen Anfang. Aus diesem Grunde sind wir hier. Sie sind dem Neuen-Imperium beigetreten und können im Notfall auch einen Nutzen hieraus ziehen. «

Er legte eine Pause ein und blickte die Vertreter der Najekesio an.

»Wir sind zu ihnen gekommen, denn diese hoheitliche Aufgabe erfordert unsere ganze Aufmerksamkeit«, erklärte Commander Maley. »Die Worgass bereiten eine Invasion der Milchstraße vor. «

»Nicht schon wieder die Worgass«, stöhnte Kanriel entsetzt. »Wir haben von ihrer Unterstützung in der Kleinen Magellanschen Wolke gehört. Dort ist es ihnen doch auch gelungen, den Einfluss der Quallen zu beenden. «

»Ich spreche nicht von diesem Sternen-System«, antwortete der Commander. »Die Invasion wird in Andromeda vorbereitet. Wir haben eine Aufklärungs-Mission gestartet und festgestellt, dass sie bereits eine Flotte von 641.000 Kampf-Schiffen produziert haben. Jeden Tag kommen neue Schiffe hinzu. Durch die Informationen eines Überläufers wissen wir, dass ihr Ziel eine Flottenstärke von 1.200.000 Schiffen ist. Hinzu kommt noch, dass sie ihren Wurmloch-Durchgang in 8 Wochen fertiggestellt haben werden. Hiermit ist es ihnen möglich, aus anderen unterjochten Galaxien weitere Verbände zu ihrer Unterstützung anzufordern.

Wir vermuten, dass Natrid und Tarid ihre bevorzugten Ziele sein werden. Es ist aber auch möglich, dass sie die Milchstraße von hintern her aufrollen wollen. Jede hier lebende Rasse ist ihnen ausgeliefert. Sie werden auch vor der Dunkelwolke nicht halt machen. Den Weg durch ihre Staub und Partikel-Wolke werden sie sich freikämpfen. Verluste schmerzen sie nicht. Für diesen Zweck haben sie extra eine Rasse gezüchtet, die für sie diese Arbeit übernimmt. Haben sie genug Raumschiffe, eine solche Armada von Schiffen abzuwehren, wenn diese vor dem Eingang ihrer Dunkelwolke steht? «

Kanriel blickte Flotten-Admiral Someska und Tomanka an. Der General räusperte sich.

»Wir werden ehrlich zu ihnen sein«, antwortete er. »Unsere Flotten-Verbände sind zwar gut aufgestellt, doch selbst mit den Einheiten der unterschiedlichen Clans aller Planeten, würden wir im Falle eines Angriffs zahlenmäßig massiv unterlegen sein. Es würde auf die Schlagkraft der Worgass-Flotte ankommen. «

»So sehen wir das auch«, erwiderte Commander Malley. »Es kann durchaus sein, dass sich die Stärke der Flotte noch verdreifacht. Der Hass dieser Wesen ist immens. Das kann in unseren Geschichtsbüchern nachgelesen werden, anhand des bekannten Natrid-Beispiels. Das Neue-Imperium wird nicht auf den Einfall der Worgass warten, um möglicherweise vor einer nicht lösbaren Aufgabe zu stehen. Wir haben uns entschlossen, einen kampfstarken Schiffs-Verband zusammenzustellen, diesen nach Andromeda auszusenden, um die Flotte der Worgass und den Wurmloch-Knoten zu vernichten. Diese Flotte stellt sich aus Verbänden vieler unterschiedlicher Rassen der Milchstraße zusammen. Aus diesem Grunde bitten wir sie, sich auch mit einer Flotte von 500 Einheiten ihrer 350 Meter-Klasse Kreuzern zu beteiligen. «

Kanriel lehnte sich in seinem Stuhl zurück und überlegte.

»Diese schweren Kampf-Schiffe bilden das Rückgrat unserer Heimat-Verteidigung«, erklärte er. » Wir entblößen bei einer Zusage unser System. Aus wie vielen Schiffen besteht ihre Flotte? «

»Die Angriffs-Flotte umfasst eine Anzahl von 5.000 Schiffen, überwiegend schwere Zerstörer«, erklärte Commander Malley.

Flotten-Admiral Someska schmunzelte.
»Wie wollen sie denn mit so einer kleinen Flotte, die Armada der Worgass niederringen? «, fragte er.

»Das kann ich ihnen sagen«, antwortete der Commander. »Es wird neue Technik zum Einsatz kommen. Bevor ich ihnen das intensiver erläutere, möchte ich ihnen kurz unser Bildmaterial zeigen. «

Er reichte Kanriel den Daten-Kristall.
»Besteht die Möglichkeit die Informationen abzuspielen? «, fragte er.

»Ist der Kristall mit natradischer Technik formatiert? «, erkundigte sich der Regierungs-Vorsitzende.

Commander Malley nickte.
»Das ist er«, erwiderte er.

»Dann sollte es funktionieren. Kanriel drückte einen Knopf vor ihm auf dem Tisch. Ein Eingabe-Terminal fuhr heraus. Er steckte den Daten-Kristall in eine Öffnung. Vor ihnen baute sich ein schwebendes Hologramm auf. Es zeigte die Andromeda Galaxie.

»Sie sehen unsere Nachbar-Galaxie«, kommentierte Commander Malley. »Von weitem schön anzusehen, doch sie birgt viele Gefahren. «

Das Bild zoomte einen grünen Planeten heran.

»Hier sehen sie den Planeten Lizzit«, fuhr der Commander fort. »Er ist Werft und Produktions-Planet der Worgass. Ferner Brutstätte der Kampf-Truppen der Worgass. Es handelt sich um Echsenwesen. Sie nennen sich Green-Lizards. Ihnen wurde der Hass gegen alle humanoiden Völker einprogrammiert. «

Die Anwesenden Politiker und Militärs schauten gespannt zu. Das Bild zoomte auf die Umlaufbahn des Planeten. Ein Aufstöhnen war zu hören. In unzähligen Umlaufbahnen umkreisten Raumschiffe, Kampf-Kreuzer und Versorgungs-Schiffe den Planeten.

»Das ist die derzeitige Flotte der Worgass«, erläuterte der Commander. »Wie gesagt, beläuft sich unsere derzeitige Zählung auf 641.000 Schiffe, aber es werden täglich mehr. «

Das Bild verließ den Blick auf die im Orbit fliegenden Schiffe und zeigte einen überdimensionierten Rahmen, der neben einer Raumstation gebaut wurde. Die Rahmen-Konstruktion war kurz vor der Fertigstellung.

»Hier sehen wir den im Bau befindlichen Rahmen für das Wurmloch-Fenster der Worgass«, erklärte Commander Malley. »Die Worgass verwenden hierfür einen stabilen Energie-Leiter-Rahmen, nicht wie bei anderen Rassen üblich, die flexibel einstellbaren Energiemodule. Der Nachteil an diesem System ist, dass nur Schiffe mit einer Mindesthöhe und Breite passieren können. Trotzdem öffnet ihnen diese Technik den Weg in die Milchstraße, oder zu anderen Sternen-Systemen, wie zu ihrer Dunkel-Wolke. Sie kennen unsere Bedenken, dass in wenigen Wochen, die Worgass wieder alle Möglichkeiten haben werden, fremde Galaxien anzusteuern. Wir gehen davon aus, dass sie als erstes das Neue-Imperium von Natrid und Tarid angreifen werden. Sollten wir Unrecht haben, ist es durchaus möglich, dass sie bei ihnen einfallen werden. «

Regierungs-Rat Kanriel, Flotten-Admiral Someska und der Vertreter der unterschiedlichen Clans Tomanka unterhielten sich untereinander.

»Die Informationen sind neu für uns und von wichtiger Bedeutung«, antwortete Admiral Someska. »Unsere Aufklärung beschränkt sich auf die Milchstraße. Das scheint ein Fehler gewesen zu sein. Bei einem Einfall der Worgass-Flotte wäre vermutlich das Ende unserer Kultur sehr nahe. «

Er blickte in die Runde der Anwesenden.
»Uns missfällt eigentlich nur, dass die schweren Verbände unserer Heimat-Flotte im Notfall nicht zur Verfügung stehen würden«, gab Admiral Someska zu Bedenken. » Wir haben die Notwendigkeit eingesehen, sie bei dem Angriff zu unterstützen. Doch die Geschichte lehrt uns, dass nicht alles im Voraus planbar ist. Denken sie an den Angriff von Admiral Tarin auf den Heimat-Planeten der Rigo-Sauroiden. Er zog aus, um an den Rigo-Sauroiden Vergeltung zu üben. Als er in dem Heimat-System der gehassten Rasse ankam, konnte er nur noch den Abflug einer großen Armada Kriegs-Schiffe registrieren. Den

restlichen Verlauf der Geschichte kennen wir zur Genüge. Was ist, wenn wir zu spät kommen und die Worgass bereits starke Flotten-Verbände losgeschickt haben? Wie sie uns mitgeteilt haben, können wir als direkter Stamm der Natrader ebenfalls ein bevorzugtes Ziel der Invasion sein. «

Commander Malley überlegte einen Augenblick.
»Falls dies tatsächlich eintreten sollte, unser galaktischer Sicherheits-Dienst bezweifelt es zwar, weil unsere Aufklärungs-Mission erst wenige Tage alt ist. Was würden sie mit ihrer Flotte gegen die massive Anzahl von Schiffen unternehmen können. Es wäre in jedem Fall ein verlustreicher Kampf für ihre Flotte. «

»Wir wären eindeutig unterlegen«, antwortete Tomanka.
»Wie man es dreht, die Möglichkeiten für uns wären äußerst begrenzt. «

»Haben sie die Technik, die Zugänge zu ihrer Dunkel-Wolke zu verminen«, fragte der Sergeant der Sicherheit.
»Ich meine, den Zugang mit so vielen Minen auszustatten, dass es unmöglich wird, sich gewaltsam einen Zugang zu schaffen? «

»Das wäre eine Möglichkeit«, antwortete Someska.
»Trotzdem kann man die Minen mit einem gezielten Beschuss vernichten. «

»Sie verfügen doch auch über die Tarntechnologie der Natrader«, erwiderte Commander Malley. »Positionieren sie ein, oder mehrere Schiffe an Positionen außerhalb ihrer Wolke. Falls es zu einem Angriff kommen sollte, können sie einen Hyperkomm-Funkspruch an uns senden. Wir sorgen dafür, dass eine starke Eingreif-Flotte innerhalb kürzester Zeit bei ihnen eintrifft und die angreifende Flotte von der Rückseite her attackiert. Das Neue-Imperium lässt seine Mitglieder nicht im Regen stehen. «

Commander Malley blickte die grübelnden Vertreter der Najekesio an.

»Doch ich kann sie beruhigen, es wird nicht hierzu kommen«, ergänzte der Commander. »Die Informationen aus unserer Spionage-Mission sind stichhaltig. «Wieder tauschten die Regierungs-Mitglieder der Gastgeber sich untereinander aus.

»Ich biete ihnen noch etwas an«, fuhr Commander Malley fort. »Ihre an dieser Mission teilnehmenden Schiffe werden bei uns mit einem neuen Super-Schutzschirm ausgestattet. Diesen Schirm können die Laser-Türme der Worgass-Kampf-Schiffe nicht durchdringen. Nach der gelungenen Mission erhalten sie von uns die Konstruktions-Pläne. Sie können dann später, alle ihre Schiffe umrüsten. «

»Das ist ja fantastisch«, bemerkte Flotten-Admiral Someska. »Was möchten sie hierfür haben? «

»Nichts«, entgegnete Commander Malley. »Sehen sie es als Geschenk des Neuen-Imperiums für ihre Sicherheit an. Dieser Schirm wird ihnen auch im Kampf gegen die Piraten helfen. «

»Ich glaube wir sind uns einig«, bemerkte Regierungsrat Kanriel. »Unser Flotten-Admiral Someska möchte unbedingt die neue Schirm-Technik haben. Auch Tomanka scheint hiervon begeistert zu sein. Ihren Vorschlag nehmen wir gerne an. Im Angriffs-Fall senden wir eine dringende Unterstützungs-Depesche. Wir hoffen sehr, dass ihre Worte der Wahrheit entsprechen? «

»Diese Äußerung nehme ich jetzt einmal so hin«, erwiderte Commander Malley. »Ich schiebe ihre Frage auf die Tatsache, dass sich unsere Rassen noch nicht so richtig kennen. Aber ich bin bei ihnen als Vertreter unserer Regierung und meine Zusagen sind stichhaltig. Sie können hierauf vertrauen. Auch diese Mission gegen die Worgass wird ein Erfolg werden. Ich vergaß zu erwähnen, dass sich auch 100 Kampf-Schiffe der Lantraner hieran beteiligen werden. «

Commander Malley blickte in erstaunte Gesichter.
»Wie haben sie das hinbekommen? «, fragte Someska. » Die alten Lantraner waren von uns zu keiner Aktion mehr zu bewegen. «

»Das bleibt unser Geheimnis«, antwortete Commander Malley. »Doch auch sie verfügen über eine neue Technik.

Hiermit ist es uns möglich, mit einem Schlag mehrere 1.000 Schiffe der Worgass auszuschalten. «

»Das beruhigt uns sehr«, antwortete Kanriel. »Wir kennen die Lantraner ein wenig. Ihr technisches Wissen liegt Jahrtausende über unserer Entwicklung. «

»Sie werden sich zukünftig wieder mehr für die Sicherheit in unserer Milchstraße einsetzen«, antwortete Commander Malley. »Wir konnten ihnen verdeutlichen, dass sie auch dazugehören. «

»Wann brauchen sie unsere Schiffe? «, fragte Kanriel. » Sofort«, erwiderte der Commander trocken. » Die Mission startet in 9 Tagen und ihre Schiffe müssen noch modifiziert werden. «

»Wie wollen sie die Schiffe in 9 Tagen ins Sol-System bringen? «, fragte Tomanka.

»Ein lantranisches Schiff hat uns begleitet und wartet vor ihrer Dunkel-Wolke auf unsere Rückkehr«, lächelte Commander Malley. »Es öffnet uns ein Wurmloch-Fenster. Hierdurch kommen wir ohne Verzögerung zurück in unser Heimat-System. «

»Respekt«, antwortete Remesska. »Sie scheinen an alles gedacht zu haben. Dieser Wurmloch-Antrieb wäre auch für uns interessant. «

Sergeant Cortez grinste.

»Wir arbeiten hieran«, antwortete er. »Es wird die Zeit kommen, dass uns die Lantraner diese Technik übereignen werden. «

»Das hört sich an, als ob wir tatsächlich engere Handelsbeziehungen mit ihnen aufnehmen sollten«, lächelte Kanriel. » Letztendlich profitieren wir alle von neuen Möglichkeiten. «

»So ist es«, antwortete Commander Malley. »Entsenden sie einige Parlamentarier zu uns, um alle weiteren Einzelheiten zu besprechen. Wann kann ihre Flotte startklar sein? «

»Geben sie uns einen Tag«, entgegnete Flotten-Admiral Someska. »Die Besatzungen werden alarmiert, die Schiffe müssen mit Energie-Kristallen, Wasser, Verpflegung und den üblichen Dingen für die Besatzungen bestückt werden. Das braucht leider immer noch eine gewisse Zeit. Es ist ihnen klar, dass wir mit einer so dringenden Mission nicht rechnen konnten. Tomanka und ich werden die Flotte persönlich führen. Ich hoffe auf ihr Einverständnis.«

»Sie sind für ihre Flotte selbst verantwortlich«, antwortete der Commander. »Sie sollten sich aber darüber bewusst sein, dass die gemeinschaftliche Flotte unter dem Befehl des Neuen-Imperiums steht. Wer jetzt den Befehl gibt, ist noch nicht klar. Aber sie können sich denken, dass ein unsinniges Befehls-Durcheinander nicht stattfinden darf. «

»Wir werden uns der Befehlsebene des Neuen-Imperiums unterwerfen«, antwortete Admiral Someska.

»Vor dem Start der Mission werden wir alle noch instruiert und mit den neusten Informationen versorgt«, entgegnete der Commander.

»Davon gehe ich aus«, antwortete Flotten-Admiral Someska. »Es ist gut, dass sie zu uns gekommen sind. Es wird Zeit, dass wir unseren Teil in der Gemeinschaft beitragen können. Mir ist die Zurückgezogenheit unserer Rasse schon lange ein Dorn im Auge. «

»Dann ist unsere Mission erfüllt«, sagte Commander Malley. »Wir ziehen uns auf unser Schiff zurück, starten und warten bei unserer Begleitflotte auf ihre Armada. «

»Schade«, antwortete Regierungs-Rat Kanriel. »Ich hätte ihnen ansonsten eine Unterkunft angeboten und ihnen die Schönheiten unseres Planeten zeigen lassen. « »Das nehme ich gerne bei meinem nächsten Besuch an, doch mich erwarten noch dringende Arbeiten auf meinem Schiff«, lehnte der Commander ab.

»Dann können wir sie nur verabschieden und ihnen und uns einen guten Verlauf der Andromeda-Mission wünschen«, sagte Kanriel. »Sie sind immer ein gern gesehener Gast bei uns. Kommen sie einmal wieder zu uns. «

Das Team der Termar 3 verabschiedete sich und wurde aus dem Palast geleitet. Der Regierungs-Gleiter brachte sie wieder zu dem Raumflug-Hafen, auf dem die Termar 3 wartete. Nach der erteilten Abflugs-Genehmigung, vereinigte sich das Schiff mit den wartenden Begleit-Schiffen im Orbit. Respektvoll zogen sich die Schiffe auf einen Sicherheits-Abstand zu dem 4. Planeten zurück. Der Commander informierte seine restliche Crew der Brücke über den erfolgreichen Abschluss seiner Gespräche. Hiernach zog er sich in seine Kabine zurück. Captain McLaine folgte ihm.

Der Commander ließ sich auf eine weiche Couch fallen. Captain McLaine setzte sich neben ihm und legte ihren Kopf auf seine Schulter.

»Die Najekesio waren doch sehr nett«, bemerkte sie. »Das war aus den Informationen unserer Archive nicht zu entnehmen. «

»Sie scheinen umgedacht zu haben«, antwortete Ollie Malley. »Wir haben sie überzeugt, dass es auch um ihre Sicherheit geht. «

Er stand auf und ging zu dem Automat der Lebensmittel-Herstellung. Dieser war in der Kabinen-Wand eingebaut.

»Computer, eine Flache italienischen Rotwein, Marke Zolla Primitivo di Manduria«, sagte er.

Der Computer materialisierte die Flasche. Ollie Malley entkorkte sie und entnahm dem danebenstehenden Schrank zwei Gläser.

»Ich erinnere mich, dass du gerne einen Schluck Wein trinkst«, sprach er Jodie an.

Sie lächelte.
»Das hast du nicht vergessen«, hauchte sie zurück.

Ollie Malley füllte etwas von dem Wein in die Gläser. Er reichte Jodie ein Glas. Commander Malley hob sein Glas und roch an dem Inhalt.

»Ein guter Tropfen aus Italien«, lächelte er sie an. »Hiermit kann man nichts falsch machen. «

Sie stießen zusammen an und nahmen einen Schluck aus dem Glas.

»Exzellent«, bemerkte Captain McLaine. »Dass so ein Tropfen auf einem Raumschiff verfügbar ist, verwundert mich jetzt aber. «

Commander Malley lachte.
»Ich habe die Programmierung des Versorgungs-Computers etwas erweitert«, lächelte er. »Diesen Tropfen genieße ich immer nach einer gelungenen Mission. «

Er blickte tief in ihre dunkelbraunen, verlangenden Augen. Diese schauten ihn voller Sehnsucht an. Sie drückte sich enger an ihn. Er spürte ihr Verlangen und zog sie an sich. Langsam näherten sich ihre Lippen zu einem intensiven feurigen Kuss. Dann wollte sie mehr. Ihre langen Schenkel drückten gegen seine. Ihr Körper fing Feuer. Schnell entledigten sie sich ihrer Uniformen. Viel zu lange mussten sie auf diesen Augenblick warten. Sie hatte sein Uniformhemd ausgezogen. Es ging ihr nicht schnell genug. Sie zerriss wieder sein Unterhemd in zwei Teile und küsste seine muskulöse Brust. Ungehemmt brachen ihre Instinkte aus. Ihr Held war endlich da und sie wollte sich bei ihm bedanken, mit aller weiblichen Wollust, die ihr möglich war.

Commander Malley hatte dies zwar nicht erwartet, doch er genoss es. Sie war genau sein Typ gewesen, als er sie auf Eris das erste Mal gesehen hatte. Bereits bei der ersten Begegnung konnte er seine Gefühle für sie erkennen. Sie war die Frau, wonach er immer gesucht hatte. Attraktiv, intelligent und pfiffig und sportlich, das sah man ihr sofort an. Sie war das passende Gegenstück zu ihm. Viel zu lange hatte er nach so einer Frau gesucht. Es war ein Kampf. Sie schenkten sich nichts. Immer wieder flackerte das Verlangen nach dem Partner auf, den beide so lange nicht gesehen hatten. Erschöpft, glücklich und zufrieden schliefen sie eng umschlungen ein.

Am nächsten Morgen trat der Commander ausgeschlafen und zufrieden, auf die Brücke des Termar 3 Angriff-Kreuzers.

»Bitte einen Statusbericht«, sagte er.
Er schritt auf seinen Kommando-Stuhl zu.

»Wir haben eine massive Flotten-Konzentration um den Regierungs-Planeten beobachten können«, teilte Sergeant Alms mit. »Die Najekesio haben bereits 300 Raumschiffe in der Umlaufbahn des 4. Planeten geparkt. Stetig steigen neue von den Raumflug-Häfen auf, andere materialisieren von anderen Planeten kommend. Es sind Kampf-Schiffe ihrer schweren 350-Meter-Klasse. «

Commander Malley schaute auf den Monitor.
»Kanriel hat Wort gehalten«, sagte er. »Es wird nicht mehr lange dauern, bis der Befehlshaber Funkkontakt aufnimmt.«

»Vier Schiffe kommen auf uns zu«, bemerkte der 1. Offizier, Christian Mandert.

»Eingehender Funkspruch«, meldete Sergeant Milton.

»Lassen sie hören«, antwortete der Commander.

»Hier spricht Commander Hanranka«, tönte es aus den Lautsprechern. Ich rufe Commander Malley. «

»Ich höre Commander«, antwortete Malley.

»Ich lotse sie durch die Dunkel-Wolke«, erklärte Commander Hanranka. »Aktivieren sie ihre Antriebe. Die

Flotte wird in wenigen Minuten zu uns aufschließen. Gruppieren sie sich hinter uns. Es darf nur ein geordneter Flug werden, ansonsten kann es Probleme geben. «

»Danke Commander, wir sind bereit «, antwortete der Commander Malley.

»Ich messe eine große Anzahl von hochgefahrenen Energie-Reaktoren auf dem Planeten«, sagte Marie Alms. »Die restliche Flotte scheint zu starten. «

»Das ist gut«, bemerkte Commander Malley. »Hiermit liegen wir gut in der Zeit. In acht Tagen sollte die Umrüstung problemlos erfolgen können. «

»Hier spricht Flotten-Admiral Someska«, drang es aus den Lautsprechern. »Wir sind bereit und folgen ihnen. Übernehmen sie die Führung ins Sol-System. «»Danke, Admiral«, erwiderte Commander Malley. » Folgen sie uns in einem geringen Abstand durch das Wurmloch-Fenster. Commander Malley Ende. «

Er blickte seinen Steuermann an.
»Langsamer Schub, den Lotsen-Schiffen folgen«, befahl er.

Langsam setzte sich der Flotten-Verband in Bewegung und flog dem Durchgang in der Dunkel-Wolke entgegen.

Nach 12 Minuten durchbrach der Schiffs-Verband die andere Seite der Wolke und drosselte ihren Schub. Die najekesischen Lotsen-Schiffe drehten ab und verschwanden wieder in der Wolke.

»Hyper-Funkspruch an Belran«, befahl Commander Malley.

»Der Funkspruch wurde gesendet«, antwortete der Funk Offizier Milton.

Die Leitung knisterte.

»Hier ist Belran«, antwortete der Lantraner. »Ich freue mich über ihre Rückkehr. Ich sehe, dass sie Erfolg hatten. Meinen Glückwunsch. Ich öffne gleich ein Wurmloch-Fenster ins Sol-System. Informieren sie alle Schiffe, dicht zu folgen. «

»Danke Belran«, antwortete Commander Malley.

Er blickte seinen Funker an.
»Gleichzeitiger Datentransfer an alle Schiffe«, sagte Commander Malley. »Alle Einheiten sollen uns dicht folgen. «

» Die Meldung geht soeben ab«, bestätigte Sergeant Milton.

Vor ihnen enttarnte sich das Evolutions-Schiff von Belran. Ein greller Lichtschein zeigte die Öffnung des Wurmloch-Fensters an.

»Fliegen sie uns durch«, befahl der Commander seinem Steuermann.

Der große Flotten-Verband setzte sich in Bewegung und folgte dem Schiff des Lantraners durch das geöffnete Wurmloch-Fenster.

Morina- System

Das von dem Lantraner Uran geöffnete Wurmloch-Fenster lag im Wega-System, genau genommen im Sternzeichen der Leier. Die Entfernung zu Tarid betrug 25,3 Lichtjahre. Das Doppelsonnen-System der Morina lag in sichtbarer Entfernung vor ihnen. Sieben Planeten umkreisten die beiden Sonnen. Der dritte Planet war das Handels-Zentrum der galaktischen Händler. So nannten sich die Morina. Dank der massiven Unterstützung des Neuen-Imperiums, war es den Morina zwischenzeitlich gelungen, bewaffnete Polizei-Schiffe zu produzieren, die angreifende Piraten-Verbände in Schach halten, oder auch abwehren konnten. Dank der vereinbarten Verträge sicherten starke Schiffs-Geschwader des Neuen-Imperiums, das Heimat-System, die Weiterleitungs-Stationen für Handelsgüter und den umliegenden Raum ab.

Commander Stuart kannte den Führer des 157. Flotten-Geschwaders, Captain Devon Almazan recht gut. Er sicherte mit seinen 350 Schiffen unterschiedlicher Klassen, das Heimat-System der Morina. Captain Alonzo Hammond, war der Befehlshaber des Schiffs-Verbandes

253. Ihm waren 500 Naada-Schiffe unterstellt, die den umliegenden Raum sicherten. Hinzu kam noch die 93. Patrouille-Flotte unter Commander Meiko Narganuri. Sie kümmerte sich um die Sicherung und die Unterstützung der Weiterleitungs-Stationen. Auch diese waren vor den Angriffen der Piraten nicht sicher, wie die Vergangenheit gezeigt hatte. Doch der Weltraum war groß. Trotz der starken Präsenz der Schiffe des Neuen-Imperiums, ließen die Piraten nicht davon ab, Kolonnen von kaum bewaffneten Transport-Schiffen zu attackieren, oder zu entführen. Noch waren die Parlamentarier Schiffe, unter dem Kommando von Quentin Stuart, zu weit von der Sternen-Insel der Morina entfernt, um die dort stationierten Verbände des morinischen Heimat-Systems erreichen zu können.

»Eingehender Funkspruch«, meldete Sergeant Reid. »Das lantranische Schiff ruft uns. «

»Legen sie bitte auf die Lautsprecher«, antwortete Commander Stuart.

»Hier spricht Uran, drang die Stimme des Lantraners aus den Lautsprechern. »Commander Stuart, hören sie mich? «
»Ich höre sie Uran, klar und deutlich«, antwortete der Commander.

»Lassen sie diese Koordinate von ihrer KI speichern«, gab Uran durch. »Meine Mission endet hier. Melden sie sich nach dem Abschluss ihrer Mission über eine Hyperkomm-

Funkverbindung. Ich öffne dann ein Fenster für ihren Rückflug. Näher konnte ich sie nicht an das System heranbringen. Sie wissen ja, dass wir unbekannte Wurmlöcher nutzen. Die getarnte Steuerungs-Station befindet sich leider nur auf dieser Position. Die näherliegende ist unglücklicherweise ausgefallen. Heran wird sich in nächster Zeit um die Einsatzbereitschaft kümmern. Doch im Moment sendet sie keinen aktiven Impuls. Sie sehen, dass wir uns auch um die Wartung der Anlagen kümmern müssen. «

»Danke Uran«, erwiderte der Commander. » Dafür haben wir volles Verständnis. Sie haben uns sehr geholfen, die restliche Strecke schaffen wir allein. Wir melden uns rechtzeitig.«

Er blickte Sirin an.
»Wussten sie, dass die Lantraner ihre geheimen Wurmlöcher über Geheim-Stationen steuern? «, fragt er

Sirin nickte.
»Major Travis hatte mir das mitgeteilt«, bestätigte sie. »Es gibt ein Netz unbekannter Wurmlöcher, die aber bislang nur den Lantranern bekannt sind. Dank ihrer ausgereiften Tarn-Technik, bleiben sie für unsere technischen Möglichkeiten verborgen. «

Commander Stuart schüttelte seinen Kopf.
»Interessant, man erfährt immer wieder neue Dinge«, lächelte er.

Er drehte seinen Kopf wieder dem großen Monitor zu.
»Ich bitte um einen Statusbericht«, sagte Commander Stuart.

»Die Entfernung zu dem Morina-System beträgt knapp 3 Lichtjahre«, antwortete Sergeant Michels.

Der Commander blickte seinen ersten Offizier an.
»Leutnant Clancy, errechnen sie mit unserer KI maximal zwei Hyperraumsprünge in das Morina-System. «

»Aye, Commander«, antwortete der Leutnant.
Er eilte an seinen Terminal und gab die erforderlichen Daten ein.

Es dauerte nur wenige Sekunden, bis er eine Rückmeldung geben konnte.

»Die Sprünge sind programmiert, Commander«, bestätigte er. »Wir sind bereit. «

»Danke Leutnant«, antwortete Quentin Stuart.

»Sergeant Reid, synchronisieren sie die Sprungdaten mit unseren Begleit-Schiffen. «

»Aye, Commander«, antwortete der Funk-Offizier. »Die Daten werden bereits abgestimmt. «

Commander Stuart blickte auf den zentralen Bildschirm seines Schiffes.

»Den Sprung einleiten«, befahl er.

Der Steuermann drückte den Schubhebel nach vorne und betätigte die Sprungtaste. Der Schiffs-Verband entmaterialisierte und verschwand im Hyper-Raum.

Die Kolonne der schwerfälligen Transport-Schiffe hatte den Hyper-Raum verlassen und war in den Normal-Raum gewechselt. Die Positionsdaten des Morina-Systems stimmten nicht mehr ganz. Sie wichen von den alten Archivdaten ab. Leutnant Zhirogatt schaute auf seine Anzeigen.

»Wir sind etwas vom Kurs abgekommen«, stellte er fest. »Korrigiert die Koordinaten.«

»Wir gehen auf UL5«, befahl er seinem Navigator.
Der bestätigte den Befehl.

»Es wird eine Zeit dauern, bis wir die Geschwindigkeit erreicht haben«, antwortete der Offizier. »Die Masse unserer Schiffe erschwert die Beschleunigung. «

»Wie weit ist es noch zu dem Morina-System? «, fragte der Leutnant.

Der Ortungs-Offizier blickte auf seine Anzeige.
»Nur noch knapp 1.5 Lichtjahre«, antwortete er.

»Wie lange ist die Flugdauer, bis wir das System erreichen? «, fragte der Leutnant.

»Wenn wir UL5 erreicht haben, müssen wir mit etwa drei Stunden rechnen «, antwortete der Offizier.

»Ist ein weiterer Sprung möglich? «, erkundigte sich der Leutnant.

»Derzeit laden wir unsere Sprungkonverter neu auf«, antwortete der Offizier der Maschinen-Kontrolle. »Das wird eine Stunde dauern. «

»Danke«, sagte der Leutnant.
Er blickte auf seine Monitore. Unruhe machte sich in ihm breit. Die 12 Schiffe seines Konvois waren mit wichtigen medizinischen Handelsgütern beladen. Die Morina hatten vor nicht allzu langer Zeit ihr Heimat-System besucht und Handels-Verträge abgeschlossen. Sie hatten sich als galaktische Händler vorgestellt und mitgeteilt, dass sie dabei wären, Vertriebswege zu allen Rassen der Milchstraße aufzubauen. Ihren Vorschlag, die hochwertigen medizinischen Produkte von Argon zu vertreiben, hatte die Regierung seines Planeten gerne angenommen. Viel zu lange konnten sie, nach dem Rückzug des kaiserlichen Imperiums von Natrid, keine Kontakte mehr zu anderen Welten der Milchstraße pflegen.

»Wir Argoner sind keine expandierende Rasse«, dachte der Leutnant. »Die wenigen Raumschiffe, die uns zur

Verfügung stehen, werden überwiegend für Transport-Lieferungen von produzierten Gütern verwendet. «

Ihr Planet Argon lag im Sternbild des Löwen, nahe des Sternenfeldes Wolf 359. Dieser rote Zwerg des Spektraltyps M6 leuchtete dunkelrot und war als Navigationspunkt in den natradischen Kartendaten integriert. Nicht weit hiervon lag ihr Heimat-System. Ein kleines Sternen-System mit einer Sonne, die von 4 Planeten umrundet wurde. Es stellte sich im großen Universum als eine unauffällige Erscheinung dar. Vermutlich war das auch der Grund, warum sie in dem großen Krieg des kaiserlichen Imperiums unbehelligt geblieben waren.

»Früher waren wir der wichtigste Lieferant für Medikamente und Medizinprodukte gewesen«, erinnerte sich der Leutnant. »Viele Transport-Schiffe des kaiserlichen Imperiums steuerten mehrmals in der Woche unser System an, um fertige Transport-Container zu laden. Es war eine gute Epoche für unser Sternen-System gewesen. Wohlstand und Reichtum erarbeiteten wir uns als Folge der fleißigen Forschungen und Entwicklungen. Doch das hörte plötzlich abrupt auf. Von der Evakuierung, der wenigen überlebenden Natrader, hörten wir nur durch Besatzungen von fremden Handels-Schiffen. Die kontinuierlichen Lieferungen, zwischen uns und dem natradischen Kaiserreich, kamen zum Erliegen. Unsere Raumfahrt wurde sträflich vernachlässigt. Unser Volk besaß nie ein technisches Entwicklungszentrum für Raum-Fahrzeuge, noch weniger konnten wir mit einer ausgereiften Waffentechnik aufwarten. Die natradischen Schutz-Flotten, die unseren Planeten und die Handelsrouten sicherten, existierten schlagartig nicht mehr. Aber das ist lange vorbei. «

Der Leutnant kannte alles nur aus Berichten oder von Überlieferungen seiner Rasse. Mit Bedauern dachte er an diese Zeit zurück.

»Aber jetzt haben wir den ersten Auftrag der galaktischen Händler produziert und sind auf dem Weg in ihr Heimat-System, um die produzierten Waren auszuliefern«, dachte er. »Das kann ein neuer Anfang für unsere Produktion sein. «

Dyron Zhirogatt hasste die Enge der Transport-Schiffe.
»Viel lieber wäre ich jetzt zu Hause, in der vertrauten Umgebung«, dachte er. »Die vielen unterschiedlichen Zuchtanlagen für seltene Pflanzen auf unserem Planeten strömen einen unverwechselbaren Duft aus. Aus ihnen wird die Medizin gewonnen. «

Er dachte an die zahlreichen Blumen und Gewächse, die alle einer Bestimmung dienten. Ihr ganzer Planet war mittlerweile ein Rückzugsort für seltene Bäume, Pflanzen, Gewächse und Kräutern, des ehemaligen kaiserlichen Imperiums.

»Die Alten meines Volkes hatten alles fein sauber zusammengetragen und archiviert«, erinnerte er sich. »Der seltene Samen der Pflanzen wartete auf einen

Neubeginn der alten Ära. Doch kein natradisches Schiff hatte Argon seit mehr als 100.000 Jahren mehr angesteuert. Umso überraschter war meine Regierung von der Konsultation der galaktischen Händler gewesen. Sie gaben nicht viele Informationen preis, nur dass sie über gute Kontakte, zu vielen überlebenden Zivilisationen der Milchstraße verfügten und dass sie gerne ausgereifte Arznei und Medikamente in ihr Verkaufs-Sortiment aufnehmen würden. Sie boten an, im Gegenzug andere Waren zu liefern, oder die Bezahlung in einer unbekannten Währung, sie nannten das Zahlungsmittel Terun, vornehmen zu wollen. Hiermit sollten auch von ihnen gekauften Waren bezahlt werden. Unsere Regierung zeigte sich freudig einverstanden und ging einen ersten Handelskontrakt mit den Händlern ein. Eine entsprechende Wechsel-Bank wurde eingerichtet. Jetzt sind wir auf dem Weg die Auslieferung vorzunehmen. «

Trotz allem war er gespannt auf den Planeten der Morina. So nannten sich die Händler. Er hatte noch nie ein Händler-Verteilungs-Zentrum des ehemaligen Imperiums kennengelernt. Er wischte seine Gedanken zur Seite und konzentrierte sich wieder auf die Flugroute.

»Ich messe starke Struktur-Erschütterungen im Hyperraum an«, meldete der Ortungs-Offizier Bhyrogat. »Sie liegen 30.000 Kilometer vor uns. «

»Sofort auf den Bildschirm legen«, befahl Leutnant Zhirogatt.

Die Ortungs-Monitore zeigten, wie 45 Raumschiffe in dem Normal-Raum materialisierten.

»Was sind das für Schiffe? «, fragte der Leutnant nervös. »Sie nähern sich mit ausgefahrenen Waffen-Türmen«, antwortete der Offizier der Ortung entsetzt.

»Ich messe starke Energie-Emissionen an«, meldete der Sicherheits-Offizier Khyttosatt. »Die Form der Schiffe kann nicht identifiziert werden. Es sind unbekannte Schiffe einer 150-Meter-Klasse. Alle einheitlich schwer bewaffnet. «

»Eingehender Funkspruch«, meldete Latan Vhrosatt, der die Funk-Leitstelle bediente. »Man ruft uns. «

»Auf die Lautsprecher legen«, befahl der Leutnant.

»Hier spricht Reco Kuriato«, tönte es aus den Konsolen. »Ich bin der Kommandeur des Piraten-Geschwaders. Stoppen sie ihre Schiffe. Ansonsten eröffnen wir das Feuer auf sie. «

»Sie aktivieren ihre Waffen«, meldete Ortungs-Offizier Bhyrogatt. Er hatte die Worte kaum ausgesprochen, als drei kräftige Laserstrahlen an dem Bug des führenden Transport-Schiffes vorbei rasten.

»Sie meinen es ernst«, ergänzte der Offizier der Ortung.

»Ich habe es bemerkt«, erwiderte Leutnant Zhirogatt.

Sein Gehirn arbeitete und wog alle Möglichkeiten ab.

»Wie lange noch, bis die Sprung-Konverter geladen sind? «, frage der Leutnant seine Crew.

»Zu lange«, antwortete Belina Khyttosatt. »Es wird noch 25 Minuten dauern. Vorher aktiviert sich das Triebwerk nicht. «

»Mitteilung an alle Schiffe, den Flug stoppen«, befahl Leutnant Zhirogatt. »Einen Notruf auf allen Frequenzen absetzen. Vielleicht hört uns ein Hilfsverband. «

»Woher soll der kommen? «, fragte Navigator Rhysogatt. »Die kaiserlichen Flotten von Natrid existieren nicht mehr. Ich glaube kaum, dass die Morina über entsprechende Flotten verfügen. Es sind Händler, keine Polizeimacht. «

»Die Flotte ist gestoppt«, bemerkte der 1. Offizier Mhirosytt.

»Öffnen sie eine Verbindung zu dem Piraten-Schiff«, befahl der Leutnant.

»Hier spricht Leutnant Zhirogatt«, sprach er in den Communicator. »Wir sind ein Verband von Transport-Schiffen. Wir haben lediglich dringend benötigte Medizin geladen. Was wollen sie von uns? «

»Hier spricht Reco Kuriato«, hallte es zurück. »Ich sehe, sie haben ihre Schiffe gestoppt und kooperieren. Übergeben sie uns ihre Fracht-Schiffe. Im Gegenzug verschonen wir ihr Leben. Wir sichern ihnen freies Geleit in ihren Beibooten zu. «

»Den Rückflug in unseren Beibooten schaffen wir nicht zu unserem Heimat-System«, antwortete der Leutnant. »Die Beiboote verfügen bei weitem nicht über genügend Energie. «

»Dann fliegen sie den Planeten Morina an, dort wird ihnen sicherlich geholfen«, antwortete der Pirat Kuriato. »Ich gebe ihnen 30 Minuten Zeit für Ihre Entscheidung. Danach entern wir ihre Schiffe. «

Die Verbindung brach ab.

Der Leutnant blickte seine Crew an.
»Für Vorschläge wäre ich ihnen dankbar«, sagte er.

»Wir können sie nicht abwehren«, antwortete Belina Khyttosatt. »Es bleibt keine Alternative. Wir müssen ihnen die Schiffe übergeben, falls wir mit dem Leben davonkommen wollen. «

»Wir wissen von den wenigen Handelsschiffen, die Argon anfliegen, dass in den wenigsten Fällen die Besatzungen Angriffe von Piraten überlebt haben«, teilte der Ortungs-Offizier mit. » Sie wollen keine Zeugen für ihre Überfälle hinterlassen. «

»Wie stark sind unsere Schutz-Schirme? «, fragte Leutnant Zhirogatt. » Können sie diese durchbrechen? «

»Ich denke, bei einem konzentrierten Beschuss mehrerer ihrer Schiffe, werden unsere Schirme kollabieren«, erwiderte Belina Khyttosatt. »Die Schiffe sind nicht mehr modifiziert worden. Es ist alles noch die alte Imperiums-Technik. «

Die Mannschaft überlegte verzweifelt.
Ein Knistern breitete sich über die Bord-Lautsprecher aus.

Der Leutnant hob seinen Kopf. Er hob seine Hand.
»Ruhe bitte«, flüsterte er.

»Hier spricht Commander Stuart von dem Parlamentarier-Schiff Termar 2, des Neuen-Imperiums von Natrid und Tarid«, tönte es aus den Lautsprechern. »Wir haben ihren Notruf erhalten. Wir sind in wenigen Minuten bei ihnen und unterstützen sie. Gedulden sie sich noch etwas. «

Die Crew des argonischen Transport-Frachters brach in Jubel aus.

Die Termar 2 und ihre Begleit-Schiffe hatten einen weiteren Hyper-Sprung vollendet und brachen in den Normal-Raum ein.

»Positionsdaten abgleichen«, befahl Commander Stuart.

»Ich bekomme einen Notruf herein«, sagte Sergeant Jamar Reid. »Er ist in natradischer Sprache verfasst. «Commander Stuart schaute ihn an.

»Legen sie ihn auf die Lautsprecher«, bat er.
»Hier ist die Transport-Flotte von Argon2, hallte es aus den Lautsprechern. »Unsere 12 Fracht-Schiffe werden von Piraten angegriffen. Bitte helfen sie uns. Unsere Lage ist aussichtslos. Wir rufen alle in der Nähe befindlichen Schiffe. Piraten haben uns aufgebracht. Wir benötigen dringend ihre Hilfe. «

»Geben sie ihnen eine Bestätigung, dass wir kommen«, befahl der Commander. »Befehl an unsere Begleit-Schiffe. Die Waffen-Türme ausfahren und aktivieren. Wir unterstützen einen Transport-Verband. Haben wir die Koordinaten ermitteln können? «

»Ja«, antwortete Sergeant Michels. »Sie liegen etwa 250.000 Kilometer vor uns. «

»Informieren sie unsere Schiffe«, befahl der Commander. »Beschleunigen sie auf Schub UL6.

Der kleine Schiffs-Verband beschleunigte und näherte sich den Koordinaten.

»Ich bekomme erste Ortungsdaten herein«, meldete Sergeant Michels. »Es sind 12 große Frachtschiffe alter natradischer Bauart. Sie werden von 45 Piraten-Schiffen, einer 150-Meter-Klasse umzingelt. «

»Unser Verband soll sich im Rücken der Piraten-Schiffe verteilen«, befahl Commander Stuart. »Alle Waffen-Türme auf die Schiffe der Piraten ausrichten. Bei einem gezielten Beschuss durch die Piraten, sofort das Feuer erwidern und das betreffende Schiff ausschalten. «

Der Verband der Schiffe des Neuen-Imperiums verzögerte stark. Sie hatten die Position des fremden Schiffs-Verbandes erreicht.

»Hier spricht Commander Stuart von dem Neuen-Imperiums von Natrid und Tarid« sprach er in die offene Hyperkomm-Funkverbindung. »Ich rufe die Piraten-Schiffe. Ziehen sie sich zurück, ansonsten vernichten wir sie. «

Die Leitung knisterte.
»Hier ist Reco Kuriato«, dröhnte es auf der Brücke. »Ich bin der Flotten-Führer der Piraten-Schiffe. Mischen sie sich nicht in unsere Operation ein. Die Schiffe befinden sich im freien Raum. Die Transport-Schiffe gehören uns. «

»Da irren sie sich«, antwortete Commander Stuart. »Sie befinden sich in dem Hoheitsgebiet des Neuen-Imperiums. Sie greifen natradische Fracht-Schiffe an. Das werden wir nicht dulden. Ich wiederhole mich nicht noch einmal. Ziehen sie sich unverzüglich zurück, ansonsten eröffnen wir das Feuer auf sie. «

Ein Piraten-Schiff schien nervös zu werden und eröffnete das Feuer auf ein Begleit-Schiff der Kaiser-Klasse. Dutzende Laser-Salven rasten auf das Schiff zu. Sie wurden von dem neuen Super-Schutz problemlos aufgefangen und absorbiert. Der Schirm wandelte die auftreffende Energie um und leitete sie zusätzlich in sein Prallfeld ein.

»Der Schirm des getroffenen Schiffes weist einen Energie-Zuwachs auf 107 Prozent aus«, sagte Sergeant Davis.

»Die neuen Schirmfeld-Modifikationen funktionieren«, bemerkte Commander Stuart. »Das gibt uns noch ein Plus an Sicherheit. «

Das angegriffene Schiff der Kaiser-Klasse antwortete mit einer vollen Breitseite. Aus 25 Waffen-Türmen der Backbordseite rasten kräftige Laser-Lanzen auf das angreifende Piraten-Schiff zu. Die Besatzung der Termar 2 sah, wie der Schutz-Schirm des Piraten-Schiffes Funken sprühte, immer durchlässiger wurde und kollabierte. Die einschlagenden Laser-Strahlen verwandelten das Piraten-Schiff in einen grellen Feuerball. Dieser breitete sich immer weiter aus, bis er in der Kälte des Alls verpuffte.

»Möchten sie noch weitere Waffentests durchführen, oder reicht ihnen das? «, funkte Commander Stuart den Flottenführer Reco Kuriato an.

»Wir ziehen uns zurück«, sprach dieser in die Hyperkomm-Funkverbindung. »Aber sie werden noch von uns hören. Das werden wir nicht auf uns sitzen lassen. Wir werden das Neue-Imperium angreifen, bis es untergeht.«

»Wir geben ihnen 5 Minuten, um sich zu entfernen«, ignorierte Commander Stuart die Drohung des Piraten. » Nach dem Ablauf dieser Zeit werden wir das Feuer auf ihre Schiffe eröffnen. Wir haben genug von ihnen. «

Die Flotte der Piraten reagierte kurzentschlossen, beschleunigte und verschwand im Hyper-Raum. »Suchen sie auf der Position des vernichteten Schiffes, nach Überlebenden, oder Rettungskapseln«, befahl Quentin Stuart.

»Der Sektor wurde gescannt und überprüft«, antwortete Sergeant Michels. »Es konnten keine Überlebenden gefunden werden. «

»Eingehender Funkspruch von den Transport-Schiffen«, meldete Sergeant Reid.

»Hier spricht Leutnant Zhirogatt«, tönte es auf Natradisch aus den Lautsprechern. »Wir danken dem Neuen-Imperium für die Unterstützung. Wir sind Argoner und waren früher ebenfalls ein Mitglied des kaiserlichen Imperiums. Wir verwenden noch immer Transport-Schiffe aus dieser Zeit. Unser Planet war die führende Welt der Arzneimittel-Produktion in dem kaiserlichen

Hoheitsgebiet. Unser Weg führt uns zu den Morina. Danke, ohne sie wären wir verloren gewesen. «

»Nichts zu danken«, antwortete Commander Stuart. »Sie haben Glück gehabt, dass wir in der Nähe waren. Wir haben den gleichen Weg. Dürfen wir sie nach Morina begleiten. Vielleicht finden sie Zeit für ein persönliches Treffen? «

»Gerne Commander«, antwortete der Leutnant. »Dann ist uns wesentlich wohler. Wir werden versuchen ein Treffen möglich zu machen. Unabhängig hierzu bitten wir um Kontaktaufnahme des Neuen-Imperiums. Wir möchten wieder integriert werden. Unsere Spezialitäten verstehen sich auf die Entwicklung hochwertiger Medikamente und Medizinpräparate. Der Raumflug ist nicht von uns weiterentwickelt worden. Wir hoffen auf ihre Unterstützung. «

»Wir geben ihren Wunsch an unsere Regierung weiter«, erwiderte Commander Stuart. »Aktivieren sie ihre Aggregate.

»Wir starten unsere Antriebe«, antwortete Leutnant Zhirogatt

Nach knapp 3 Stunden Flugzeit hatte die Flotte das Morina-System erreicht. Der Schiffs-Verband von Argon bedankte sich für die Begleitung und ersuchte um eine separate Lande-Erlaubnis auf dem Bereich der Fracht-Abfertigung des Planeten.

Sirin stand am CIC der Termar 2 und blickte auf die unzähligen Schiffs-Bewegungen. Viele Transport-Verbände flogen den Planeten der Morina an. Andere waren bereits abgefertigt und hoben geordnet in entgegengesetzter Richtung ab. Es waren Transport-Schiffe unterschiedlicher Größe und Bauweise.

»Das System wird bald wegen Überfüllung geschlossen werden«, sagte Sirin. »Die Flug-Aktivitäten sind fast vergleichbar mit unserem Umschlags-Zentrum auf Titan. « Commander Stuart trat ebenfalls an das CIC.

»Es sind fleißige Händler«, lächelte er. »Hierin finden sie ihre Aufgabe. «

Natradische Schiffe des Flotten-Verbandes 157, unter Commander Devon Almazan, kontrollierten die einfliegenden Schiffe und scannten sie. Nach einer Kontrolle der Frachtpapiere übermittelten sie die Daten an die zentrale Einfuhrkontrolle auf Morina. Erst dann wurden die Anweisungen über entsprechende Lande-Genehmigungen erteilt. Auf allen Planeten des Morina-Systems existierten mittlerweile große Umschlags- und Distributions-Zentren, die sich um die weitere Einlagerung der Ware kümmerten.

»Wir werden gerufen«, meldete Sergeant Reid. »Der Flotten-Verband 157 hat uns im Scanner. «

»Auf die Lautsprecher legen«, antwortete Commander Stuart. »Senden sie unsere IDs. «

»Hier ist die Einflugkontrolle des Morina-Systems«, klang es aus den Lautsprechern. »Identifizieren sie sich sofort, ansonsten erfolgen Abwehrmaßnahmen.

»Hier ist die Termar 2 mit einem Begleitverband«, antwortete der Commander. » Unsere ID's wurden gesendet. «

»Hallo Commander Stuart, hier spricht Commander Almazan«, tönte es aus den Lautsprechern. »Ich begrüße sie im Morina System. Entschuldigen sie die Unannehmlichkeiten. Wir müssen vorsichtig sein. Bei den vielen Schiffen kann unter Umständen auch ein Saboteur-Schiff der Piraten dabei sein. «

»Ich verstehe sie gut, Commander«, antwortete Quentin Stuart. »Machen sie sich keine Gedanken. Wir sind in planetarischer Mission hier. Lassen sie uns passieren? «

»Selbstverständlich, Commander Stuart«, antwortete Commander Almazan. »Sie dürfen einfliegen. Viel Erfolg für sie. «

»Danke Commander«, erwiderte Commander Stuart freundlich. »Das gleiche wünsche ich ihnen. «

Die Leitung brach ab. «

»Wir fliegen den Regierungs-Planeten an«, befahl Commander Stuart. »Das ist der 3. Planet des Systems. Dort ist auch unser neues Konsulat beheimatet. Der neue EWK-Raumflughafen ist groß genug für eine ganze Flotte. Unsere Begleit-Schiffe sollen ebenfalls den Landeanflug einleiten. Holen sie bitte eine Landegenehmigung unseres Konsulats ein. «

Der Funkoffizier bestätigte kurz den Erhalt des Befehles. Wenige Minuten später setzte die Termar 3 und ihre Begleit-Flotte auf dem Landeplatz vor der Vertretung des Neuen-Imperiums auf. Als sich die kleine Gruppe dem Konsulat näherte, trat bereits der neue terranische Konsul Matazawo aus der prächtigen Pforte des Gebäudes.

»Ich habe sie bereits erwartet«, begrüßte er die Besucher freudig. »General Poison hat mich über den Inhalt ihres Besuches informiert. Wir liegen gut in der Zeit. Ich erwarte die morinische Delegation erst in einer Stunde. «

»Darf ich ihnen meinen 1. Offizier, Leutnant Clancy und die natradische Prinzessin Sirin vorstellen? «, fragte Commander Stuart. » Sie begleiten mich zu den Gesprächen mit den Morina. «

Der Konsul begrüßte beide herzlich.
»Ich bin sehr erfreut, sie einmal persönlich kennenzulernen, Prinzessin«, sagte er charmant. »Ich habe bereits viel von ihnen gehört. «

»Hoffentlich nur Gutes«, lächelte die Prinzessin zurück.

»Da können sie sicher sein«, erwiderte der Konsul.

»Wir wurden leider aufgehalten«, sagte Commander Stuart freundlich. »Es sind immer noch Piraten unterwegs, die versuchen Transport-Schiffe zu überfallen. «

Der Konsul blickte den Commander erstaunt an.

»Eigentlich haben wir das im Griff«, antwortete Konsul Matazawo. »Hier im inneren System haben wir lange keine Angriffe mehr registriert. «

»Das mag zwar sein«, antwortete Commander Stuart. »Wir haben einen Schiffs-Verband gerettet, der sich 1,5 Lichtjahre vor dem Sternen-System der Morina im freien Raum aufhielt. «

Konsul Matazawo nickte.

»Das ist gut möglich«, bemerkte er. »Wir können derzeit nicht noch den Leer-Raum kontrollieren. Die Kontrolle der wachsenden Fracht-Transporter geht schon an unsere Kapazitätsgrenze. Ferner führen wir immer noch Patrouillen an den Weiterleitungs-Stationen durch. Das bindet unsere Ressourcen. «

»Es ist doch geplant, dass diese Aufgaben irgendwann von den Morina übernommen werden sollen«, fragte Commander Stuart.

»Wie weit sind sie denn mit der Produktion ihrer Polizei-Schiffe vorangekommen? «, erkundigte sich Sirin.

Der Konsul blickte sie an.
»Die Produktion läuft auf Hochtouren«, antwortete er. »Nach unserer letzten Schätzung verfügen sie bereits über eine Anzahl von 2.500 neuen Schiffen ihrer 250-Meter-Klasse. «

»Das ist mehr als ich dachte«, erwiderte sie. »Dann haben unsere Schiffe ja bereits Verstärkung erhalten? «»Das wäre schön, ist aber nicht so«, entgegnete der Konsul. »Die meisten ihrer Schiffe stehen auf dem regierungseigenen Raumflug-Hafen. Es scheint so, als sammeln sie die Schiffe. Nur wenige von ihnen sind bisher in den Weltraum gestartet. «

Die Besucher der Termar 2 schauten sich irritiert an.

»Woran liegt das? «, fragte Leutnant Clancy.

»Die Morina geben es zwar nicht zu, aber sie sind Händler und keine Soldaten«, antwortete der Konsul. »Vermutlich haben sie ein Problem mit der Vernichtung anderer Schiffe und deren Lebewesen. «

»Sie haben doch zu diesem Zweck die Raum-Akademie ins Leben gerufen. So wie ich weiß, wird ihr Personal dort nach terranischen Richtlinien geschult? «

Konsul Matazawo nickte.

»Ich habe von unseren Dozenten erfahren, dass die Morina alles verstehen, die Theorie hervorragend meistern, doch dann entstehen Probleme, das Gelernte in der Praxis umzusetzen«, erklärte er. Hieran liegt es nicht. «

Der Konsul blickte auf seinen Zeitmesser.

»Lassen sie uns in den Besprechungs-Saal gehen«, schlug er vor. »Die Abordnung der Morina wird in wenigen Minuten eintreffen. «

Noch in Gedanken versunken, trat die Gruppe in das Konsulat ein. Sie durchquerten den großen, prunkvollen Eingangsbereich, bogen in einige Gänge ab, bis sie vor einer verzierten Holzpforte ankamen. Konsul Matazawo öffnete und bat seine Gäste herein. Der Raum war stilvoll eingerichtet. Ein großer Tisch stand in der Mitte, umgeben von gepolsterten Sesseln mit Lederüberzug. Auf der Mitte des Tisches stand ein vierseitiger Bildschirm, für die Anzeige von Bildmaterial. An den Wänden hingen Fotos von unterschiedlichen Planeten und deren Vegetation. Diese wurden aufgelockert durch Artefakte zahlreicher Kulturen. Commander Stuart erkannte einen Totempfahl, einer alten indianischen Rasse von der Erde. Dann wieder Skulpturen von anderen Rassen. Das Ganze wurde von Kübelpflanzen und Sträuchern der heimischen Morina-Vegetation verschönert.

»Die Morina haben uns bei der Einrichtung des Raumes unterstützt«, sagte Konsul Matazawo.

»Alles ist sehr schön geworden«, bemerkte Sirin.

Ein Saaldiener kam durch die Tür gelaufen.
»Herr Konsul, die Delegation der Morina ist eingetroffen«, sagte er.

»Geleiten sie die Gesandten herein«, antwortete der Konsul.

»Entschuldigen sie bitte, ich werde die Morina empfangen. «

»Machen sie nur«, antwortete Commander Stuart. » Wir laufen ihnen nicht weg. «

Der Konsul ging auf den Eingang zu. Zwei Garde-Soldaten begleiteten die Delegation der Morina in den Saal. Konsul Matazawo begrüßte die drei Abgesandten freundlich und führte sie an den Tisch, vor dem immer noch die Besucher der Termar 2 standen.

»Ich darf ihnen die Parlamentarier von Major Travis vorstellen«, fragte er die Morina-Delegation. »Commander Stuart kennen sie ja bereits. Er hält sich öfter bei ihnen auf. Seinen ersten Offizier Leutnant Clancy und Prinzessin Sirin von Natrid begleiten ihn. « Prince Prine Pimona, der Handels-Attaché der Morina lächelte.

»Ich freue mich aufrichtig, sie wiederzusehen, Prinzessin«, antwortete er. » Endlich haben sie einmal den Weg zu uns geschafft. Was sagen sie zu unserem Planeten? «

»Ich bin beeindruckt«, antwortete die Prinzessin ehrlich. »Bei ihnen dreht sich alles um den Handel und um den Umschlag von Waren. «

»Das haben wir als unsere Berufung erkannt«, erwiderte der Handels-Attaché. »Das war früher unter dem natradischen Kaiser-Imperium so und das ist heute wieder so. «

Er zeigte auf seine Begleiter.
»Darf ich ihnen unseren Wirtschafts-Attaché Prince Myron Schomonver vorstellen? «

Die Besucher der Termar 2 begrüßten den Vertreter der Morina herzlich.

»Wir haben unseren Kommandeur der Raum-Streitkräfte, Prince Ulear Tomatover, mitgebracht«, erklärte Prince Prine Pimona.

Auch er wurde standesgemäß willkommen geheißen. Konsul Matazawo bot den Gästen einen Sitzplatz an dem großen Tisch an. Ein Service-Roboter servierte kühle Getränke.

»Danke für ihr Erscheinen«, eröffnete der Konsul das Gespräch. »Sie sehen uns hier, mit einer Bitte an sie herantreten«, sagte er. »Aber ich gebe das Wort direkt an Commander Stuart weiter, der über die neusten Informationen verfügt. «

Er blickte den Commander an.

»Bitte, informieren sie die Morina über die aktuellen Einzelheiten«, ergänzte er.

Der Commander blickte die Morina ernst an.

»Wir sind zu ihnen gekommen, denn eine hoheitliche Aufgabe erfordert unsere ganze Aufmerksamkeit«, erklärte er. »Es handelt sich diesmal nicht um eine Angelegenheit, die mögliche Abwicklungen von Handels-Sendungen betrifft. Wir stehen möglicherweise vor einem neuen Krieg. Es gibt eine Rasse im Universum, die sich zum Ziel gesetzt hat, sämtliche humanoide Völker in allen intergalaktischen Sternen-Inseln zu vernichten. Sie nennen sich Worgass und bereiten derzeit eine Invasion der Milchstraße vor. «

»Der Name ist uns nicht unbekannt«, sagte Prince Prine Pimona. »Händler haben uns von dieser Rasse erzählt, die bereits viele Galaxien unterjocht und ihre humanoiden Species ausgelöscht haben. Wir haben auch von ihrer Unterstützung in der Kleinen Magellanschen Wolke gehört. Dort ist es ihnen scheinbar gelungen, den Einfluss dieser Rasse zu beenden. « Commander Stuart nickte.

»Sie haben Recht«, bestätigte er. » In einer Zusammenarbeit mit den dort lebenden Völkern konnten wir den Einfluss der Worgass beenden. Aber ich spreche nicht von diesem Sternen-System. Die Worgass bereiten eine Invasion der Milchstraße von Andromeda aus vor. Wir haben eine Aufklärungs-Mission gestartet und festgestellt, dass sie bereits eine große Flotte von Kampf-Schiffen produziert haben. Jeden Tag kommen neue Schiffe hinzu. Durch die Informationen eines Überläufers wissen wir, dass ihr Ziel eine Flottenstärke von 1.200.000 Kampf-Schiffen ist. Hinzu kommt noch, dass sie ihren Wurmloch-Durchgang in 8 Wochen fertiggestellt haben werden. Dann werden sie vermutlich aus anderen unterjochten Galaxien weitere Flotten-Verbände zur Unterstützung anfordern. Wir vermuten, dass Natrid und Tarid ihre bevorzugten Ziele sein werden. Jeder bewohnter Platen wird ihr Ziel sein. Jede Rasse ist ihnen ausgeliefert. Verluste schmerzen sie nicht. Für diesen Zweck haben sie extra eine Rasse gezüchtet. Sie übernimmt die Schmutz-Arbeit für sie. Haben sie mittlerweile genug Raumschiffe, um eine solche Armada von Schiffen abzuwehren? «

Die Vertreter der Morina schauten sich an.
»Wir denken doch, dass sie den Schutz für unser System übernehmen werden? So war doch die Aussage von Major Travis. «

»Diese Aussage ist protokoliert«, antwortete Commander Stuart. »Doch sie bezieht sich auf die Piraten und die Sicherung der Weiterleitungs-Stationen. Derzeit besitzen die Worgass eine Flotten-Stärke von 641.000 Schiffen. Die geplante Größe ihrer Angriffs-Flotte erwähnte ich bereits. Ihnen wird doch klar sein, dass die in ihrem Gebiet stationierten Verbände, diese massive Anzahl von Schiffen nicht aufhalten können. «

»Dann schicken sie mehr Schiffe«, erwiderte Prince Ulear Tomatover. »Das sollte doch für sie ein Leichtes sein. «

»Möchten sie, dass wir unser Heimat-System entblößen? «, fragte Sirin. » Diesen Fehler hat bereits einmal Admiral Tarin vor vielen Jahrtausenden gemacht. Sie wissen alle, wohin das geführt hat. «

»Aber dann sind wir dem möglichen Angriff dieser Wesen schutzlos ausgeliefert«, erkannte Wirtschafts-Attaché Prince Myron Schomonver.

»Im ungünstigen Verlauf wären sie auf sich selbst gestellt«, erwiderte Commander Stuart.

Er bemerkte die entsetzten Gesichter der Morina, die sich bereits ein Schreckens-Szenario ausmalten.

»Alles das, was wir wieder mühsam erreicht und wieder aufgebaut haben, würde vernichtet werden«, sagte Prince Prine Pimona. Vermutlich auch die Auslöschung unserer Rasse. «

Sirin blickte Prince Prine Pimona an.
»So weit wollen wir es nicht kommen lassen«, sagte sie. »Es wird Zeit, dass auch sie Verantwortung als ein gleichberechtigtes Mitglied des Neuen-Imperiums übernehmen. «

»Was können wir schon tun, als einfache Rasse, die sich ausschließlich dem galaktischen Handel gewidmet hat«, resignierte Prince Prine Pimona.

»Seien sie nicht so bescheiden«, antwortete Sirin. »Sie haben doch in Zusammenarbeit mit den Konstrukteuren unseres Neuen-Imperiums angefangen eine Flotte von Polizei-Schiffen zu produzieren«, erklärte sie. »Wie weit ist das Projekt vorangeschritten? «

»Es steckt noch in den Kinderschuhen«, antwortete der Kommandeur der Raum-Streitkräfte Prince Ulear Tomatover. »Wir haben derzeit etwa 2.500 Schiffe gefertigt. Es wird noch eine lange Zeit dauern, bis uns eine schlagkräftige Armada zur Verfügung steht. «

»Wissen sie, wovon sie reden? «, fragte Commander Stuart. » Diese Anzahl von Schiffen steht anderen Species der Milchstraße nicht zur Verfügung. Sie verfügen über schnelle, wendige Schiffe der neusten Generation. Setzen sie diese endlich ein. «

Wieder schauten sich die Vertreter der Morina-Regierung an. Sie unterhielten sich leise.

»Trotzdem wird diese Flotte die Worgass nicht aufhalten, wenn sie in unser System einfallen«, erwiderte der Kommandeur der Streitkräfte.

»Da stimme ich ihnen zu«, antwortete Leutnant Clancy. »Doch es gibt noch eine weitere Option. «

Die Abgesandten der Morina hörten interessiert zu.

»Wir sind hier, um Beistand von ihnen zu erbitten«, teilte Commander Stuart mit. »Wir haben uns dazu entschlossen, den Angriff der Worgass zu vereiteln. Unsere Bitte um Unterstützung ging an viele befreundete Sternen-Systeme der Milchstraße. Wir stellen eine Gemeinschafts-Flotte zusammen und werden die Schiffe der Worgass und ihren Wurmloch-Knoten vernichten. Hierdurch stellt sich dann die Frage einer Invasion nicht mehr. Wir benötigen 500 Kampf-Schiffe ihrer neuen Polizei-Klasse, die sich an unserer Mission Andromeda beteiligen. «

Die Besucher aus der Milchstraße schauten in entsetzte Gesichter der Morina.

»Unsere Besatzungen sind unerfahren«, antwortete Prince Ulear Tomatover. »Sie haben noch an keinem wirklichen Einsatz teilgenommen. Wenn wir sie direkt in einen so schweren Kampf schicken, werden sie nicht überleben. «

»Ich kann sie beruhigen«, antwortete Sirin. »Ihre Schiffe werden von unserer Führung gewissenhaft eingesetzt. Wir haben kein Interesse, unsere Schiffe in ein offenes Feuer fliegen zu lassen. Unsere vor wenigen Tagen stattgefundene Aufklärung hat ergeben, dass die Schiffe der Worgass, derzeit noch ohne Besatzung im Orbit ihres Produktions-Planeten schweben. Sie laufen auf einem Automatikkurs ihrer KI. Dank einer neuen Technik unserer lantranischen Freunde haben wir die Möglichkeit, viele ihrer Schiffe mit nur einem Schuss auszuschalten. Den Rest erledigen unsere Kampf-Zerstörer. Alles ist genauestens geplant und durchgerechnet. Vor dem Angriff wird ein letzter getarnter Kontrollflug zu dem Worgass-Stützpunkt durchgeführt. Wir prüfen, ob sich die Situation verändert hat, oder ob sie gelichgeblieben ist. Falls sie zusätzliche Verstärkung erhalten haben, dann wird die Mission sofort abgebrochen. Vermutlich wird es hiernach zu einer Invasion der Milchstraße kommen. Es ist dann unmöglich für uns zu sagen, welche humanoide Rasse sie als erstes Ziel angreifen werden. Unser Gedanke ist es, eine solche Invasion bereits im Vorfeld zu verhindern. «

»Wir verstehen die Notwendigkeit«, gestand Prince Ulear Tomatover ein. »Nach ihren Schilderungen gibt es eigentlich keine Alternative zu ihren Plänen. Doch unsere Besatzungen sind emotionell noch nicht in der Lage, fremde Wesen zu vernichten. «

»Möchten sie wieder die einzige Rasse in der Milchstraße sein, die sich nicht an einem Schlag gegen die fremden Mächte beteiligt? «, fragte Sirin. » Das können sie ja besonders gut, wie ich von dem letzten Krieg her weiß. «

»Sie sind ungerecht zu uns«, beklagte Prince Prine Pimona sich. »Auch unsere Welten sind in dem Krieg mit den Rigo-Sauroiden fast vernichtet worden. Wir mussten unsere Zivilisation völlig neu aufbauen. «

»Aber eine Hilfe für die Völker der Milchstraße waren sie nie«, sagte Sirin. »Denken sie nur an viele humanoide Rassen im Umkreis ihrer Hemisphäre, die früher Handel mit ihnen geführt hatten. Sie alle hofften auf eine Unterstützung durch die reichen Morina. Leider haben sie alle vergebens gewartet. Jetzt sind viele der wertvollen Rassen hoffnungslos ausgestorben. Die Rigo-Sauroiden haben ganze Arbeit geleistet. Die Morina haben damals leider nur zugeschaut. «

Prince Prine Pimona verzog sein Gesicht und hielt sich plötzlich die Ohren zu.

»Ich kann es nicht mehr hören«, sprach er die Prinzessin an. »Wie lange werden wir noch für unsere Fehler in der Vergangenheit angeprangert. Hört das den gar nicht auf?«

»Es wird aufhören, wenn sie endlich Verantwortung für ihren Einflussbereich der Milchstraße übernehmen«, antwortete Commander Stuart. »Sie als Rasse existieren länger als unsere Zivilisation. Doch warum dürfen immer nur die jungen nachwachsenden Rassen, die heiße Ware für sie aus dem Feuer holen? Haben sie sich hierüber einmal Gedanken gemacht. Machen sie es, wie die vielen anderen großen Nationen der Milchstraße. Unterstützen sie uns bei dieser wichtigen Mission. Nur so kann das Erreichte von ihnen erhalten bleiben. «

Die drei Abgesandten unterhielten sich lebhaft, bis ihre Stimmen langsam leiser wurden.

»Unsere Entscheidung ist gefallen«, antwortete Prince Ulear Tomatover. »Wir haben uns das Problem noch einmal verdeutlicht, dass schon lange auf unserem Planeten diskutiert wird. Es geht nicht ohne ein gewisses Maß an Verantwortung. Wir beteiligen uns an ihrer Mission. Ich persönlich befehlige unsere Flotte. «

»Wir danken ihnen«, sagte Commander Stuart. »Sie werden ihre Entscheidung nicht bereuen. Ich weise noch einmal darauf hin, dass es nicht unsere Mission ist. Es ist eine Gemeinschaftsaktion vieler Rassen der Milchstraße, letztendlich zu dem eigenen Schutz. Durch ihre Beteiligung schützen sie ihren Lebensbereich der Milchstraße. Wann kann ihre Flotte einsatzbereit sein? «

»Ich denke in einer Woche«, antwortete der Kommandeur der Raum-Streitkräfte.

»Das ist zu spät«, antwortete Commander Stuart. »Wir starten in acht Tagen den Angriff«, erklärte er. Die Mission kann nicht länger aufgeschoben werden. «

Die drei Morina lachten verächtlich.
»In dieser Zeit wird unsere Flotte nicht einmal das Sol-System des Neuen-Imperiums erreichen«, antwortete der Prince. »Wie soll das funktionieren? Hätten sie uns nicht eher informieren können? «

Commander Stuart schmunzelte zurück.

»Hätten sie zugehört, dann wüssten sie, dass eine neue Technik zum Einsatz kommt«, erwiderte er. »Hierzu gehört auch die Wurmloch-Technologie. Wir haben im Leer-Raum ein getarntes Schiff stehen, dass uns ein Wurmloch in unser Heimat-System öffnet. Wir kommen ohne eine Zeitverzögerung dort an. «

Er blickte in die erstaunten Augen der Morina.
»Ich vergaß noch etwas zu erwähnen«, ergänzte er. »Die von ihnen zugesagten Schiffe werden auf unseren Werften noch mit einem neuen Super-Schutz-Schirm ausgestattet. Diesen können die Laser-Kanonen der Worgass-Schiffe nicht durchdringen. So ausgestattet haben wir eine gute Chance die Mission schnell zu beenden. Später erhalten sie von uns die Konstruktions-Pläne. Sie können diesen Schirm zukünftig auf allen ihren Schiffen verbauen. Hiermit sollte sich ihr aktuelles Problem mit den Piraten von allein erledigen. «

»Das würden sie für uns machen? «, fragte Wirtschafts-Attaché Prince Myron Schomonver nach. »Das wäre wirklich eine starke Entlastung für uns. «

»Ja«, antwortete Sirin. »So sieht der Plan aus. »Befehlen sie einen Alarmstart ihrer Flotte. Sehen sie zu, dass die Besatzungen ihre Schiffe aufsuchen und sich unserer Flotte anschließen. Je früher, desto besser. «

»Es gibt ein Notfall-Programm für solche Zwecke«, bestätigte Prince Ulear Tomatover. »Der ist für einen großen Angriff fremder Rassen auf unsere Welt ausgelegt.

Wir sorgen dafür, dass ihnen die gewünschte Flotte in einem Tag zur Verfügung steht. «

»Danke«, antwortete Commander Stuart. »Damit helfen sie uns allen. Sie werden es nicht bereuen. « »Wir stehen zusammen für den Erhalt des Erreichten«, ergänzte Sirin. »Ihr Volk wird stolz auf sie sein. Niemand wird in der Zukunft mehr das Volk der Morina als Feiglinge bezeichnen. Vielmehr wird man mit Respekt auf sie zeigen und sagen, auch die Morina haben für die Milchstraße gekämpft. «

»Schöne Worte, Prinzessin«, antwortete der Vorsitzende der Delegation Prince Prine Pimona. »Doch warten wir erst einmal den Erfolg der Mission ab. Erst dann entscheiden wir, ob gejubelt werden kann, oder ob die Familien der Gefallenen ihre Verluste beklagen müssen. «

Die Delegation stand auf und verabschiedete sich.
»Bitte haben sie Verständnis, das wir unsere Regierung jetzt noch überzeugen müssen«, sagte Prince Prine Pimona. »Wir haben zwar keine Bedenken, doch diese Hürde muss noch genommen werden. Wir melden uns, sobald das Ergebnis vorliegt. «

»Danke für ihren Besuch und ihr Verständnis«, verabschiedete Konsul Mario Matazawo seine Gäste.

Als die Delegation den Raum verlassen hatte, drehte sich der Konsul zu dem Commander und der Prinzessin um.

»Sie haben reichlich harte Worte gewählt«, sagte er. »Mir wurde bereits ganz anders. Ich als Konsul darf die Abgesandten nicht schockieren. «

»Seien sie unbesorgt«, erwiderte der Commander. »Es war notwendig, um sie zu einer Entscheidung zu drängen. «
»Darf ich ihnen eine Unterkunft anbieten? «, fragte der Konsul. » Die Entscheidung wird ja erst Morgen fallen. «

»Danke, für mich nicht«, antwortete Sirin. »Ich habe eine passende Kabine auf dem Schiff. «

»Danke Konsul, sehr freundlich«, antwortete Commander Stuart. »Aber mein Team erwartet mich zurück. Wir müssen noch einige Vorbereitungen für den Rückflug treffen. Nach der hoffentlich erfolgreichen Mission sehen wir uns wieder. «

Mit diesen Worten verabschiedeten sich die Besucher der Termar 2 und gingen zu Fuß zurück auf den großen Raumflug-Hafen des Konsulats. Nach einer kurzen Einweisung der Crew gab Commander Stuart den Befehl der Brücke an Captain Mandjano ab. Die Gespräche mit den Morina waren anstrengend gewesen. Er freute sich auf seine Kabine. Sirin hatte sich bereits zurückgezogen.

Am nächsten Tag betrat der Commander seine Brücke und musterte seine Crew.

»Gab es irgendwelche besonderen Vorkommnisse? «, fragte er seinen Stellvertreter.

Dieser verneinte und gab das Kommando wieder an seinen Vorgesetzten zurück. Commander Stuart ließ sich in seinen Stuhl fallen.

»Außenbildschirme an«, befahl er. »Ich verstehe nicht, dass ihr immer alle Schirme abgeschaltet habt. So können wir doch sehen, ob etwas passiert. «
»Wir haben mit den Anzeigen genug zu tun«, entgegnete sein 1. Offizier.

»Haben wir noch keinen Funkspruch von den Morina erhalten? «, fragte der Commander.

»Nein«, antwortete Sergeant Reid. »In diesem Fall hätte ich sie aus dem Schlaf gerissen. «

Commander Stuart lachte.
»So etwas wagen sie sich nicht «, antwortete er.

»Ich würde noch ganz andere Dinge machen«, flachste der Funker zurück.

»Sie haben Glück, Commander«, sagte er plötzlich. »Ich empfange einen Hyperkomm-Funkspruch der Morina. «

»Legen sie ihn auf meine Konsole«, antwortete der Commander. Er hob den Hörer aus der seitlichen Halterung seines Sessels.

»Hier spricht Commander Stuart«, sprach er hinein. »Mit wem spreche ich? «

»Hier ist der Kommandeur der morinischen Raum-Streitkräfte«, tönte es aus dem Hörer. »Wir sind so weit Commander. Führen sie uns ins Sol-System. «

»Geben sie uns ein paar Sekunden Kommandeur«, antwortete der Commander. »Wir informieren unsere Flotte. Starten sie nach uns. Folgen sie uns in die Umlaufbahn ihres Planeten und warten sie auf neue Anweisungen. «

Der Commander blickte seinen Funk-Offizier an. »Informieren sie unsere Schiffe, sie sollen einen geordneten Start beginnen. Wir formieren uns in der Umlaufbahn. «

Er blickte seinen Steuermann an.
»Sergeant Romanski, leiten sie den Start ein«, befahl er. »Fliegen sie uns in die Umlaufbahn des Planeten. Dort wartet man auf uns. «

Der Steuermann bestätigte und leitete den Start des Schiffes ein.

Die Flotte des Neuen-Imperiums hob majestätisch von dem Raumhafen der Morina ab. Bereits nach wenigen Sekunden war die Umlaufbahn erreicht.

»Bitte den zentralen Bildschirm aktivieren«, befahl der Commander.

Jetzt sahen die Crew-Mitglieder die startenden Schiffe der Morina, die von unterschiedlichen Raumhäfen abhoben und in den Himmel beschleunigten.

»Das Flagg-Schiff der Morina-Flotte ruft uns«, informierte Sergeant Reid seinen Commander.
»Legen sie das Gespräch auf den Lautsprecher«, entschied Stuart.

»Ich rufe Commander Stuart, hier spricht Flotten-Befehlshaber Prince Ulear Tomatover«, tönte es auf der Brücke. «

»Ich höre sie«, antwortete Commander Stuart. »Sie können sprechen Prince. «

»Wir sind gestartet«, antwortete der Flotten-Befehlshaber. »Unsere Monitore zeigen die Position ihres Verbandes an. Wir formieren uns hinter ihnen. Übermitteln sie uns bitte die Sprungkoordinaten. «

Commander Stuart gab seinen Funkoffizier ein Zeichen.
»Wir führen zwei Sprünge durch«, erklärte der Commander. »An den ihnen gesandten Koordinaten findet das Rendezvous mit unserem wartenden Schiff statt. Folgen sie uns in geringem Abstand. «

»Die Koordinaten sind angekommen Commander«, antwortete das Flagg-Schiff der Morina. »Wir programmieren unsere Navigations-Geräte. «

»Unser Sprung erfolgt in 60 Sekunden, meldete Commander Stuart. »Viel Glück Prince. «

Die Verbindung brach ab.
»Sprung-Synchronisation mit unseren Begleitschiffen durchführen«, befahl Commander Stuart. »Ausführung des Sprunges in 50 Sekunden. «

Die Schiffe des Gemeinschaftsverbandes aktivierten ihre Triebwerke und entmaterialisierten im Hyper-Raum. Alle zwei Etappen wurden problemlos bewältigt.

»Ortungsdaten abgleichen«, befahl Commander Stuart.

»Wir sind am Ziel angekommen«, antwortete Sergeant Davis Michels. »Ich kann keine fremden Schiffs-Bewegungen ausmachen. Alles ist ruhig. Nur unsere Flotte und der Verband der Morina liegen in diesem Sektor. «

»Öffnen sie eine Leitung«, sprach der Commander seinem Funk-Offizier an.

»Die Leitung steht«, antwortete der erfahrene Offizier kurzfristig.

»Ich rufe Uran, von den Lantranern«, sprach

Commander Stuart in seinen Communicator. »Uran bitte melden. «

»Hier spricht Uran«, antwortete der Lantraner. »Hallo Commander Stuart. Ich sehe, sie haben Erfolg gehabt. Das freut mich sehr. Informieren sie ihre Schiffe. Ich öffne gleich die Rückflugs-Passage. «

»Danke, Uran. Ich informiere alle Schiffe«, erwiderte Commander Stuart.

Er blickte seinen Funk-Offizier an.
»Ich brauche eine Leitung zu den Morina«, sagte er.

»Sie können sprechen«, antwortete der Funkoffizier. »Ich habe umgeschaltet. «

»Ich rufe Flottenbefehlshaber Tomatover«, sprach der Commander in den Communicator. »Bitte melden sie sich. «

»Hier ist der morinische Flotten-Verband«, tönte es aus den Lautsprechern. »Ich höre sie Commander. «

»Es ist so weit«, ergänzte der Commander. »Unser Freund Uran öffnet gleich ein Wurmloch-Fenster. Weisen sie ihre Schiffe an, möglichst in kurzen Abständen das Fenster zu durchqueren. Bei zu langen Distanzen schaltet sich das Wurmloch selbstständig ab. «

»Ich habe verstanden«, antwortete der Kommandeur der morinischen Polizei-Schiffe. »Wir folgen ihnen. «

»Danke, Kommandeur«, erwiderte Commander Stuart.

Er blickte Sirin an.
»Hoffentlich halten sie sich hieran«, sagte er.

»Bisher hat auch alles funktioniert«, antwortete die Prinzessin. »Ich denke, sie werden es hinbekommen. «

Das Wurmloch-Fenster wurde geöffnet. Die Crew der Termar 2 blickte auf den großen Bildschirm und sah, wie sich das helle Wurmloch-Fenster aufbaute und stabilisierte.

»Fahrt aufnehmen«, befahl Commander Stuart. »Wir fliegen hindurch. «

Alle Schiffe des großen Verbandes beschleunigten ihre Schiffe und flogen in geordneter Formation durch den künstlichen Horizont des Wurmloches hinein.

Sol-System

Im Sol-System herrschte Hochbetrieb. Die Verbände der Heimat-Flotten flogen verstärkt Patrouille. Captain Hunter beobachte die Umrüstung der Schiffe auf seinen 21 Monitoren. Er konnte jede Werft einsehen, aber auch weitere unterschiedliche Kameras in den Werften aktivieren. Die Arbeiten lagen gut in der Zeit. Die

Techniker waren eingespielt. Seine 25 Mitarbeiter kontrollierten alle Abläufe. Auch die Crew seines Schiffes war involviert. Er hatte sie ausgeschickt, die Arbeiten vor Ort zu kontrollieren. Sie pendelten per Transmitter-Transport zwischen den unterschiedlichen Werften hin und her.

»Die letzten Schiffe des Trantos-Verbandes fliegen die Werften an«, bemerkte der 1. Offizier Tinsley.

»Das ist gut«, antwortete Captain Hunter. »Ich rechne stündlich mit dem Eintreffen neuer Fremd-Schiffe. Welche Verbände wurden wieder abgefertigt? «

»Ich sende ihnen die Aufstellung auf ihren Bildschirm«, antwortete Tinsley. »Sie sollten die Daten jetzt vorliegen haben. «

Captain Hunter öffnete die Datei auf seinem Bildschirm.

Modifizierte Verbände im Orbit von Jupiter:

100 Schiffe der Cuuda-Klasse, EWK-Neubau,
100 Schiffe der Kaiser-Klasse, von Noel,
200 Schiffe der Königs-Klasse, von Noel,
400 Schiffe der Lord-Klasse, von Noel,
500 Schiffe der Naada-Klasse, von Atlantis,
600 Schiffe der Naada-Klasse, von Trantos,
600 Schiffe der Lizard-Klasse, von Morass.

»Dann haben wir bereits die Hälfte der Angriffs-Flotte umgerüstet«, bemerkte der Captain erstaunt. »Weisen sie die Werften an, fertig zu werden. Wir brauchen den Platz für nachrückende Schiffe. «

»Aye, Captain«, antwortete der 1. Offizier. »Ich gebe ihren Befehl sofort weiter. «
»Die Schiffe der Lantraner werden wohl auch bald eintreffen«, erklärte der Captain seinem Adjutanten. »Haben sie neue Informationen von General Poison erhalten? Will er die Lantraner bewirten, oder sollen sie auf ihren Schiffen bleiben? «

»Darüber habe ich keine Informationen erhalten«, antwortete der persönliche Adjutant von Captain Hunter.

»Bitte kümmern sie sich hierum«, befahl der Captain. »Fragen sie in dem Vorzimmer des Generals nach.

»Wird gemacht«, erwiderte Uwe Rondahl.
Der Captain blickte auf seine Monitore. Die Werften, die für die Umrüstung vorgesehen waren, hatten gute und schnelle Arbeit geleistet. Die EWK hatte aus allen Bereichen Techniker und Wartungs-Personal zusammengezogen, um einen schnellen Ablauf der Arbeiten zu gewährleisten. Ein weiterer Bildschirm zeigte dem Captain die Flotten-Verbände, welche im Schatten des Planeten Jupiter auf ihren Einsatz warteten.

Centros, Heimat-Planet der Lantraner

Heran stand in dem Büro von Aritron. Dieser blickte auf die vor ihm liegende Unterlagen. Er hob den Kopf und schaute Heran in die Augen.

»Du weißt, welche Verantwortung du übernommen hast? «, erkundigte er sich.

Heran nickte.
»Das ist die erste Unterstützung, seit vielen Tausend Jahren, die wir Lantraner für die Milchstraße durchführen«, ergänzte Aritron. »Ich erwarte einen erfolgreichen Abschluss dieser Mission und die Vernichtung möglichst aller Worgass in dem Andromeda-Sektor. Am besten ist es, wenn du den Produktions-Planeten der Quallen in einem schwarzen Loch verschwinden lässt. «

»Ich glaube, du hast ein Problem mit den Worgass? «, antwortete Heran. » Erkläre mir einmal, warum du so einen Hass auf sie hast. Die Worgass sind technisch noch nicht einmal an unserer untersten Entwicklungs-Stufe angekommen. «

»Trotzdem sind sie der Schrecken des Universums«, sagte Aritron. »Eine Brut, die sich wie Heuschrecken vermehren kann, wenn man sie lässt. «

»Der Plan sieht vor, die drangsalierte Bevölkerung des Planeten zu evakuieren«, antwortete Heran. »Es ist durchaus möglich, dass nicht alle Green-Lizards überzeugt werden können, den Planeten zu verlassen. Es gibt einige wenige, die den Worgass treu dienen. Sie werden von dem Regierungs-Rat als Verräter an der eigenen Rasse angesehen. Doch wenn jetzt die humanoide Gemeinschafts-Flotte aus unserer Milchstraße den ganzen Planeten der Lizards vernichtet, auch mit allen Zurückgebliebenen der Rasse, werden wir wohl in ihrem Ansehen nicht besonders gut aussehen. Vermeiden wir doch die Fehler der Vergangenheit, alles Andersartige immer wieder auszulöschen. Wir sollten mehr Verständnis für fremdartige Rassen zeigen und vor allem, mit ihnen kommunizieren, um ihre Kultur zu verstehen. «

»Ich stelle immer wieder fest, dass du bereits zu lange mit den Menschen Kontakt hältst«, antwortete Aritron. »Wir haben dieses Rassengemisch den Aller-Ersten zu verdanken und ihren Wunsch nach einer galaktischen Vielfalt. Leider ist es auch unsere Schuld, dass wir ihnen seinerzeit die Aussaat nicht unterbunden haben. Jetzt können wir uns mit den mutierten Species herumschlagen. «

»Was heißt herumschlagen? «, fragte Heran. » Im Fall von den Green-Lizards kann ich nur sagen, dass es eine tüchtige und wertvolle Rasse ist, wenn man sie in Ruhe lässt. Mein Freund Morass, unterstützt sogar als ein Mitglied einer nicht humanoiden Rasse, unseren Angriff auf sein Volk und die Stützpunkte der Worgass. «

»Das macht mich eben auch etwas nachdenklich«, erwiderte Aritron. »Wie besessen muss man sein, wenn man dabei sein will, um sein eigenes Volk abzuschlachten? «

Heran schaute Aritron in die Augen.
»Ich werde noch herausbekommen, warum du so negativ auf die Echsen zu sprechen bist«, antwortete er. » Du weißt, dass ich da nicht lockerlassen werde. «

Aritron verbiss sich weitere Aussagen.

»Verstehe das nicht als Kritik an deiner Person«, fuhr Heran fort. Ich glaube lediglich, dass du uns etwas zu diesem Thema verschweigst.«

Er ließ seine Worte kurz wirken.

»Wie dem auch sei, Morass und seine Green-Lizards sind äußerst besorgt um die Zurückgebliebenen«, fuhr Heran fort. »Sie wissen, dass sie von den Worgass ausgebeutet, versklavt und schlecht behandelt werden. Das geht hin, bis zu einer massiven Exekution. Für einen getöteten Worgass werden in der Regel 50 Green-Lizards hingerichtet. Wir halten Kontakt zu dem Ältesten-Rat dieser Rasse. Sie sind über unser Kommen informiert und werden zum Zeitpunkt unseres Eintreffens global auf ihrem Planeten Demonstrationen und Unruhen inszenieren. Der Plan sieht vor, die Garnisonen der Worgass zu überrennen und die Produktions-Stätten zu übernehmen. Das ist der Zeitpunkt, an dem viele Familien bereits auf die wartenden Schiffe evakuiert werden. «

»Verschone mich mit den Einzelheiten«, antwortete Aritron. »Ich hoffe sehr, ihr fliegt nicht in einen Hinterhalt deiner so vertrauensvollen Echsen. Es gibt viele solcher Beispiele in unserer Geschichte. Ich sage dir und allen anderen, die es noch nicht wissen, den Rigo-Sauroiden und allen anderen exoiden Lebewesen kann man nicht trauen. «

»Ich erkenne deine gedankliche Zerrissenheit«, antwortete Heran. »Wechseln wir das Thema. Sind die Schiffe fertig und abflugbereit? «

»Ja«, antwortete Aritron. »Sie sind bestückt und die Einsatztruppe wartet auf deinen Abflugbefehl. Ich habe sie vor deinem Kommen alarmiert. «

»Ist die neue Dimensions-Kanone auf allen Schiffen installiert? «

Aritron nickte.
»Bis auf dein Schiff«, lachte Aritron. »Du warst hiermit unterwegs. Auf allen anderen Schiffen wurde die neue Transform-Dimensions-Kanone, das ist die Bezeichnung hierfür, eingebaut. Hiermit ist nicht zu spaßen. Sie beschleunigt ein Geschoss in den Hyper-Raum und bringt es positionsgenau wieder heraus. Sobald das Geschoss wieder im Normalraum materialisiert, explodiert es und setzt rote und schwarze Antimaterie frei, jedoch in minimaler Dosierung.

Hierdurch entsteht ein künstliches Loch in dem Dimensions-Feld. Ähnlich wie bei einem schwarzen Loch. Alles, was sich im Umkreis von 5.000 Metern befindet, wird direkt hineingezogen und verschwindet für immer aus unserem Sichtfeld. Durch die stattfindende Rotation des Dimensions-Feldes werden weitere Gegenstände in unmittelbarer Nähe angezogen und verschlungen. Aufgrund der Größe dieser Geschosse finden maximal 4 Stück Platz auf einem Evolutions-Schiff. Das ist eine gefährliche Technik, die wir von den Aller-Ersten übernommen und weiterentwickelt haben. Bekanntlich sind auch sie aus unserem Sichtkreis verschwunden. «

Er schaute Heran an.

»Vermutlich haben sie sich selbst in eine andere Dimension geschossen«, ergänzte Aritron. »Lass die Geschosse zwischen den Umlaufbahnen der Schiffe detonieren. So wird die beste Wirkung erzielt. Achtet darauf, dass ihr genügend Abstand bewahrt. Der Sicherheits-Abstand darf unter keinen Umständen unterschritten werden. Das ist der wichtigste Grundsatz für den Einsatz dieser Waffe. Ich mache dich dafür verantwortlich, wenn auch nur ein Schiff von uns, in den Dimensions-Schlund gezogen wird, dann wird es keine weitere Unterstützung der Milchstraße geben. Unsere Hohe-Empore wird neuen Missionen nicht zustimmen. «

»Ich hoffe, ihr habt die Piloten entsprechend geschult«, antwortete Heran. »Falls etwas schief gehen sollte, dann kann ich sie nicht an den Haaren aus dem Loch herauszerren. «

Aritron schaute irritiert.

»Ist das auch wieder so ein Spruch von den Terranern? «, fragte er. » Wenn du wieder zurück bist, solltest du dich unbedingt um einige ausgefallene Wurmloch-Stationen kümmern. Ich habe schon Beschwerden auf dem Tisch liegen. «

»Danke für alles«, antwortete Heran. »Wir werden so vorsichtig sein, wie es eben geht. «

»Viel Erfolg für deine Mission«, verabschiedete Aritron seinen Mitarbeiter.

Schnell hatte der Spezialist für Wurmloch-Technologie das zentrale Gebäude der Verwaltung verlassen. Der wartende Gleiter brachte ihn zu seinem Evolutions-Schiff. Er sprang heraus und schaute über den großen Raumflug-Hafen. Sein Herz freute sich. Wohin er auch sah, überall erkannte er aktivierte Raumschiffe, die nur auf seinen Befehl warteten, endlich wieder abheben zu können.

Sol-System

Major Travis hatte ein Büro auf Titan bezogen. Seine Sekretärin, mit einem Team von Planungs-Strategen, unterstützte ihn. Die Tür ging auf und General Poison trat ein.

»Wie weit sind sie mit der Planung? «, fragte er bereits von der Tür aus. » Wann starten sie ihre Mission. «

Major Travis hob seinen Kopf und schaute den General an.

»Diese Frage erübrigt sich erst einmal«, antwortete er. »Es sind noch nicht alle Fremd-Flotten eingetroffen. Derzeit wurden 2.500 Schiffe modifiziert. Wenn wir die Schiffe der Lantraner hinzurechnen, sind es sogar 2.600 Schiffe. Captain Hunter koordiniert das perfekt. Wir liegen gut in der Zeit. «

»Haben sie eine Befürchtung, dass die Mission fehlschlagen könnte? «, fragte der General.

Major Travis schüttelte den Kopf.
»Nach der letzten Aufklärungs-Aktion sah alles gut aus«, erwiderte er. »Solange ihr Wurmloch-Fenster nicht fertig ist, rechne ich mit keiner größeren Gefahr. «

»Halten sie mich auf dem Laufenden«, entgegnete der General und wandte sich zu der Türe.

»Herr General, einen Moment noch«, sprach ihn Major Travis an. »Können sie das große Kasino für mich reservieren? «

Der General blickte ihn fragend an.
»Ich möchte persönlich alle Flotten-Befehlshaber, die an der Mission Andromeda teilnehmen, über unsere Angriffs-Strategie informieren«, erklärte der Major. »Jeder Schiffsführer muss wie ein Zahnrad in einem

Uhrwerk funktionieren. Sie und Noel sind natürlich auch zu diesem Gespräch eingeladen.«

»Wann soll das stattfinden? «, murrte der General Poison.

»Sobald sich alle eingefunden haben«, erwiderte der Major

»Ich kümmere mich um das Kasino«, entgegnete der General schließlich. »Informieren sie mich, wenn der Termin steht. «

»Das mache ich«, bestätigte Major Travis

Andromeda-Galaxie.

Kazan Tyrill, der erste Offizier des 17. Produktions-Regimentes und Koordinator der fertigen Schiffe in einer Umlaufbahn des Planeten Lizzit, hastete durch die halbdunklen Gänge des großen Fertigungs-Komplexes. Er hatte einige Vorarbeiter der Lizard zu einem geheimen Gespräch gerufen. Die Auswahl des Personals beschränkte er auf wenige Individuen, von denen er wusste, dass er ihnen vertrauen konnte.

»Das ist das Tor zu dem Verbindungstunnel«, dachte er. »Dieser Gang wird nur noch selten benutzt. «

Vorsichtig öffnete er die Metalltüre und schritt hinein. Es war stockfinster. Kazan schaltete seinen Leuchtstrahler ein. Der Lichtschein fiel auf die Gesichter, der fünf verwegenen Vorarbeiter.

»Ihr seid schon alle da?«, flüsterte Kazan ihnen zu.

»Was gibt es so Dringendes?«, fragte einer der Vorarbeiter.» Wir müssen vorsichtig sein. Die Kontrollen des Sicherheits-Dienstes wurden verstärkt. «

»Dessen bin ich mir bewusst«, antwortete Kazan.

Er schaute die Umherstehenden an.
»Ich wende mich an euch, um einen größeren Schaden von uns allen abzuwenden«, verriet er. »Ich benötige eure Hilfe. «

»Ein Worgass benötigt die Hilfe einiger Lizards«, lachte ein Vorarbeiter. »Das ist bisher noch nie vorgekommen. «

»Irgendwann ist es immer das erste Mal«, erwiderte Kazan. »Ihr seid über die neuen Pläne der Netzwerk-Denker informiert? «

Er bemerkte, wie die Umherstehenden vorsichtig nickten.

»Neben der unerfüllbaren Forderung die Anzahl eurer jungen Brüter zu erhöhen, wurde uns Produktions-Regimenter befohlen, die Produktion unserer Schiffe zu verdoppeln«, flüsterte er. »Das lässt sich in unseren jetzigen Fertigungshallen und mit den vorhandenen Ressourcen an Material und Personal nicht realisieren. «

Er blickte die Vorabeiter kurz an.

»Ich habe mich mit allen anderen Leitern der Produktions-Regimenter kurzgeschlossen«, ergänzte er. »Wir haben entschieden, eine List anzuwenden. Ihr alle kennt den Zorn der Netzwerk-Denker, wenn ihre Pläne nicht vollständig realisiert werden. Wir haben beschlossen, die von ihnen vorgegebene Anzahl von Schiffen zu fertigen, jedoch als nackte Fracht-Schiff Ausführungen. Alle nicht notwendigen Zusatz-Arbeiten werden gecancelt. Diese Schiffe werden keine Kabinen, Unterkünfte für Personal, keine Aufenthaltsräume, Nasszellen, oder sonstiges Equipment haben. Alles das, was ansonsten aufwendig in die Kampf-Schiffe eingebaut wird, werden wir einsparen. Nur so ist die vorgegebene Anzahl von Schiffen zu realisieren. «

»Wir haben uns bereits gewundert, warum nur noch Fracht-Schiffe die Werften verlassen«, flüsterte ein Vorarbeiter. »Jetzt kennen wir den Grund. Aber wozu brauchen sie uns jetzt noch? «

»Das kann ich euch sagen«, antwortete Kazan Tyrill. »Ich stehe bei den anderen Produktions-Regimentern im Wort. Keiner tanzt aus der Reihe. Auch unser Leiter Zaran Hawil war zuerst einverstanden. Doch heute Morgen habe ich erfahren, dass er den planetaren Worgass-Kurator über diese List informieren will. Er ist nur auf sich bedacht und erkennt nicht, was ein Ausscheren für uns alle bedeutet. «

»Das kann er nicht machen«, sagte ein Vorarbeiter. »Wir arbeiten jetzt bereits in Doppelschichten. Eine weitere Erhöhung der Produktion wäre eine tödliche Schinderei. Das halten die Ältesten unseres Personals nicht durch. «

»Das ist mir bewusst«, entgegnete Kazan. »Bei den anderen Produktions-Regimentern wäre das auch nicht anders. «

»Was können wir tun? «, fragte ein Vorarbeiter.
»Wir werden unseren Leiter Hawil beseitigen«, antwortete Tyrill.

»Das wird böses Blut geben«, erwiderte einer der Vorarbeiter.

»Wir alle sind in einer Notlage«, entgegnete Kazan. »Es finden immer mehr Demonstrationen unzufriedener Lizards im Zentrum der Stadt statt. Aus diesem Grund wird er sicherlich heute Abend diese Plätze umgehen und durch Gassen schreiten, in denen keine Demonstranten anzutreffen sind. Er wird nicht in den Unruheherd hineingeraten wollen. Das ist unsere Gelegenheit. Wir lauern ihm auf und neutralisieren ihn. «

»Woher wollen wir wissen, welchen Weg er nimmt? «, fragte ein Vorarbeiter.

»Ich werde zwei Sender in seiner privaten Kleidung verstecken«, antwortete der 1. Offizier des 17. Produktions-Regimentes. »So wissen wir zu jeder Zeit, wo

Zaran Hawil sich befindet. Nehmt eure Destroyer mit. Kann ich mit eurer Unterstützung rechnen? «

»In Anbetracht der Situation für unser Volk, werden wir dich unterstützen«, bestätigten die Vorarbeiter. »Es geschieht zu dem Wohle unserer Familien. «

»Etwas anderes habe ich nicht erwartet«, antwortete Kazan. »Ich werde auch zu euch stoßen. Wir gehen alle etwas früher aus dem Produktions-Regiment. Als Vorwand kann eine medizinische Untersuchung dienen. Das verursacht am wenigsten Aufsehen. Wir treffen uns an der alten Zisterne in der Altstadt. Seid alle pünktlich, nichts darf schieflaufen. «

Er schaute in die beherzten Gesichter der Vorarbeiter, drehte sich ab und verließ geräuschlos den Verbindungstunnel.

Sol-System

Major Travis stand in der zentralen Leitstelle der Raumüberwachung von Titan und blickte auf die stattliche Flotte der bereits modifizierten Schiffe. Diese warteten in der Umlaufbahn um Jupiter auf ihren Einsatz. Er hatte alle Außensektoren in den Alarmbereich versetzt. Das galt auch für die orbitalen Stationen und die bodengebunden Anlagen, auf allen unterschiedlichen Planeten und Trabanten. Alle Flotten-Verbände der Heimat-Verteidigung von Natrid und Tarid waren in erhöhter Bereitschaft und flogen zusätzliche Patrouillen.

Sie erfassten jede noch so kleine Anomalität. Eine direkte Hyperkomm-Funkverbindung, zwischen der zentralen Raumüberwachung auf Natrid und Titan, sorgte für einen sekundenschnellen Datenaustausch. Bei der Vielzahl der beteiligten unterschiedlichen Rassen wusste man nicht, ob Informationen an die Worgass durchsickerten.

»Wir registrieren ein neues Wurmloch-Fenster, exakt 20.000 Kilometer vor Titan«, meldete der Ortungs-Offizier der Titan-Leitstelle.

»Haben wir eine Identifizierung? «, fragte Major Travis.
»Es ist das lantranische Schiff von Siratron«, antwortete der Offizier. »Gerade kommen die IDs von Commander Brenzby herein. Ihm folgen zahlreiche Schiffe durch das Fenster. Commander Ciacombo hat sie erfasst und befindet sich bereits im Anflug. Er wird das Fenster und die Flotte absichern. «

»Öffnen sie mir eine Leitung«, befahl der Major ungeduldig.

»Ihre Leitung steht«, meldete der Funk-Offizier.

»Hier spricht Major Travis«, sprach er in seinen Communicator. »Ich rufe die Termar 1. «

Die Leitung knisterte kurz, bevor die bekannte Stimme des Commanders durchklang.

»Hier ist Commander Brenzby«, tönte es. »Hallo Herr Major, es ist schön ihre Stimme zu hören. «

»Wie ich sehe, hast du Erfolg gehabt«, begrüßte der Major seinen Freund.

»Haben sie hieran gezweifelt? «, fragte der Commander. » Ich habe Kommissar Kahlewa und Admiral Samram Nor'daram im Schlepptau. Sie ließen es sich nicht nehmen ihre Flotte selbst zu befehligen. «

»Das höre ich gerne«, erwiderte der Major. »Ich informiere sofort Captain Hunter. Er wird die Schiffe in freie Werften leiten. Wir treffen uns im großen Kasino auf Titan. Informiere bitte den Kommissar Kahlewa und Admiral Samram Nor'daram. Begleite sie und zeige ihnen alles auf Titan. «

»Das mache ich«, antwortete Commander Brenzby. »Bis später. «

Die Hyperkomm-Leitung erstarb.

»Öffnen sie mir bitte eine weitere Leitung zu Captain Hunter«, befahl Major Travis. » Er leitet das Büro für die Umrüstung der Raumschiffe auf Natrid. «

»Es dauert einen kleinen Augenblick«, antwortete der angesprochene Offizier. »Ich muss über die zentrale Vermittlung der Verwaltung gehen. Das Büro ist eine

Planstelle der Verwaltung. Wir werden weiterverbunden.«

Major Travis erkannte, wie der Offizier eine Verbindung zu der Verwaltung herstellte und höflichst um die Weiterleitung ersuchte. Schließlich wandte er seinen Kopf und nickte.

»Die Leitung steht jetzt«, meldete der Funkoffizier.

Es dauerte nicht lange, bis das Büro von Captain Hunter reagierte. «

»Hier ist das Planungsbüro für die Modifikation der Schirmfeld-Generatoren«, meldete sich eine freundliche Damenstimme. »Ich verbinde zu Captain Hunter. «

Major Travis erkannte die kräftige Stimme von Captain Hunter aus dem Lautsprecher der Konsole klingen.

»Captain Hunter spricht, was kann ich für sie tun? «, tönte es aus den Lautsprechern.

»Hier ist Major Travis, ich grüße sie Captain«, antwortete d Major. »Soeben sind 1.000 Raumschiffe durch ein Wurmloch-Fenster nahe der Saturn-Umlaufbahn materialisiert. Es ist die Flotte aus der kleinen Magellanschen Wolke. Übernehmen sie bitte die Verteilung auf alle freien Werften. «

»Ich habe noch keine Rückmeldung erhalten, über den Einflug der Flotte«, antwortete Captain Hunter. » Sie sind ja immer früher informiert als unsere Zentrale. «

»Sie sind auch gerade erst angekommen«, erwiderte Major Travis. »Ich bin hier in der Titan-Leitstelle und habe den Einflug zufällig beobachtet. Stehen ihnen genügend freie Werften zur Verfügung? «

»Ja«, erwiderte Captain Hunter. »Die letzten Schiffe von Trantos verlassen gerade die Stationen. Ich kümmere mich um die Zuweisung der Plätze. «

»Das passt perfekt«, antwortete Mayor Travis. »Ich rechne mit weiteren Verbänden, die in kürzester Zeit eintreffen werden. Nehmen sie die orbitalen Terra-Space-Ports sechs und sieben mit hinzu. Ich werde entsprechende Techniker und Material dorthin senden lassen. «

»Das hilft uns ein wenig weiter«, bestätigte der Captain. »Ist ihre Cuuda-Flotte bereits modifiziert? «, fragte Major Travis.

»Selbstverständlich«, antwortete John Hunter. »Die Schiffe stehen noch auf den Außenport-Häfen von Atlantis. «

»Ich denke, wir werden den Platz brauchen«, teilte der Major mit. »Lassen sie ihre Flotte starten und sich in der

Jupiter-Umlaufbahn formieren. Dort warten bereits alle weiteren Verbände auf ihren Einsatz. «

»Aye Major«, antwortete der Captain. »Ich veranlasse es sofort. «

»Kommen sie heute Abend per Transmitter in das große Kasino auf Titan«, ergänzte er. »Bringen sie Atlanta und Senga-Hol mit. Ich stelle ihnen die Flotten-Befehlshaber der Armada aus der Kleinen Magellanschen Wolke vor. «

»Ich werde da sein«, verabschiedete der Captain sich. » Vorher habe ich aber noch dringende Aufgaben zu erledigen. «

Andromeda-Galaxie

Es dämmerte auf dem Planeten Lizzit. An einem geheimen Ort hatten sich Traise Zyran, Oyaise Tazran und Byron Lazar, der Kommandeur der Untergrund-Kämpfer getroffen. Es sollte die letzte Abstimmung des Befreiungs-Planes sein.

Alle drei Personen waren in braune Kutten gehüllt, die auch ihre Gesichter verdeckten. Die laute Bar war für diesen Zweck ideal. Hier hielt sich nur der Abschaum des Planeten auf. An dem großen Tresen lungerten viele derbe Lizards herum. Die meisten waren bewaffnet und scheuten nicht vor Gräueltaten zurück. Ihr Anblick ließ viele Gäste erschaudern. Die lauten Stimmen in der Bar ließen Einzelgespräche kaum zu. Genervt drehte Traise seinen Kopf zu dem Wirt.

»Bedienung«, rief er.
Der Wirt blickte kurz auf.

»Warten sie, bis sie dran sind«, fauchte dieser zurück. »Hier wird jeder gleichbehandelt. Oder sind sie etwas Besseres?«

»Zügeln sie sich«, bemerkte Byron. »Wir wollen nicht auffallen. Was ist der Grund ihres Besuches? «

Der Vorsitzende des Ältesten-Rates senkte seinen Kopf. »Wir möchten mit ihnen kurz die weitere Vorgehensweise abstimmen«, flüsterte er.

»Ich denke, es ist alles besprochen? «, fragte Byron. »Uns fehlen noch einige wichtige Informationen «, antwortete Oyaise. »Es sind nur noch wenige Tage bis zum Angriff. Haben sie bereits mit den Demonstrationen begonnen? «

Byron blickte den Vorsitzenden des Ältestenrates an.

»Ich hoffe nur, dass der Plan eingehalten wird«, erwiderte er. »Wir haben bereits angefangen global kleine Unruheherde zu legen. Den Worgass soll vermittelt werden, dass ihre eingesetzten Trupps Fuß-Soldaten ausreichen, um die Ansammlungen der Unruhestifter auseinander zu treiben. Nach und nach werden von uns die Demonstrationen ausgeweitet. In allen Städten werden in den nächsten Tagen immer mehr Demonstrationen stattfinden. Wir locken sämtliche Worgass-Kohorten aus ihren Garnisonen. Die Demonstranten werden keine Waffen dabeihaben. Das sparen wir uns für den Schluss auf. Die Worgass-Trupps rücken per Fuß an und versuchen die Aufsässigen niederzuprügeln. Leider haben wir bereits Verluste zu beklagen. «

»Hiermit war zu rechnen«, erwiderte Traise. »Die Demonstrationen sollten sich doch auflösen, sobald ein Trupp der Worgass in Sicht war? «

»Das ist immer leichter gesagt als durchgeführt«, antwortete Byron. »Die Unruhestätten entwickeln sich zu Selbstläufern. Der Hass in unserer Bevölkerung wächst rapide. Die Kohorten der Worgass wurden bereits mit den Klauen angegriffen und mit Steinen beworfen. «

»Weisen sie die Gruppen noch einmal daraufhin, dass wir möglichst wenige Verluste haben möchten«, fluchte Traise. Wurde von ihnen bereits Personal auf den Frachtschiffen stationiert? «

»Bereits vor zwei Tagen haben wir Personal auf die Schiffe geschleust«, bestätigte Byron. »Wir konnten jeweils zwölf unserer Leute versteckt in Versorgungs-Containern auf die Schiffe überführen. Sie bleiben in ihren Verstecken, bis sie durch den Alarmierungs-Befehl aktiviert werden. Dann werden sie die Transmitter-Anlagen einschalten, um alle Evakuierten aufzunehmen. Gleichzeitig werden die Schiffe auf eine sichere Position geflogen. «

»Konnten sie prüfen, ob die Schiffe auf Automatik-Kurs laufen, oder ob bereits eine Besatzung an Bord ist? «, fragte Traise.

»Alles läuft nach Plan«, antwortete Byron. »Es ist noch kein Personal an Bord. Wann ist der exakte Zeitpunkt gekommen, an dem wir zuschlagen werden? «, fragte Byron.

»Das wird noch mitgeteilt«, entgegnete Traise. »Ich erwarte noch einen Besuch von Morass. Er wird uns die erforderlichen Daten geben. Er sagte mir bei seinem letzten Besuch, dass diese Informationen aus Sicherheitsgründen erst kurz vor dem Angriff bekannt gegeben werden. Ich werde sie nach Erhalt sofort informieren. «
Byron hob seinen am Boden liegenden Rucksack auf und öffnete ihn. Er griff hinein und holte 3 Communicator heraus.

»Das sind abhörsichere Gesprächsgeber«, sagte er. »Wir haben sie aus Worgass-Beständen entwendet. Die Geräte sind abhörsicher und bereits von mir eingestellt. Hiermit werden sie mich sofort erreichen. Drücken sie auf die gelbe Taste, dann baut das Gerät eine Verbindung zu mir auf. «

Dankend nahmen Traise und Oyaise die Geräte an sich.

»Wir sorgen dafür, dass alle unsere Vertrauens-Leute eingeweiht sind«, erwiderte der Vorsitzende. »Wichtig ist noch, dass wir die Produktions-Regimenter rechtzeitig in unsere Hand bekommen, um die Evakuierung starten zu können. Nur in diesen Werften stehen die großen Transmitter-Anlagen bereit. «

»Dafür sorgen wir«, antwortete Byron. »Alles ist vorbereitet. «

Der Wirt kam an den Tisch.
»Was darf es sein? «, fragte er.

»Dreimal Dirisch bitte«, sagte Oyaise. »Ich gebe einen Drink aus. «

»Da muss ich erst einmal schauen, ob dieser teure Schnaps noch da ist«, antwortete der Wirt ärgerlich. »Der wird hier nicht oft getrunken. Können sie nichts anderes bestellen? «

»Nein«, antwortete Byron. »Wir haben einen Grund zu feiern. «

Der schob seine Kutte etwas zur Seite und gab dem Wirt den Blick auf seinen Waffengurt frei. Ohne weitere Worte drehte sich der Wirt um und eilte davon.

Sol-System

Noel war in der Titan-Leitstelle eingetroffen. Er ließ sich von Major Travis über den aktuellen Stand der Vorbereitung informieren. Der Kunst-Klon nickte zufrieden.

»Ich werde für die Zeit ihrer Abwesenheit eine erhöhte Alarmbereitschaft für das Neue-Imperium ausrufen«, sagte er. »Ich denke zwar nicht, dass wir mit weiteren Angriffen von Worgass-Schläfern rechnen müssen, aber besser ist besser. «

»Falls dies geschehen sollte, dann wissen wir, dass es eine undichte Stelle bei uns gibt«, antwortete Major Travis. »Wir haben in den letzten Tagen vorsorglich den Hyperkomm-Funkverkehr gefiltert. Es wurde keine Meldungen, bezüglich der geplanten Invasion per Funk verbreitet. Woher sollten auch mögliche Sympathisanten der Worgass an die Information gelangen? «

»Die Vergangenheit zeigt, dass es immer wieder Überraschungen geben kann«, lächelte Noel. » Selbst in unserer Geschichte ist das wiederzufinden. Auch wir haben erst zu spät registriert, dass einige Personen aus dem natradischen Volk, den Rigo-Sauroiden geheime Informationen zugespielt hatten. Ein Versäumnis, das den gesamten großen Krieg beeinflusste. «

Major Travis schaute ihn an.
»Verrat ist zu jeder Zeit eine schlimme Sache«, antwortete er. »Die betreffenden Personen sollten mit

der schwersten Strafe rechnen müssen, die wir laut unseren Gesetzen verhängen können. «

Er schaute auf die Monitore vor ihm.
»Widmen wir uns wieder dem Krisenfall Andromeda«, bemerkte der Major. »Er benötigt unsere ganze Aufmerksamkeit. Es ist das erste Mal in der kurzen Geschichte des Neuen-Imperiums, dass wir uns aufmachen und mit einer starken Gemeinschafts-Flotte eine andere Sternen-Insel anfliegen. Das alles nur, weil wir dort eine nicht einsichtige Rasse vorfinden, die eine Invasion der Milchstraße plant. «

»Die Geschichte wiederholt sich wieder einmal«, bemerkte Noel.

Alarmsirenen heulten auf.

Der Ortungs-Offizier kam herangeeilt.
»Wir haben drei neue Wurmlöcher geortet«, teilte er aufgeregt mit. »Die einfliegenden Schiffe werden bereits gescannt. «

»Legen sie es auf das CIC«, befahl Major Travis.

»Die Daten werden weitergeleitet«, antwortete der Ortungs-Offizier. »Commander Ciacombo ist bereits mit den Verbänden seiner Flotte auf einen Abfangkurs eingeschwenkt. «

»Haben wir ID's erhalten? «, fragte Noel.

»Noch nicht«, antwortete der Funk-Offizier.

Wie aus heiterem Himmel füllte sich der Weltraum vor Titan mit zahlreichen Raumschiffen. Major Travis blickte auf das CIC.

»Fordern sie eine Identifizierung an«, befahl er dem Funk-Offizier. »Aktivierung sämtlicher Abwehr-Geschütze. «

In Sekundenschnelle verwandelten sich die Werften in waffenstarrende Kampfstationen. Über der Wareneingangs- und Umschlags-Station auf Titan und den äußeren Anlagen legte sich ein gelber Super-Schutzschirm. Von den umliegenden Werften starteten unzählige Kampf-Schiffe, die alle die Heimat-Flotte verstärken sollten.

»Eingehender Hyperkomm-Funkspruch von der Flotten-Kampfstation Konstalarosa«, meldete der Funk-Offizier. »Sie lässt fragen, ob sie ihre schweren Kampf-Verbände starten soll. «

Major Travis blickte den Funk-Offizier an.
»Sie soll noch warten«, antwortete der Major. »Falls der Notfall eintrifft, melden wir uns. «

»Das Flaggschiff der Heimat-Verteidigung meldet sich. Major Travis griff nach den Kopfhörern.

»Hier ist Major Travis«, sprach er in den Communicator.

»Hallo Herr Major, hier spricht Commander Giacombo«, tönte es in den Lautsprechern. »Wir scannen eine Flotte von lantranischen Evolutions-Raumschiffen.«

»Commander, greifen sie die Schiffe nicht an«, antwortete der Major »Es handelt sich um Freunde. Wir warten auf sie. Entschuldigen sie das Verhalten der Lantraner. Ich werde ihnen nochmals erklären, wie man sich anmeldet. Was ist mit den anderen Schiffen? «

»Sie sind noch weiter entfernt«, erklärte der Commander. »Wir erkennen aber unterschiedliche Verbände. Warten sie einen Augenblick. Jetzt erhalten wir neue Scans. Es sind ebenfalls Flotten, die von einem lantranischen Schiff angeführt werden. «

»Danke für die Informationen«, antwortete der Major. »Sichern und beobachten sie die Schiffe. Es handelt sich um unsere zusätzliche Unterstützung. Weisen sie den Schiffen Wartepositionen zu. Ich informiere Captain Hunter. «

Die Ereignisse überschlugen sich.
»Ich registriere wieder ein Wurmloch in der näheren Umgebung«, teilte der Ortungs-Offizier mit.

Major Travis lächelte ihn an.
»Das wird wohl die letzte Flotte sein? «, erwiderte er. » Damit sind alle Verbände pünktlich eingetroffen. «

»Wir werden gerufen«, teilte der Funk-Offizier mit.

»Legen sie auf die Lautsprecher«, antwortete der Major.

»Hier spricht Heran, vom Verband der lantranischen Flotte«, tönte es aus den Lautsprechern. »Ich bitte um eine Landegenehmigung für unsere Flotte. Major Travis bitte melden sie sich, bevor wir von irgendwelchen Fremdschiffen gerammt werden. «

»Ich höre dich «, erwiderte der Major das Gespräch. »Es ist schön dich wohlbehalten zurückzusehen. Das kommt davon, wenn du dich nicht korrekt identifiziert. Landet mit eurer Flotte auf dem zentralen Raumhafen von Titan. Folgt dem Leitstrahl. Ich lasse dich und deine Piloten von sechs Großraum-Gleitern abholen. Legt eure Raumanzüge an. Das ist der schnellere Weg, als an allen Schiffen den Andock-Rüssel zu befestigen. Wir treffen uns im Kasino. Den Weg kennst du bereits. Trinkt schon einmal auf uns. Die EWK übernimmt die Kosten. «

»Das machen wir gerne«, lachte Heran. »Ich wusste doch, dass du dich als spendierfreudig erweisen wirst. «

»Das ist hoffentlich nicht deine einzige Sorge«, lachte der Major.

Das Gespräch wurde beendet. Major Travis drehte sich um.

»Die komplette Alarmbereitschaft beenden«, befahl er. »Das sind alles unsere Freunde, die zum Essen kommen.«

»Da wird sich General Poison aber freuen, wenn er die Abrechnung des Kasinos erhält«, bemerkte Noel mit seiner sachlichen, monotonen Stimme.

Major Travis schaute ihn an.
»Sollte ich bei ihnen einen sarkastischen Unterton hören? «, fragte er.

Noel lächelte, drehte sich um und verließ die Leitzentrale ohne eine weitere Antwort.

Major Travis ging schnellen Schrittes zu der Funk-Abteilung der Titan-Leitstelle.

»Informieren sie die lantranischen Lotsen-Schiffe«, befahl er. »Sie möchten ebenfalls auf dem Titan-Raumhafen landen. Danach bitte ich sie, sich in dem großen Kasino einzufinden. Alle Commander der Termar-Schiffe begleiten ihre Fremd-Flotte zu den zugeteilten Werften. Auch für sie gilt hiernach, alle Flotten-Befehlshaber der Fremd-Schiffe ins große Kasino zu begleiten. Der Transport kann von den Werften aus, über unsere Transmitter-Verbindung nach Titan erfolgen. «

»Ich werde alle Leitschiffe informieren«, bestätigte der Funk-Offizier.

Andromeda-Galaxie

Die enge Gasse, in der Altstadt auf Lizzit, war eine Verbindung zu dem Palast des planetaren Worgass-Kurators. Sie wurde nicht oft benutzt, da sie dunkel, verwinkelt und unübersichtlich war. Nur als Silhouette sichtbar, hatten sich ein Worgass und fünf verwegene Green-Lizard in dem Schatten der Häuser versteckt. Sie warteten auf den Leiter des 17. Produktions-Regimentes. Falls ihre Berechnungen stimmten, sollte er hier an ihnen vorbeikommen. Alle anderen Straßen waren von Unruhstiftern und Demonstranten blockiert. Die Unmutsschreie der aufgebrachten Lizards drangen dumpf in die Gasse ein. Die Zeit verging nur langsam. Plötzlich vernahmen die Wartenden das zischende Geräusch von schweren Laser-Strahlen. Sie alle wussten, was dies bedeutete.

»Die Worgass-Soldaten fackeln nicht mehr lange«, bemerkte ein Vorarbeiter. »Wir sollten nicht hier sein, sondern unserem Volk helfen. «

»Was können wir schon gegen die Waffen der Soldaten ausrichten? «, fragte Kazan. » Sind wir nicht hier, um ein drohendes Unrecht zu verhindern. Wir alle profitieren hiervon. «

»Wird Zaran Hawil nicht vermisst werden? «, fragte ein weiterer wartender Lizard.

»Wir werden ihn auf die Hauptstraße legen, wenn sich die Demonstrationen aufgelöst haben«, bemerkte Kazan. »Es wird so aussehen, als ob er von den angreifenden Soldaten versehentlich getroffen wurde. «

»Hoffentlich ist der große Zosan mit uns«, erwiderte der Green-Lizard.

»Das hat nichts mit euren Göttern zu tun«, entgegnete Kazan. »Die Worgass-Soldaten kämpfen an vielen Stellen auf dem Planeten gegen die Demonstranten. Ich habe noch nie so viele unzufriedene Lizards gesehen, wie derzeit. Es scheint so, als ob die Soldaten den Überblick verlieren. «

»Achtung«, sagte ein Vorarbeiter. »Der Impulsgeber meldet eine näherkommende Person. «

»Das wird er sein«, antwortete Kazan. »Macht euch bereit. «

Alle Wartenden rückten näher an die rückwärtsliegende Mauer der Altstadtwand. Der Schatten der Dunkelheit legte sich über sie. Kein Laut war zu hören. Dann erklang das Echo erster Schritte zu ihnen, welche von dem steinigen Boden widerhallten. Sie wurden lauter. Der Schatten einer Worgass-Person wurde sichtbar. Kazan wartete, bis die Person kurz vor ihm war. Vorsichtig trat er aus dem Dunkel hervor.

»Zaran Hawil«, frage er. »Wo willst du hin? «

»Kazan, was machst du hier? «, fragte der Leiter des 17. Produktions-Regimentes überrascht. » Du solltest doch die Schichten in der Produktions-Werft überwachen. «

»Ich bitte um Entschuldigung«, antwortete Kazan.
»Leider kann ich dich nicht zu dem planetaren Worgass-Kurator durchlassen. Mein Wort steht auf dem Spiel. Alle anderen Leiter der Produktions-Regimenter verlassen sich auf uns. «

»Das ist mir egal«, antwortete Zaran. »Hier geht es einzig und allein um die Einhaltung der Gesetze. Ich werde wegen dir nicht straffällig werden. «

»Überlege es dir noch einmal«, entgegnete Kazan. »Nur gemeinsam können wir vor den Netzwerk-Denkern bestehen. «

»Gehe mir aus dem Weg«, erwiderte Zaran böse. »Mein Entschluss steht fest. Ich werde den Kurator über euren Plan informieren. «

Kazan wollte noch etwas sagen, als zwei Schüsse aus einer Laser-Pistole fauchten und den Leiter des 17. Produktions-Regimentes trafen. Ein Vorarbeiter hatte genug von dem Gerede des Leiters gehabt. Zaran Hawil wurde um seine eigene Achse geschleudert und nach vorne geworfen. Bewegungslos lag er am Boden. Sein ganzer Körper schien zu brodeln. Die Haut veränderte sich, die Gliedmaßen schienen in den Körper einzufahren. Der große, stolze Worgass veränderte seine Konturen und wurde zu einem grauen, fast 80 Zentimeter großen fremdartigen Lebewesen. Es ähnelte einer zu groß geratenen Qualle.

Die Umherstehenden drehten sich angewidert um.
»Ist das eure eigentliche Lebensform? «, fragte einer der Vorarbeiter.

Kazan nickte.
»Wir verwandeln uns im Todesfall zu unserer Urform zurück«, sagte er. » Es ist eine Laune der Natur. Leider wissen wir nicht, warum dies erfolgt. «

Er zog ein Messer und stocherte in der am Boden liegenden Qualle herum.

»Er ist von uns gegangen«, bemerkte Kazan. »Wir haben ein Problem weniger. «

Er hob die Überreste seines ehemaligen Vorgesetzten auf.
»Lasst uns ihn auf die Hauptstraße bringen«, flüsterte er.

»Dort wird er sicher schnell gefunden werden. «

Er blickte zwei der Vorabeiter an.
»Geht vor und schaut, ob die Luft rein ist«, sagte er. « Wir anderen folgen euch. «

Sol-System

Captain Hunter blickte auf seine Monitore. Die Meldungen überschlugen sich. Er lief auf das große CIC zu, das sich in der Mitte seiner Steuerungs-Zentrale befand. Sein 1. Offizier Tinsley und Adjutant Rondahl kamen ebenfalls herbeigelaufen.

»Das wollte ich vermeiden«, bemerkte Captain Hunter. »Jetzt sind die restlichen Verbände alle gleichzeitig eingetroffen. «

Er blickte seinen Adjutanten an.
»Öffnen sie mir bitte eine Leitung zu Atlantis«, sagte er. »Verlangen sie nach dem Commander. Ich möchte persönlich mit Atlanta sprechen. «

Der Adjutant hatte sich bereits auf dem Weg zu dem nächsten Hyperkomm-Funkterminal gemacht. Eilig tippte er die Anwahl von der Atlantis-Basis ein. Captain Hunter sah, wie er mit seinen Händen wild gestikulierte. Der Captain drehte seinen Kopf wieder dem CIC zu.

»Jetzt erhalten wir die ID's«, sagte der 1. Offizier. »Es sind die Flotten der Morina, die von Commander Stuart angefordert wurden. Er scheint Erfolg gehabt zu haben. «

»Wie viele Schiffe sind es? «, fragte der Captain.

»Der Scan zählt 500 Schiffe der morinischen 250-Meter-Klasse. «, antwortete Leutnant Tinsley

Der Adjutant des Captains kam zurückgelaufen.

»Der Commander von Atlantis ist in der Leitung«, meldete er bereits einige Schritte vor John Hunter. Schnell reichte er dem Captain den mobilen Communicator weiter.

»Captain Hunter«, sprach er hinein. »Spreche ich mit Atlanta? «

»Ich höre sie Captain«, hörte er die sympathische Frau antworten.

»Ich habe eine dringende Bitte an sie«, erwiderte er. »Würden sie ihre Naada-Schiffe starten. Ich brauche dringend ihre Werften. Es sind mit einem Schlag alle Schiffs-Verbände der befreundeten Rassen eingetroffen. Ich möchte gerne die Schiffe der Morina auf ihren Werften modifizieren lassen. Es handelt sich um exakt 500 Schiffe der morinischen 250-Meter-Klasse. Eine Umrüstung sollte in 24 Stunden möglich sein. «

Er bemerkte, wie Atlanta überlegte.
»Sicher, Captain«, erwiderte sie. »Ich hatte ihnen ja zugesagt, sie zu unterstützen. Ich starte meine Flotte und parke sie auf einer Umlaufbahn um Jupiter. «

»Danke Atlanta, mir fällt ein Stein vom Herzen«, antwortete der Captain. »Sie haben etwas gut bei mir. Sie können ihre Schiffe später in der Jupiter-Umlaufbahn parken. Sichern sie ihre Basis vom Orbit her und bilden sie mit ihren Schiffen eine Einflugs-Schneise für die morinischen Schiffe. Ich lasse ebenfalls meine Cuuda-Kreuzer starten. Sie werden ihre Flotte unterstützen. «

Er hörte, wie Atlanta lachte.

»Schiffe aus Atlantis brauchen keine Unterstützung«, antwortete die Kommandantin der großen Basis. »Sie kommen in der Regel allein zurecht. Haben sie Angst, dass etwas Unvorhergesehenes passiert? «

»Nein«, erwiderte John Hunter. »Aber so ist es einfacher für die Morina, sich zurechtzufinden. «

»Ich verstehe«, erwiderte das Kunst-Wesen der großen Hypertronic-KI von Atlantis. »Wir sehen uns später im Kasino auf Titan. Ich habe auch eine Einladung erhalten. «

»Das freut mich«, antwortete John Hunter. » Ihnen persönlich zu begegnen, das ist fast wie ein Geschenk des Himmels. «

Dann unterbrach er die Leitung. Er wusste, dass Atlanta jetzt über seine Worte nachdachte.

Er drehte seinen Kopf.

»Leutnant Tinsley, informieren sie die morinischen Schiffe und die Termar 2 unter dem Kommando von Quentin Stuart«, sagte er. »Sie möchten sofort die Atlantis-Basis anfliegen. Bitten sie die Termar 2, die morinischen Schiffe ins Zielgebiet zu geleiten. Sorgen sie auch für entsprechende Leitstrahlen und informieren sie die wartenden Techniker. Es gibt wieder reichlich Arbeit. «

Captain Hunter stand auf und suchte seinen 1. Offizier der Cuuda 001. Endlich hatte er ihn in der großen Halle gefunden.

Er steckte zwei Finger in seinen Mund und pfiff laut. Alle Mitarbeiter drehten sich um. Captain Hunter zeigte auf Leutnant Graves und winkte ihn zu sich, auf die erhobene Plattform des Leitstandes. Im Laufschritt eilte der Leutnant zu seinem Vorgesetzten.

»Sind die Schiffe aus der Kleinen Magellanschen Wolke bereits in den Werften? «, fragte der Captain.

»Die ersten Schiffe werden bereits modifiziert«, antwortete Leutnant Graves. »Ihnen wurden die orbitalen Terra-Space-Ports 1 bis 7 zugeteilt. Alles läuft wie am Schnürchen. Commander Giacombo hat Schiffe seiner Heimat-Verteidigung abgestellt, welche die Flotte aus der kleinen Magellanschen Wolke sichert. Fertige Schiffe dieser Gruppe werden direkt zu den ausgewählten Jupiter-Umlaufbahnen begleitet. «

»Welches Zeitfenster haben sie für die Modifikation vorgegeben? «, fragte der Captain.

»Wir brauchen 2,5 Tage für die Umrüstung«, antwortete Leutnant Graves. »Vielleicht werden wir etwas früher fertig, das kann ich ihnen aber noch nicht versprechen. «

»Danke, Leutnant Graves«, antwortete Captain Hunter.

Er drehte sich zu seinem Funk-Offizier um.

»Stellen sie mir bitte eine Leitung zu der Termar 4 her«, befahl er. »Commander Cottle ist der Befehlshaber. «

»Die Leitung wird aufgebaut«, antwortete Leutnant Tannreich.

»Hier ist die Leitstelle für die Modifikation der Fremd-Raumschiffe«, hörte John den Leutnant sagen. »Ich ersuche um ein Gespräch mit Commander Cottle. «

Der Leutnant gab das Mikrofon an seinen Vorgesetzten weiter.

»Hier ist Cottle«, tönte es aus den Lautsprechern.

»Commander Cottle, ich begrüße sie«, sprach er in das Gerät.

»Hier ist Captain Hunter Es ist gut, dass ich sie erreiche«, sagte der Captain. »Sie scheinen ja mit ihren Kollegen den Termin über ihren Rückflug ins Sol-System abgesprochen zu haben. «

»Das ist der Vorteil eines Wurmloches«, erwiderte Commander Cottle lachend.

»Wir haben jetzt das Problem, das wir überlegen müssen, wie wir am besten alle Schiffe umrüsten«, antwortete der Captain. »Ich habe für die Schiffe der Naado die Großwerft von Titan vorgesehen. Die 5 bodengebunden

Hangar der Werft, werden ihre Fremd-Schiffe aufnehmen. Informieren sie bitte die Befehlshaber des Naado-Verbandes. Wir senden ihnen einen Leitstrahl. Commander Giacombo eskortiert die Schiffe zu den Werften und leitet später alle fertigen Schiffe auf eine Umlaufbahn um den Jupiter. «

»Ich habe verstanden«, antwortete Commander Cottle. »Danke für ihr Engagement. Sehen wir uns heute Abend auf Titan. «

»Sicher«, erwiderte der Captain. »Vorher muss ich aber noch einige Schiffe einweisen. «

»Machen sie das«, antwortete der Commander. »Bis später vielleicht. «

»Bis später«, erwiderte John Hunter und brach die Verbindung ab.
John Hunter blickte seinen ersten Offizier an.
»Jetzt bleiben nur noch die Schiffe der Najekesio übrig. Wie viele sind es? «

»Unsere Scans haben 500 Schiffe einer 350-Meter-Klasse ergeben«, erwiderte Leutnant Graves.

John Hunter nickte.
»Sie wurden von Commander Malley akquiriert«, erklärte er. »Kümmern wir uns jetzt um diese Schiffe. Ich brauche eine Leitung zu dem Commander der Termar 3. «

»Ich stelle ihnen diese sofort her«, erwiderte Leutnant Tannreich. »Einen Augenblick bitte. «

Einige Sekunden vergingen. Captain Hunter schaute auf seine Monitore und erkannte, wie sich der Pulk der wartenden Schiffe langsam auflöste.

»Commander Malley ist in der Leitung«, sagte der Funk-Offizier. »Sie können sprechen Captain. «

John nickte ihm zu.
»Hier ist Captain Hunter, ich grüße sie Commander Malley«, sprach er in den Communicator. »Ich sehe, dass sie Erfolg hatten. «

»Ja«, antwortete der Commander. »Haben sie eine gemütliche Unterkunft für uns. Wir warten bereits sehr lange. «

»Das tut mir leid«, entgegnete der Captain. »Aber sie sind als letzte Gruppe eingetroffen. Ich habe für sie die Werften einiger Monde reserviert. Einen Teil der Najekesio-Flotte wird auf den Titan-Monden Phoebe, Dione und Reha modifiziert, der andere Teil der Flotte auf den Mars-Monden Deimos und Phobos. Die Techniker wurden informiert. Commander Giacombo stellt eine Eskorte ab, welche die Schiffe der Najekesio zu den Monden begleitet. Sie werden vermutlich auf Titan landen und mit den Befehlshabern der Najekesio-Flotte im Kasino auf Major Travis treffen? «

»Das ist richtig. Sind sie nicht dabei? «, fragte Commander Malley.

»Doch«, antwortete der Captain. »Aber erst nach getaner Arbeit. «

»Viel Erfolg«, antwortete der Commander. »Vielleicht sieht man sich. «

Die Leitung erstarb.

»Informieren sie Commander Giacombo und die Werften der ausgewählten Monde«, befahl der Captain seinen 1. Offizier.

Captain Hunter fuhr sich mit seiner rechten Hand über sein glatt rasiertes Gesicht. Sein Interesse galt dem Geschehen auf dem großflächigen CIC.

Sein Adjutant blickte ihn an.
»Wir haben es geschafft«, bemerkte er. »Alle Schiffe unserer befreundeten Fremd-Rassen nehmen Kurs auf die zugeteilten Werften. Ist das der Abend vor der großen Entscheidung? Werden wir alle aus diesem Albtraum wieder erwachen und das Leben genießen können? «

»Es gibt Dinge im Leben, die getan werden müssen«, sagte sein Adjutant. »Sehen sie den geplanten Schlag gegen Andromeda als vorbeugende Maßnahme an, für den Erhalt des Lebens im Sol-System und in der Milchstraße, wie wir es kennen. Wir müssen uns mit dem

Aufbruch in das Universum neuen, bisher nicht gekannten Gefahren stellen. «

»Das ist mir schon klar«, erwiderte Captain Hunter.
Er hatte beide Hände auf das CIC gestützt und blickte dem Abflug der Schiffe zu. Es fühlte sich an, als ob der Kragen seines Uniformhemdes zu eng geworden war. Schnell öffnete er den obersten Knopf des Kragens. Es wirkte wie eine Befreiung. Tief holte er Luft.

Captain Hunter griff nach dem Mikrofon. Er stand auf und blickte auf das Personal seiner Abteilung.

»Darf ich kurz um ihre Aufmerksamkeit bitten«, sprach er in das Mikrofon.

Er bemerkte, wie alle Mitarbeiter ihren Kopf zu ihm drehten.
»Sie alle haben hervorragende Arbeit geleistet«, lächelte er. »Ich danke ihnen hierfür. Die Modifikationen der Schirmfeld-Generatoren laufen bisher ohne Schwierigkeiten ab. Dank ihren Anweisungen und der Kontrolle des Umbaus, sowie der anschließenden Zuteilung von Warteplätzen in den Jupiter-Umlaufbahnen, haben wir größere Probleme bei der Umrüstung der Flotten vermeiden können. Wie sie wissen, befehlige ich die Cuuda-Flotte. Auch sie wird an der Andromeda-Mission teilnehmen. Aus diesem Grunde werde ich mich mit meinem 1. Offizier Leutnant Graves, später nach Titan begeben, um an dem Gespräch der EWK-Strategen teilzunehmen, die einen Angriffs-Plan

ausgearbeitet haben. Ich übergebe in dieser Zeit die Leitung unserer Abteilung an Leutnant Tinsley. Informieren sie ihn über mögliche Probleme. Er weiß, wie er mich erreichen kann. Bringen sie ihre Arbeit zu einem erfolgreichen Abschluss. Danke für ihren Einsatz. «

Die Mitarbeiter klatschten und wandten sich wieder ihren Informations-Centern zu.

Andromeda-Galaxie

Kazan Tyrill saß auf seinem Stuhl und beobachte die Produktion der Schiffe. Die Ereignisse des gestrigen Tages schwirrten noch in seinem Kopf herum. Ötazan Kniezal, der den Hyper-Funk-Bereich überwachte, trat auf ihn zu.

»Wissen sie wo Zaran ist? «, fragte er. » Ich habe eine Funk-Verbindung von dem Büro des planetaren Worgass-Kurators für ihn. «

Kazan schüttelte seinen Kopf.
»Tut mir leid«, antwortete er. »Ich habe den Leiter unseres Regimentes heute noch nicht gesehen. Er hat sich gestern verabschiedet und wollte noch etwas in der Stadt erledigen. Geben sie mir das Gespräch. Ich spreche mit dem Büro. «

»Ich lege es ihnen auf ihren Kommunikator«, antwortete der Funk-Offizier.

Er schien sichtlich froh zu sein, dass er sich mit dem Büro des planetaren Kurators nicht weiter beschäftigen musste.

»Sie können sprechen«, bemerkte Ötazan.

»Hier spricht Kazan Tyrill, der 1. Offizier des 17. Produktions-Regimentes«, sprach er in das Gerät. »Was kann ich für sie tun? «

»Hier ist Kurator Sirzan Wygrill«, tönte es zurück. »Ich möchte Zaran Hawil sprechen. «

»Entschuldigen sie Kurator«, erwiderte Kazan. »Unser Leiter ist heute noch nicht bei uns vorstellig geworden. Wir wissen nicht, wo er ist. «

»Das ist aber sehr ungewöhnlich«, entgegnete der Kurator. »Ihr Leiter hatte gestern einen Besuchstermin bei mir. Leider hat er diesen, ohne eine weitere Meldung, verstreichen lassen. «

»Ich habe auch nicht mehr Informationen«, entschuldigte sich Kazan. »Er ist gestern Abend aufgebrochen, mit dem Hinweis, dass er in der Stadt etwas erledigen wollte. Ab diesem Zeitpunkt haben wir ihn nicht mehr gesehen. «

»Hoffentlich ist ihm nichts passiert«, antwortete der Kurator. »Derzeit gibt es ungewöhnlich viele Unruhen unter den Green-Lizards. Auch in Tygerian mussten wir zahlreiche Demonstrationen niederschlagen. «

»Sollen wir ihn in der Stadt suchen lassen? «, fragte der 1. Offizier des Produktions-Regimentes.

»Das machen wir bereits«, erwiderte der Kurator. »Kümmern sie sich in der Zwischenzeit um die Einhaltung des Produktions-Planes. Die Zahlen der Netzwerk-Denker müssen eingehalten werden. «

»Wir sind dabei und haben die Produktion entsprechend gestrafft«, antwortete Kazan. »Sie werden mit uns zufrieden sein. «

»So soll es sein«, sagte der Kurator. »Ich informiere sie, wenn wir weitere Informationen über den Verbleib ihres Vorgesetzten haben. «
»Danke«, antwortete Kazan. »Das ist sehr freundlich von ihnen. «

Die Leitung brach ab.
Das Gesicht des 1. Offiziers verdunkelte sich.

»Verlogenes Pack«, murmelte er vor sich hin. »Sie knechten ihr Personal, wo sie nur können. «

Er blickte auf den großen Monitor vor ihm. Wieder starteten zwei fertige Raum-Schiffe und hoben ehrfurchtsvoll vom Boden des Raumhafens ab.

Sol-System

Leutnant Stephen Benson trat auf Captain Hunter zu.

»Captain, für sie ist Besuch angekommen«, meldete er.

»Besuch? «, fragte Captain Hunter und drehte sich um. Sein Gesicht hellte sich auf. Er erkannte Atlanta sofort. Sie war in Begleitung von Senga-Hol. Der Kommandant der großen Atlantis-Basis trug wieder ihren enganliegenden Kampf-Anzug. Um die Hüfte hatte sie einen breiten Waffengurt geschnallt. Hierin steckten zwei schwere Laser-Pistolen, neuster natradischer Generation. Ihr langes Haar fiel locker auf ihre Schultern. Ihr Anblick betörte den Captain.

»Welch ein angenehmer Besuch«, begrüßte er die Gäste von Atlantis. »Was führt sie zu mir? «

»Ich dachte, sie gehen mit uns in das Kasino auf Titan? «, antwortete Atlanta freundlich.

John Hunter blickte auf seine Uhr.
»Sie haben Recht«, erwiderte er. »Es ist Zeit zu gehen. »Ich habe vorher noch einen Wunsch an sie. Können wir eben noch einmal kurz nach Atlantis zurück. Mir ist da einiges in den Sinn gekommen. Ich würde gerne kurz unseren Überläufer etwas fragen? «

»Das fällt ihnen aber früh ein«, antwortete Atlanta. » Dann sollten wir uns beeilen. «

»Danke, für ihr Verständnis«, entgegnete der Captain.

Er griff nach seinem Communicator.

»Leutnant Graves«, sprach er in das Kommunikations-Gerät. »Kommen sie bitte zum Transmitter-Point. Wir gehen kurz nach Atlantis und von dort aus nach Titan. «

Er blickte die Besucher an und zog seine Uniform gerade. »Wir können los«, sagte Captain Hunter.

Er drehte sich um und schritt die Stufen des Kontroll-Leitstandes hinunter.

»Wir müssen nach rechts«, sagte John. »Die Transmitter-Zentrale befindet sich in einer abgetrennten Abteilung. «

»Das haben wir bereits bemerkt«, antwortete Senga-Hol. »Dort sind wir ja auch angekommen. «

Er hatte vermutlich bereits bemerkt, dass John Hunter seine Kommandantin mochte. Eiligen Schrittes durcheilten sie die Halle und näherten sich dem verglasten Sicherheits-Bereich. John gab am Eingangsbereich seinen persönlichen Code-Schlüssel JHC001 ein. Anstandslos öffnete sich die Tür. Leutnant Graves wartete bereits.

»Sie haben Besuch mitgebracht«, begrüßte der Leutnant Atlanta und Senga-Hol freundlich. »Ich habe die Koordinaten von Atlantis bereits anwählen lassen. «

Captain Hunter nickte.

Alle Personen schritten auf den Transmitter-Bogen zu. Er blickte Leutnant Benson an.

»Aktivieren sie den Durchgang«, befahl er.

Der künstliche Horizont baute sich rasch auf und stabilisierte sich.

»Nach ihnen bitte«, lächelte Captain Hunter.
Nacheinander schritten die vier Personen in den künstlichen Horizont.

In der zentralen Transmitter-Station von Atlantis herrschte reges Treiben. Auf vielen Plattformen materialisierten Container und Kisten. Sie alle enthielten neue hochwertige Technikprodukte. Lade- und Transport-Roboter übernahmen sie und fuhren sie zu ihrem Bestimmungsort.

»Folgen sie mir«, sagte Atlanta. »Wir nehmen einen Hallen-Gleiter. «

Schnell war die Strecke zu dem Sicherheits-Bereich zurückgelegt. Die sechs Kampf-Roboter ließen die Gruppe ohne weitere Legitimierung passieren. Eine Gruppe Marines sicherte den inneren Bereich ab.

Atlanta und Captain Hunter salutierten.
»Wir möchten kurz mit unserem Gast sprechen«, teilte die Kommandantin dem wachhabenden Leutnant mit. Er

nickte ihr zu und öffnete das Sicherheits-Schloss der Türe. Geräuschlos verschwand sie in der Wand. Sie traten ein.

»Ich bekomme Besuch«, sagte Rantero. »Ich freue mich, sie zu sehen. Teilweise ist es sehr langweilig hier. «

»Sind sie unzufrieden? «, fragte Atlanta. » Sagen sie uns, wenn sie etwas brauchen. «

»Ich möchte mich frei bewegen können«, antwortete der Worgass.

Atlanta schaute ihn an.
»Sie wissen, dass dies nur schwer möglich ist«, antwortete sie. »Vielleicht später einmal, wenn wir mehr Vertrauen zu ihnen gewonnen haben. «

»Was führt sie zu mir? «, fragte der Überläufer.

»Was wissen sie über die Verwaltung des Planeten Lizzit? «, fragte Captain Hunter.

Rantero überlegte kurz.
»Ein Planet der M-Klasse, Produktions-Planet der Worgass in dem südlichen Bereich von Andromeda«, erklärte Rantero. »Fest in der Verwaltung unserer Rasse, Heimat-Planet einer gezüchteten, exoiden Wesensform mit Namen Green-Lizard. Es ist ein Garnison-Planet und ausgestattet mit 43 Produktions-Regimentern, für den Bau einer Angriffs-Flotte. «

»Wer soll denn angegriffen werden? «, fragte Atlanta.

Rantero schaute sie an.
»Ich bin mir sicher, dass sie es selbst wissen«, antwortete er. »Sie haben doch bereits einmal einen Angriff gegen diesen Planeten geflogen. «

»Das ist ihnen auch bekannt? «, bemerkte Captain Hunter.

»Die Informationen werden bei uns fortgeschrieben«, antwortete der Überläufer. »Das Verzeichnis der Netzwerk-Denker vergisst nichts. «

»Welche Informationen haben sie über die Verwaltung des Planeten? «, erkundigte sich Captain Hunter.

»Es gibt einen übergeordneten, planetaren Worgass-Kurator, mit Namen Sirzan Wygrill auf dem Planeten«, teilte er mit. »Dieser Kurator ist ein Mitglied des Konzils der Wissenden und erhält Informationen, über die andere Kuratoren nicht verfügen. Er lebt in einem Palast und zieht alle Fäden der exoiden Knechtschaft. Hier finden sie auch die übergeordneten Leitstellen, wie die Raumüberwachung des Quadranten. Es heißt, dass der Palast autonom ist und nicht an die subplanetaren Hyperkomm-Funkanlagen des Planeten angeschlossen ist. Ferner verfügt er über massive Anlagen einer Bodenabwehr.

Aber das Wesentliche ist, dass dieser Kurator Informationen besitzt, die Auskunft über eine Rasse gibt, die hinter unserer großen Übereinkunft steht. Das ist der Regierungs-Ausschuss aller Worgass-Clans, welche bei uns die Fäden ziehen. Schon lange vermuten wir, dass unsere Regierung von einer noch mächtigeren Macht gesteuert wird. Aber beweisen konnten wir es nie. «

»Danke«, sagte Atlanta. » Mit dieser Auskunft haben sie uns sehr geholfen. Wir müssen sie jetzt wieder verlassen, aber wir sehen uns bald wieder. «

»Ich freue mich«, antwortete Rantero.

Die vier Personen verließen die Unterkunft des Überläufers und begaben sich auf dem schnellsten Weg zu dem nächsten Transmitter-Port.

Start der Flotte

Das große, moderne Kasino auf Titan, war für normale Bedienstete der EWK am heutigen Abend geschlossen. Ein nicht übersehbares Schild prangerte an der Pforte.

»Sonder-Sitzung der EWK – Einlass nur mit Sonder-Legitimation«.

Vier Kampf-Roboter und zwei Elite-Soldaten des KSD, kontrollierten die Besucher per Identitäts-Scanner und gaben die Sonderausweise aus. Auch Worgass DNA-Scanner wurden eingesetzt. Die Shy-Ha-Narde waren rechts und links an der Pforte postiert. Ihre Augen leuchteten tiefrot. Allein ihr Anblick ließ bereits viele nicht eingeladene Gäste umkehren. Jeweils ein schwerer KSD-Detonator lag in ihrer Armbeugen. Eine zweite Gruppe Roboter kontrollierte die Ausgabe der Sicherheits-Ausweise. Sie beobachteten die ID-Kontrolle ihrer menschlichen Partner. Bei einer nicht konformen Bewegung würden sie sofort einschreiten.

Die von Heran, angeführte Gruppe der Lantraner, hatte das Prozedere ohne Murren über sich ergehen lassen. Ihr Zutritt war im Vorfeld genehmigt worden. Sie hatten es sich bereits im Inneren des Kasinos gemütlich gemacht.

General Poison stand bei der kleinen Gruppe der Green-Lizards und unterhielt sich mit Morass Zyran, Raise Zyran, Admiral Draise Zosan und Admiral Uyaise Mazrin. Diese befehligten den Flotten-Verband der 600 Kampf-Schiffe der exoiden Rasse. Hinter ihnen standen hochrangige Militärs der EWK, die sich leise unterhielten. Service-

Roboter und weibliches Personal liefen zwischen den Wartenden durch und fragten nach ihren Wünschen. Die lantranische Fraktion hatte sich an mehreren großen Tischen im Hintergrund des Kasinos niedergelassen und beobachte die unterschiedlichen Gruppen. Heran hatte seinen Landsleuten eine Spezialität von Terra als Getränk empfohlen. Jedoch auf die möglicherweise berauschende Wirkung hatte er hingewiesen. Vor ihnen auf dem Tisch standen kräftige Bierkrüge. Auch das Anstoßen hatte Heran seiner lantranischen Fraktion bereits beigebracht. Wie es aussah, gefiel es den Lantranern recht gut. Der Inhalt der Krüge schien anzukommen.

Major Travis trat zu der Gruppe und begrüßte sie. Er blickte seinen Freund Heran an.

»Du hast deinen Kollegen mitgeteilt, dass zu viel Bier berauschend wirken kann? «, fragte er.

Heran nickte.
»Sie haben mir mitgeteilt, dass ein Getränk unmöglich einen Lantraner von den Füßen wirft«, antwortete er. »Mehr als darauf hinweisen, konnte ich nicht. «

Heran lachte schadensfroh auf.

Der Major verzog sein Gesicht.
»Bitte achte darauf, dass keiner aus der Rolle fällt«, erwiderte er. Es macht keinen guten Eindruck, wenn die älteste humanoide Rasse später nicht mehr ansprechbar ist. «

»Keine Sorge«, entgegnete Heran. »Wir sind keine Natrader. «

Barenseigs stand zwar etwas abseits, doch er hatte die Äußerung mitbekommen und schaute in die Richtung von Heran.

»Davon lasse ich mich gerne überraschen«, sagte er. »Nachher reden wir einmal darüber, wer länger durchhält. «

Heran winkte ab.
»Es wird alles nicht so heiß gegessen, wie es gekocht wird«, sagte er. »Kennen sie diesen terranischen Spruch bereits? «

Barenseigs nickte.
»Ich halte mich bereits eine Zeitlang hier auf«, antwortete er. Dann drehte er sich wieder Commander Cottle und Admiral Fantarus zu. Dieser hatte einige Commander seiner Naado-Flotte mitgebracht.

»Sie trinken nur Wasser? «, fragte Commander Cottle den Admiral.

»Ja«, entgegnete er. »Die Dame des Service-Dienstes hat es mir empfohlen«, sagte er. »Es handelt sich um gereinigtes, quellfrisches Wasser mit einem Schuss Kohlensäure. Ich liebe das Prickeln auf meiner Zunge. «

»Ich weiß, was sie meinen«, antwortete Barenseigs. »Das ist auch wieder ein Geheimrezept der Erde. «

Major Travis schritt schnellen Schrittes dem Eingang entgegen. Kommissar Kahlewa und Admiral Samram Nor'daram, in Begleitung einiger Flotten-Captains wurden von Commander Brenzby und Heinze in den Saal geführt.

»Ich freue mich sie wiederzusehen«, begrüßte der Major die neu eingetroffenen Gäste.

»Die Freude ist auf unserer Seite«, antwortete Kommissar Kahlewa. »Endlich lernen wir einmal ihr Heimat-System kennen. «

»Leider ist der Grund nicht so erfreulich, wie bei einem regulären Staatsbesuch«, lächelte Major Travis. »Wir hoffen sehr, dass wir unter anderen Umständen noch einmal zusammenkommen können. Dann ist es uns eine Ehre, sie auf unseren Haupt-Planeten einladen zu dürfen. «

»Machen sie sich keine Gedanken«, antwortete Admiral Samram Nor'daram. »Wir sind in ihrer Schuld und werden es auch ewig bleiben. Sie und ihr beherztes Eingreifen haben das Gesicht der kleinen Magellanschen Wolke verändert. Überall redet man von ihnen als Retter unserer Sternen-Insel. «

»Ich bin ihnen sehr dankbar, dass sie uns unterstützen«, erwiderte der Major.

»Weitergehen«, sagte jemand von hinten.

»Darf ich sie bitten, sich einen Platz zu suchen«, ergänzte der Major. »Unser Service-Personal serviert ihnen kühle Getränke. Ich kümmere mich in der Zwischenzeit um die nachrückenden Gäste. «

»Wir reden später«, erwiderte Kommissar Kahlewa.

Major Travis nickte und blickte Heinze an. Er sandte ihm einen gedanklichen Befehl.

»Halte bitte deine Sinne offen und scanne alle Gäste«, forderte er den Ro auf. »Falls du etwas Negatives empfängst, bitte informiere mich sofort. «

Heinze schaute freundlich zu ihm auf.

»Das mache ich«, antwortete er. »Hoffentlich haben die hier genug Möhren«, ergänzte er.

Dann schritt er der Gruppe von Commander Brenzby nach. Major Travis schaute ihm einen Augenblick nach.

Weitere Gäste rückten bereits nach. Commander Malley und Captain Jodie McLaine führten eine Gruppe von zehn Najekesio in den Raum. Vor Major Travis, blieb die Gruppe stehen.

»Ich bringe ihnen die Gruppe der Najekesio«, sagte Malley.

Er war in Begleitung von Someska, dem Oberbefehlshaber der Najekesio-Flotte und von Tomanka, dem Vertreter der unterschiedlichen Clans der Planeten. Die Albinos waren schwer auseinanderzuhalten. Trotzdem erkannte Major Travis den Oberbefehlshaber der Flotte und den Vertreter der Najekesio-Clans sofort.

»Ich freue mich über ihre Unterstützung«, begrüßte Major Travis die Najekesio.

Commander Tomanka lächelte.
»Das machen wir gerne«, erwiderte er. »Auch wir möchten unseren Teil zur Sicherheit der Milchstraße beitragen. «

»Ich sage es nur ungern«, beteiligte sich Admiral Someska an dem Gespräch. »Durch sie ist ein Umdenken in unserer Regierung erfolgt. Unser junger Regierungs-Rat Kanriel hält große Stücke von ihnen. Er lässt sie übrigens grüßen. Bedauerlicherweise lassen seine Regierungs-Geschäfte keinen persönlichen Besuch zu. Trotzdem würde er sich über einen Besuch ihrerseits freuen. «

»Ich nehme dankend die Grüße entgegen«, antwortete Major Travis. »Auch wir möchten ihnen mit aufrichtigem Respekt begegnen. Die Vergangenheit ist vergessen, lediglich die Zukunft bedarf unserer Beobachtung. Ihre Teilnahme an der Andromeda-Mission erfüllt uns mit Dankbarkeit und Freude. «

»So sehen wir das auch, bemerkte Commander Tomanka.
»Beginnen wir mit vertrauensbildenden Maßnahmen zwischen unseren beiden Völkern.

»Da kommen die Albinos«, flüsterte Giratron seinem Freund Heran zu.

»Haben sie nicht stetig Unruhe in dem Sol-System verursacht? «, fragte Belran.

Heran blickte ihn an.
»Du erkennst an diesem Beispiel, dass die Terraner immer versuchen, alle mit ins Boot zu nehmen«, erklärte er.
»Auch wenn das erste Treffen der beiden Rassen nicht positiv verlaufen war. «

»Das würde unsere Hohe-Empore nicht so einfach genehmigen«, entgegnete Uran.

»Die Terraner haben den Najekesio eingeimpft, dass sie auch ein Mitglied der Milchstraße sind. Ich sehe das positiv. «

»Darauf trinken wir«, erwiderte Siratron.

Heran verzog das Gesicht und schaute ihn an.
»Sei vorsichtig mit dem Getränk«, sagte er. »Es macht sich erst nach einigen Krügen bemerkbar. Ich hoffe, du verursachst mit deinem Schiff keine Karambolage. Das können wir am wenigsten gebrauchen. «

Die restlichen Lantraner lachten laut auf.

»Was die EWK wieder für einen Zirkus veranstaltet«, bemerkte Captain Hunter zu Atlanta, als er in ihrer Begleitung und mit Senga-Hol auf die Kontrollen zuschritt. »Ein normaler Ablauf scheint bei dieser Behörde nicht möglich zu sein. «

Atlanta lachte.
»Ich habe bereits gehört, dass sie nicht unbedingt in die EWK-Norm passen«, erwiderte sie.

»Muss ich das als Beleidigung auffassen? «, fragte Captain Hunter.

»Fassen sie das bitte als Aufwertung auf«, antwortete Senga-Hol. »Mein Commander war früher genauso wie sie. «

Der Captain ließ den ID-Scanner über sich ergehen. Er blickte die regungslos wartenden Kampf-Roboter an. Der Blick auf die 2.20 Meter großen, aus Natridstahl gefertigten Kolosse, ließ ihn verstummen.

»Die ID von Captain Hunter wurde bestätigt«, sagte der vorderste KSD-Offizier. »Sie dürfen passieren. «

»Geht doch«, antwortete Captain Hunter.
Er wartete noch bis Atlanta und Senga-Hol bestätigt wurden. Gemeinsam schritten sie durch die geöffnete Pforte ins Kasino.

»Da ist Major Travis«, sagte Atlanta und schritt auf ihn zu.

»Hallo Herr Major«, sagte sie freundlich. »Hier scheint aber die ganze Prominenz vertreten zu sein. «

Der Major lachte.
»Es sieht fast so aus«, antwortete er. »Sie kommen spät. Haben sie Noel mitgebracht? «

Atlanta blickte ihn irritiert an.
»Sollte ich das? «, fragte sie.

»Ich dachte, sie hätten ihn unterwegs gesehen«, antwortete der Major.

»Nein, leider nicht«, erwiderte die Kommandantin der Atlantis-Basis. »Wo finde ich Sirin? «

»Sie ist noch nicht hier«, erklärte der Major.
Er wusste, dass sich die beiden Frauen schätzen gelernt hatten.

»Sie begleitet die morinische Delegation zu uns«, ergänzte Major Travis. »Suchen sie sich einen Platz, möglichst bei der EWK-Gruppe. «

»Das machen wir«, sagte sie.

Major Travis ging zu der Türe und blickte hinaus. Die Gruppe von Commander Stuart war eingetroffen. Er winkte Sirin zu. Diese warf ihm einen schnellen Handkuss zu. Er wartete, bis die Gruppe abgefertigt war.

»Hallo, Major Travis«, begrüßte ihn Commander Stuart. »Wir konnten unsere morinischen Freunde von der Wichtigkeit der Mission überzeugen. Darf ich ihnen Prince Ulear Tomatover, den Kommandeur des morinischen Flotten-Verbandes vorstellen«.

»Sehr erfreut«, begrüßte der Major seinen Gast. »Ich kannte bisher nur Prince Prine Pimona und sein Gefolge.«

»Vielleicht sehen wir uns zukünftig öfter«, antwortete der Morina. »Commander Stuart hat uns förmlich zu einer Teilnahme gezwungen. Ihre natradische Prinzessin war auch nicht ganz unbeteiligt hieran. Wir haben erkannt, dass die relative Sicherheit nicht vom Himmel fällt. Haben sie etwas Nachsicht mit uns. Wir sind noch nicht sehr geübt in Kampf-Situationen. «

»Machen sie sich keine großen Sorgen, das Kämpfen übernehmen wir«, antwortete Major Travis. »Ihre Flotte sichert lediglich ab. Aber dazu kommen wir später. «

Er drehte sich zu Commander Stuart um.
»Führen sie bitte unsere Gäste an einen freien Tisch und helfen sie ihnen mit der Bewirtung«, bat er.

»Wird erledigt Major«, entgegnete der Commander.
Als die Gruppe abgezogen war, lächelte er Sirin an.

»Schön, dass du wieder da bist«, hauchte er ihr zu. »Ich habe dich vermisst. «

»Wirklich? «, antwortete sie und lachte. »Mir ging es genauso. Die Mission wurde erfolgreich beendet. Ich erwarte eine Belohnung von dir. «

Sie schaute ihn frech an.
»Die bekommst du später«, erwiderte er. »Zuerst werden wir diese Konferenz zu Ende bringen. Übrigens Atlanta hat dich gesucht. Sie sitzt vorne bei den EWK-Leuten. «

»Ich schau gleich bei ihr vorbei. Brauchst du mich noch? «, fragte sie.

»Mir wäre es Recht, wenn du Commander Stuart unterstützen würdest«, bat er. »Du kannst ja Atlanta dazu nehmen. «

Er drehte sich um und sah, dass Noel eingetroffen war. »Warum kommen sie erst so spät? «, fragte er den Kunst-Klon.

»Ich hatte noch etwas Wichtiges zu erledigen«, antwortete er geheimnisvoll. »Jetzt bin ich aber für sie da. Ich habe Verstärkung mitgebracht. «

Major Travis blickte auf und sah Tarel 7 eintreten. Er war ebenso wie Noel ein Kunst-Klon aus der natradischen Retorte. Ihnen folgte ein weiblicher Cyborg. Es war der mobile Arm der Konstalarosa Hypertronic-KI.

»Hat Noel ihnen allen heute Ausgang gegeben? «, fragte der Major.

»Wir ergänzen uns in den Geschichts-Datenspeichern«, antwortete Tarel 7 höflich. »Leider haben wir alle den Untergang des natradischen Kaiser-Imperiums aus räumlich unterschiedlichen Perspektiven registriert. Noel hat uns eingeladen, um interessierten Gästen Informationen zu vermitteln. «

Major Travis blickte kurz auf. Er sah, wie sich Commander Giacombo, in Begleitung weiterer Flotten-Commander, an ihm vorbei drängten.

»Wir sind jetzt vollständig«, registrierte er.
Er schritt zur Pforte und wies die Sicherheits-Kräfte des KSD an, den Raum zu sichern. Dann schloss er die Türe. Noel, Tarel 7 und der Cyborg der Konstalarosa KI warteten auf ihn.

»Gehen wir zu unseren Plätzen«, empfahl der Major. »Ich habe für die Leitung dieser Tagung die Sitzplätze etwas erhöhen lassen. So können wir alle Teilnehmer gut erkennen. «

Major Travis schritt schnellen Schrittes auf das Podest zu, auf dem eine Reihe von 11 Stühlen und drei Tischen stand. Vor jedem Stuhl stand ein Mikrofon. Zwei Techniker richteten eine Video-Steuerkonsole ein, die es ermöglichte, Bildmaterial abzuspielen. Der Major ging zu dem in der Mitte stehenden Stuhl, zog einen Kugelschreiber heraus und klopfte hiermit auf das Mikrofon. Ein dumpfer Ton hallte durch den Saal. Er beugte sich vor.

»Ich bitte General Poison, Heran, Morass, Atlanta und Senga-Hol zu mir an den Tisch. Ebenso Commander Brenzby und unseren Freund Heinze. Wir möchten anfangen«, ergänzte er seine Worte.

Die Angesprochenen lösten sich von ihren Gesprächspartnern und kamen zu dem erhobenen Podest von Major Travis. Dieser lächelte ihnen freundlich zu und wartete bis sich die Offiziere gesetzt hatten. Der Major suchte einen Augenkontakt mit Sergeant Hardin, der mit einer Gruppe Marines im Hintergrund stand. Ein Zeichen genügte, um zu erkennen, dass sich der Sergeant seiner Aufgabe bewusst war. Die vielen hohen Vertreter der befreundeten Rassen, sollten die bestmögliche Sicherheit erfahren. Die Augen des Majors glitten musternd über die Gäste.

Die Ansammlung der Personen im Saal hatte sich zwischenzeitlich gesetzt und ihre Gespräche eingestellt. Erwartungsvoll blickten sie Major Travis entgegen.

»Meine Damen und Herren, ich möchte mich für ihr zahlreiches Erscheinen bedanken«, begann er seinen Vortrag. »Heute ist ein denkwürdiger Tag für uns alle in der Milchstraße. Viele Rassen sind hier auf dem Titan-Stützpunkt zusammengekommen, um für die Sicherheit ihres Sternen-Systems einzutreten. Ich begrüße die Vertreter der Rasse der Green-Lizards und die Abordnung der alten ehrwürdigen Zivilisation der Lantraner, ebenso unsere Freunde aus der Kleinen Magellanschen Wolke. Ich freue mich, die Vertreter der Parhlevi und der Damyrer bei uns vertreten zu sehen. Ebenso eine Rasse, die derzeit noch Vertrauen zu dem Neuen-Imperium aufbaut. Ich spreche von den Najekesio, die trotzdem den Entschluss gefasst haben, uns bei dieser Mission zu unterstützen.

Als letzte Vertretung begrüße die die Abordnung der galaktischen Händler. Die Morina treten ebenfalls für den Erhalt und die Sicherung der Milchstraße ein. Ferner erkenne ich noch die Vertreter einiger Behörden unseres Planeten. Ich möchte die Abgesandten unserer obersten Weltraumbehörde, die Parlamentarier der UN und die Vertreter der unterschiedlichen Nationen der Erde begrüßen. Wir alle vertreten die bekannten, hochstehenden Zivilisationen unserer Sternen-Insel und bilden den Zusammenschluss eines Bollwerks, der für fremde Aggressoren schwer zu überwinden sein dürfte. «

Major Travis ließ eine kleine Pause vergehen, bevor er fortfuhr.

»Eine fremde Rasse in der Andromeda-Galaxie plant eine Invasion unseres Heimat-Systems«, erklärte er. Bereits in viele Sternen-Ballungen sind sie eingefallen und haben die Bewohner getötet, oder versklavt. Sie alle können dieser Species nicht ausreichenden Widerstand entgegensetzen. Wir wissen nicht, woher diese Rasse ursprünglich kommt, warum sie so einen immensen Hass, auf alles humanoide Leben mit sich herumträgt. Unsere Informationen bestätigen aber, dass sie bei uns einfallen wollen, das Leben wie wir es kennen beenden und den hier lebenden Völkern die Freiheit nehmen möchten. «

Major Travis hob seinen Arm und zeigte auf die unterschiedlichen Nationen.

»Wir alle sind hier frei geboren worden und wünschen uns weiterhin in Freiheit und Sicherheit auf unseren Planeten leben zu können«, sagte er. »Unsere Familien, Angehörige, Freunde und Bekannte, bedürfen unseren besonderen Schutz. Schon einmal gelang es dieser Rasse, in die Milchstraße einzudringen und für Schrecken und Vernichtung zu sorgen. Sie machten es nicht selbst, sondern züchteten sich zu diesem Zweck eine eigene Species. Unsere lantranischen Freunde können allzu gut von dem Untergang vieler wertvoller Species berichten.

Dieser fürchterlichen Rasse verdanken wir auch den Untergang des natradischen Kaiser-Imperiums und vieler weiterer Zweige, des vorher so erfolgreichen Zusammenschlusses der Planeten. Die letzten Natrader haben sich einen neuen Lebensraum gesucht. Auf sie können wir nicht mehr hoffen. Aber ihr Samen hat im Sol-System eine neue Rasse heranwachsen lassen, die sich der heutigen Herausforderungen stellen wird. Wir haben dank der großen Hypertronic-KI von Natrid, die Nachkommenschaft der Natrader angetreten und möchten das alte Imperium wieder auferstehen lassen. Wir werden es mit neuen Inhalten füllen.

Unsere Vision ist ein Imperium, in der jede Rasse frei und gleichberechtigt agiert, sich selbst nach allen Religionen und Wünschen ausrichten und entwickeln kann. Wir alle werden uns nicht noch einmal vor dieser, oder vor anderen fremden Rassen zurückziehen, uns vernichten oder uns evakuieren lassen. Trotzdem stehen erst am Anfang dieser Wünsche und Ziele. Sie wissen aus eigener Erfahrung, dass nicht immer die Freundschaft am Anfang einer neuen Begegnung steht. Wir Terraner können ihnen nur anbieten, ihre Freunde und ein verlässliches Mitglied des großen Planeten-Bundes in der Milchstraße zu sein. «

Heftiger Beifall tönte durch den Saal. Major Travis hob seine Hände in die Luft.

»Heute haben wir uns hier versammelt, um die Sicherheit der Milchstraße langfristig zu gewährleisten und zu sichern«, erklärte er. »Wir haben Parlamentarier zu den uns bekannten Zivilisationen entsandt, um bekanntermaßen um ihre Unterstützung zu bitten. Die Milchstraße ist unserer aller Heimat. Wir haben alle die gleiche Verantwortung hierauf zu achten, dass sie uns erhalten bleibt. Umso dankbarer bin ich, dass sie alle unserem Wunsch gefolgt sind und ihren Teil zu der Sicherheit unserer Sternen-Insel beitragen möchten. Kommen wir zu den Details. Ich zeige ihnen noch einmal, worum es geht. «

Major Travis drückte einen Knopf, auf der vor ihm liegenden Konsole. Eine große, vierseitige Leinwand senkte sich von der Decke herab. Das Licht verdunkelte sich. Die erste Videosequenz zeigte die Andromeda-Galaxie, aus dem Blick von dem Leerraum ausgesehen.

»Das ist die Andromeda-Sternen-Insel«, fuhr der Major fort. »Eine große Galaxie, direkt in der Nachbarschaft zu unserer Milchstraße. Die vermutete Heimat der Worgass. Das ist eine Rasse von Quallen-Wesen, die von der Evolution bevorzugt wurden. Sie sind Formwandler und in der Lage, die Körperform jedes Wesens anzunehmen, denen sie begegnet sind. Es ist möglich, dass sich bereits Schläfer ihrer Rasse unter uns, oder unter den Lebewesen ihrer Rasse befinden. Am südlichen Teil, der uns zugewandten Andromeda-Galaxie, finden wir den Planeten Lizzit. Heimat und Ursprungs-Ort der Green-Lizards, der Rasse unseres Freundes Morass Zyran. Ich bitte ihn selbst, einige Worte über sich und sein Volk zu sagen. «

Der Major trat von dem Mikrofon zurück und setzte sich.

Morass stand auf und blickte die interessierten Zuhörer an.

»Sie haben richtig gehört«, ergänzte der die Worte seines Vorredners. »Wir sind der Feind. «

Er zeigte auf sich und seine Tochter Raise.

»wir sind eine exoide Lebensform, die ursprünglich von den Worgass für den Kampf und als Besatzung ihrer Raum-Schiffe gezüchtet wurde. Später erkannten unsere Schöpfer aber, dass ihre Sklaven auch gut als Arbeiter, Monteure und für ihre Schmutzarbeit eingesetzt werden konnten. Einzelne Aufstände unserer Zivilisation wurden blutig niedergeschlagen. Die Herrschaft der Herrenrasse über unser Volk war brutal und unbeschreiblich schrecklich. Ein durch uns getöteter Worgass zog zwangsweise die Exekution von mindesten 50 Green-Lizards nach sich.

Die Worgass kannten nie ein Erbarmen. So wurde ihre Herrschaft über viele Tausende Jahre fortgeführt. Die Geschichte unserer Rasse wird in vielen Büchern dokumentiert. Wenn sie sich hierfür interessieren sollten, können sie gerne alle Informationen von uns übermittelt bekommen. Hier verzichte ich jetzt auf weitere ausufernde Geschichts-Erzählungen. Dank der Flotte von Major Travis konnten wir in der Milchstraße mit einem Teil unseres Volkes einen Neuanfang starten. Uns wurde ein Planet zugewiesen, der unseren Wünschen mehr als dienlich war. Erstmalig konnten wir uns allein verwalten, uns weiterentwickeln, glücklich und zufrieden leben. Das meine Damen und Herren, war zuvor noch nie der Fall gewesen.

Wir haben das Leben, als ein Mitglied in dem Neuen-Imperium schnell schätzen gelernt. Nur aus diesem Grunde beteiligen wir uns an dem Angriff gegen unser eigenes Volk. Wir möchten die Freiheit für alle Lizards unseres Volkes erreichen. Jetzt werden einige von ihnen fragen, kann man jemanden trauen, der gegen sein eigenes Volk in den Krieg zieht? «

Morass nickte mit seinem Kopf.
»Ja, sie können so jemandem trauen«, ergänzte er. »Wir haben uns bereits als zuverlässige Partner, an der Seite des Neuen-Imperiums etabliert und beteiligen uns nicht zum ersten Mal an einer notwendigen Mission. Major Travis wird meine Worte gerne bestätigen. Wir stehen zu der Milchstraße, unserer neuen Heimat, den neuen Freunden und zu unserer neugewonnen Freiheit. Das werden wir auf keinen Fall so leicht wieder aufgeben. Wir hoffen vielmehr, dass wir unsere zurückgebliebenen Familien, Verwandte, Bekannte und Freunde aus der Knechtschaft der Worgass befreien können. «

Morass Zyran trat von dem Mikrofon zurück und setzte sich. Seine Tochter lächelte ihm zu.

Ruhe war in dem Saal hörbar. Dann wurde ein lauter Beifall laut. Die anwesenden Gäste waren von der Rede des grünhäutigen Wesens begeistert.

»Danke für die Ausführungen, Morass«, sagte Major Travis. »Jeder von uns hat seine eigenen Erfahrungen im großen Krieg gemacht. Wenden wir uns wieder den Bildern zu. «

Die Videosequenz wechselte und zeigte den Planeten Lizzit. In zahlreichen Umlaufbahnen parkten die Schiffe der Worgass-Angriffs-Flotte. Ein Stöhnen drang von Zuhörern herüber.

»Liebe Gäste, das ist der Grund unserer Besorgnis«, erklärte der Major. »Unsere letzte Zählung bestätigte die Anzahl von knapp 645.000 Invasions-Schiffen der Worgass. Jeden Tag kommen neue hinzu. Die Mission Andromeda wird die Flotte zerschlagen und das kurz vor der Fertigstellung stehende Wurmloch, samt der Steuerungsbasis vernichten. Ferner werden wir alle 43 Fertigungs-Stätten auf dem Planeten dem Erdboden gleichmachen. Den Worgass soll die Möglichkeit genommen werden, kurzfristig wieder den gleichen Plan verwirklichen zu können. «

Admiral Someska, Befehlshaber der Najekesio-Flotte bat um das Wort.

»Wie ich gehört habe, beträgt die Anzahl unserer Schiffe 5.000 Einheiten«, fragte er. »Sind sie sicher, dass wir mit nur so wenigen Schiffen die Flotte der Worgass erfolgreich angreifen können? «

Major Travis nickte.
»Das sind wir«, entgegnete er. »Die Informationen unserer Aufklärung zeigen, dass die Schiffe derzeit alle noch im Automatikmodus auf ihren Umlaufbahnen fliegen. Besatzungen sind nicht an Bord. «

»Besitzen die Worgass denn keine Eingreif-Flotte für die Notfälle? «, fragte der Admiral.

»Wir rechnen maximal mit einer kleinen Flotte planetarer Abwehr-Gleiter«, antwortete Major Travis. » Wenn unser Plan erfolgreich ist, werden diese aber bereits durch den Untergrund der Green-Lizards ausgeschaltet werden. Sie stecken derzeit sämtliche Ressourcen in die Produktion der Schiffe für ihre Invasion. Sie sind sich sehr sicher, dass niemand die Worgass angreifen wird, weil ihr Name für Schrecken und Vergeltung bekannt ist. Hinzu kommt, dass wir mit einer neuen Technik angreifen, die uns unsere lantranischen Freunde zur Verfügung stellen. «

Flotten-Admiral Samram Nor'daram hatte seine Hand gehoben.

»Ja Admiral«, bemerkte Major Travis. »Sie haben noch eine Frage? «

»Ja«, erwiderte dieser. »Wenn wir diesen Angriff erfolgreich abschließen, werden die Worgass nicht erkennen, dass ein Angriff auf das Neue-Imperium nicht so einfach möglich ist? Wir vermuten, dass sie sich danach wieder auf kleine Sternen-Systeme stürzen werden, wozu auch die kleine Magellansche Wolke gehört. Wir haben ihren Wurmloch-Antrieb schätzen gelernt. Dieser würde uns die Möglichkeit geben, schnelle Informationen an sie weiterzuleiten und im Bedarfsfall um Unterstützung zu bitten. Ist es möglich, dass wir alle in den Genuss des Wurmloch-Antriebes kommen? «

Major Travis schaute Heran an.

»Wir stehen in dieser Angelegenheit in Verhandlungen mit den Lantranern«, erklärte er. »Wir selbst verfügen auch noch nicht über diese ausgereifte Variante des Reisens. Ich bitte, unseren Freund Heran etwas hierzu zu sagen. «

Der schaute kurz den Major an und zog seine Augenbrauen hoch. Er stand auf und lächelte die Zuhörer an.

»Ich bitte Giratron zu uns«, sagte er. »Er ist ausgebildet in Empathie und Psychologie unserer Hohen-Empore. Hören wir, was er dazu sagen kann. «

Giratron hatte das erhobene Rednerpodest erreicht. »Ich bin gar nicht auf eine Rede eingestellt«, bemerkte er. »Doch gerne folge ich dem Wunsch von Heran. «

Er blickte die Gäste an.
»Viele von ihnen kennen unsere Rasse, andere wiederum nicht«, sagte er. »Wir sind eine der ältesten Zivilisationen in der Milchstraße. In unserem Leben haben wir viel gesehen und beobachtet. In frühen Zeiten unseres Daseins hatten wir den Drang, viele junge Rassen zu unterstützen. Wir hofften, auf diesem Wege die Entwicklung der Zivilisationen beschleunigen zu können. Leider schlug unser Wunsch in allen Belangen fehl. Die von uns gewährte technische Unterstützung wandelte sich in das Gegenteil um. Einige Rassen, die sich weiterentwickeln sollten, führten Kriege mit ihren Nachbarn und vernichteten sich zum Schluss selbst.

Irgendwann beendete unsere Hohe-Empore die Unterstützung für die jungen Rassen des Universums. Wir zogen uns zurück und beobachteten nur noch. Aus dieser Starre konnten wir uns nicht mehr befreien, bis Heran auf die Terraner stieß. Jetzt zu ihrer Frage.

Der Wurmloch-Antrieb muss von allen Völkern verdient werden. Er benötigt eine hohe geistige Entwicklung und den gleichzeitigen Wunsch nach Frieden und Freiheit. Sie können sich vorstellen, dass mit diesem Antrieb, verfeindete Mächte innerhalb kürzester Zeit über andere Zivilisationen herfallen können. Wir werden sie als Rasse und Zivilisation beobachten. Wenn die Zeit reif ist, entscheiden wir, ob wir die Konstruktions-Zeichnungen weitergeben, oder nicht.

Derzeit kann ich mir lediglich vorstellen, einen Lotsen-Dienst für sie einzurichten. Diesen können sie bei Bedarf kontaktieren. Die aktuelle Durchführung dieses Gedankens, benötigt später weitere Gespräche. Ich kann ihnen diese Zusage von meiner Hohen-Empore geben. Wir als Rasse werden uns wieder aktiver in das Geschehen der Milchstraße einbringen. «

Giratron verneigte sich und verließ das Rednerpult.

Major Travis stand auf.
»Sie sehen die Videosequenz der Umlaufbahnen mit den Angriffs-Schiffen der Worgass«, fuhr er fort. »Hören sie den Angriffs-Plan unserer Strategen. Ich gebe das Wort an General Poison weiter. «

Der General stand auf und winkte die wartenden Militär-Experten der EWK auf das Podest.

»Ich danke Major Travis für das Wort«, begann er. »Sie werden mich nicht alle kennen. Ich leite mit Noel, dem Abgesandten der großen Natrid-KI, die Belange des Neuen-Imperiums. Ein ganzes Büro der imperialen Zentrale mit zahlreichen Experten, hat sich seit längerer Zeit mit der Angriffs-Planung beschäftigt. Alle Möglichkeiten wurden mehrfach durchgerechnet und analysiert. «

Die militärischen Experten hatten sich um General Poison versammelt. Sie alle waren meisterhafte Strategen der Angriffs-Planung.

»Ich gebe das Wort weiter an unsere Strategie-Mitarbeiter«, sagte der General.

»Danke General«, erwiderte Brigade-General Russel. »Es stimmt, wir haben alles mehrfach durchrechnen lassen und ein mehrfach stimmiges Ergebnis erzielt«, sagte er. »Alle Planungen basieren auf den derzeit verfügbaren Informationen. Falls die Daten unserer letzten Spionage-Aufklärung nicht mehr zutreffen, kann sich das Blatt leicht wenden. Ferner wissen wir auch nicht exakt, ob die Mitteilung des Ältesten-Rates von Lizzit stichhaltig ist. Die Regierung des Planeten arbeitet mit uns zusammen. Ihr Wunsch ist der Weg in die Freiheit. Falls die Worgass ihre Schiffs-Waffen verstärkt haben sollten, kann das bereits ein Problem geben. Wir empfehlen daher, in jedem Fall eine abschließende Bewertung vorzunehmen. Major Travis sollte kurz vor dem eigentlichen Angriff eine nochmalige Analyse der tatsächlichen Situation durchführen. «

»Das haben wir sowieso vor«, erwiderte der Major. »Auch wir möchten nicht in ein offenes Messer laufen. Die Gemeinschafts-Flotte stoppt im großen Leerraum vor Andromeda. Ich werde mit Heran und Morass im getarnten Anflug nochmals die Größe der Flotte und den Betriebszustand überprüfen. «

»Das wäre in unserem Sinne«, bestätigte Colonel Briggs, vom offensiven Planungsstab. »Nach der erneuten Bestätigung, des von uns angenommenen Zustandes der Worgass-Flotte, sollte die Regierung von Lizzit informiert werden, um ihre bodengebundenen Aktionen zu beginnen. «

Der Colonel blickte in die Gesichter der Zuhörer.
»Hiernach zieht sich die Termar 1, oder auch das lantranische Spionage-Schiff zurück und unterrichtet die wartenden Verbände«, ergänzte er. »Das Zeitfenster für den Angriff müssen sie vor Ort festlegen, es kann von uns nicht errechnet werden und richtet sich nach der Schnelligkeit der Green-Lizards. Wir empfehlen nachfolgende, weitere Vorgehensweise. Als erste Welle schlagen wir den Einsatz aller tarnfähigen Schiffe vor. Wie wir alle wissen, handelt es sich hierbei um die lantranischen Evolutions-Raumer, und alle Schiffe des Neuen-Imperiums. Die lantranischen Schiffe nähern sich

getarnt den erforderlichen Koordinaten, die rund um den Planeten Lizzit verteilt liegen.

Die Flotte des Neuen-Imperiums verteilt sich getarnt in einem entsprechenden Abstand dahinter. Dann eröffnet der Verband der Lantraner das Feuer, mit ihrer neuen Wunderwaffe. Sie reißen den größten Teil der Worgass-Armada in den Abgrund. Erst wenn sie abdrehen, schließt die Flotte des Neuen-Imperiums auf. Die Schiffe der Kaiser-Klasse positionieren sich als schwere Kampf-Stationen, oberhalb der Umlaufbahnen der geparkten Worgass-Schiffe. Die 25 Waffen-Türme pro Schiffsseite eröffnen das Feuer. Gehen sie davon aus, meine Damen und Herren, dass es einen Dauerbeschuss geben wird. Das ist bereits allein durch die Anzahl der Worgass-Schiffe gegeben.

Oberhalb der Schiffe der Kaiser-Klasse positionieren sich die Schiffe der Königs-Klasse in Gruppen zu zwei Schiffen. Durch die doppelte Anzahl dieser Schiffe, füllen wir alle Lücken aus, die möglicherweise von den großen Schiffen der Kaiser-Klasse nicht anvisiert werden können. Weitere Lücken schließen unsere Schiffe der Lord-Klasse. Der nördliche Pol wird von den Termar-Schiffen und den Naada-Schiffen von Trantos gesichert. Die südliche Pol-Region des Planeten wird von der Flotte von Atlantis kontrolliert, unterstützt von dem neuen Cuuda-Verband, unter dem Befehl von Captain Hunter. Diese beiden Verbände kümmern sich um ausbrechende Schiffe der Worgass-Armada. Wir empfehlen einen Angriff aus Sicherheitsgründen nur in Gruppe von drei Schiffen durchzuführen. Die Schiffe des lantranischen Verbandes überwachen die Mission und greifen ein, um in Schwierigkeiten geratene Verbände zu unterstützen. «

Er blickte die Gäste an.

»Wir empfehlen ein Zeitfenster von 15 Minuten, um durch wartende Lotsen-Schiffe alle Verbände der befreundeten Zivilisationen aus dem Leerraum nachzuziehen. Diese sollten sich um weitere Einzelgeschwader oder möglicherweise angreifende Schiffe der Worgass kümmern. Die Termar 1, unter dem Befehl von Major Travis leitet den Angriff. Es geht nicht um die völlige Zerstörung des Planeten Lizzit. Bedenken sie, dass wir die Bevölkerung des Planeten evakuieren werden. Dafür stehen Frachtschiffe der Worgass zur Verfügung. Diese dürfen auf keinen Fall angegriffen werden.

Sie sind unbewaffnet und werden jeweils mit 20.000 Personen der Green-Lizards gefüllt sein. Während Zeitpunkt des Angriffes werden sich diese Schiffe aus den Umlaufbahnen der Kampf-Schiffe lösen und eine entfernte Position einnehmen. Falls Schiffe der Worgass, diese Flüchtlings-Schiffe angreifen, ist sofort eine Unterstützung zu gewährleisten. Vielmehr empfehlen wir bereits, dass freie Verbände unserer befreundeten Rassen einen Sicherheits-Gürtel um die Flüchtlings-Schiffe bilden. Erst nach dem Abschluss der Evakuierung erfolgen Boden-Angriffe und die Vernichtung der 43 Produktions-Regimenter der Worgass. Sie alle erhalten von uns die Pläne auf ihr jeweiliges Kommando-Schiff übersandt. «

Colonel Kurt Briggs trat von dem Mikrofon zurück.

»Ich danke dem Colonel für die Informationen«, antwortete General Poison.

»Ich habe noch etwas hinzuzufügen«, meldete sich Captain Hunter.

Er und Atlanta waren aufgestanden und blickten in die Gesichter der Zuhörer.

»Ich bitte Major Travis um Entschuldigung«, begann der Captain. »Ich habe im Beisein von Commander Atlanta nochmals unseren Überläufer befragt. Dabei konnten wir an einige zusätzliche, wichtige Informationen gelangen. Wie Morass, der ehemalige Parlamentarier und 43. Abgeordneter des Hauses Lizzit 1, Beschützer der jungen Brüter bestätigen kann, gibt es einen übergeordneten planetaren Worgass-Kurator mit Namen Sirzan Wygrill auf dem Planeten. Er lebt in einem Palast und zieht die Fäden der Worgass-Verwaltung.

Hier finden wir auch die übergeordneten Leitstellen und die Raumüberwachung des Quadranten. Uns wurde mitgeteilt, dass sein Palast autonom ist und nicht an die subplanetaren Hyperkomm-Funkanlagen des Planeten angeschlossen ist. Daher ist es empfehlenswert, wenn ein kleines Geschwader die leistungsstarke Antennen-Anlage des Palastes vernichtet. Vermutlich muss mit starker Gegenwehr gerechnet werden. Wir denken an stationierte Boden-Abwehr-Geschütze. Aber das Wesentliche ist, dass dieser Kurator Informationen besitzt, die Auskunft über die Rasse gibt, die hinter den Worgass die Fäden zieht. Schon lange vermuten wir, dass die Worgass von einer noch mächtigeren Macht gesteuert werden. «

Er und Atlanta traten von dem Mikrofon zurück.

Heran, Major Travis und Noel waren aufgestanden.
»Das sind wichtige Informationen«, bemerkte der Major. »Wann wollten sie beide uns diese Informationen mitteilen? «

»Ich möchte Captain Hunter in Schutz nehmen«, erwiderte Atlanta. »Wir erhielten diese Informationen erst kurz vor diesem Treffen hier. Eine Meldung an die natradische Zentral-Verwaltung hätte nichts mehr gebracht. Die Information wäre zu spät bei ihnen eingegangen. «

»Das sind äußerst wichtige Informationen«, sagte Heran. »Seit vielen Zyklen versuchen wir zu ermitteln, bisher leider immer erfolglos, wer hinter den Worgass steckt. Wir brauchen diese Informationen für unsere zukünftige Strategie-Planung. «

»Das ist mir bewusst«, schnitt ihm Major Travis das Wort ab. »Das ändert unsere Planung geringfügig. Wir werden

den Einsatz von Bodentruppen erwägen, um in den Palast des Kurators zu gelangen. Vorher muss die Bodenabwehr komplett ausgeschaltet sein. Er blickte in die Gesichter der Zuhörer. «

»Sie haben bereits erkannt, worum es geht«, fuhr der Major fort. »Falls die Worgass nicht von ihren Invasions-Plänen ablassen, egal welche Sternen-Insel es auch betrifft, werden wir uns zu gegebener Zeit ihren Heimat-Planeten vornehmen, um sie zur Vernunft zu bringen. Vielleicht reicht es aber auch aus, die Verbindungen zu der hinter ihnen stehenden Rasse zu kappen. Liebe Gäste, das sind aber noch alles Zukunfts-Visionen. «

»Haben sie unsere Angriffs-Planung verstanden? «, fragte der General Poison. » Bestehen noch Fragen hierzu? «

Prince Ulear Tomatover meldete sich.
»Ja«, sagte er. »Was passiert mit unseren beschädigten Schiffen, oder den ausgeschleusten Rettungskapseln? «

»Die beschädigten Schiffe werden von uns per Traktor-Strahl aus der Gefahrenzone geschafft«, antwortete General Poison »Wir haben fünf Flotten-Tender dabei. Das sind neue Plattform-Schiffe, die mehrere nicht mehr flugfähige Schiffe aufnehmen können. Sie warten in der großen Leere auf die Lotsen-Schiffe. Bergungs-Schiffe werden ebenfalls im Einsatz sein, um nach den Rettungskapseln zu suchen. Für alles ist gesorgt. «

Admiral Fantarus, Befehlshaber des Najekesio-Verbandes meldete sich.

»Sehen wir dies richtig, dass die Ehre des Kampfes lediglich bei ihnen und den Lantraner verbleibt? «, fragte er. » Auch wir sind ein stolzes Volk. Wir möchten nicht herumsitzen und nachher den Raumschiff-Schrott aufsammeln. «

Major Travis stand auf.
»Ihnen steht eine ehrenvolle Aufgabe zu«, sagte er. »Wir ziehen den ersten Angriff auf uns. Ihr Verband hält uns den Rücken frei. Sie verhindern, dass mögliche Verbände der Worgass uns rückwärts angreifen und die ganze Mission zum Scheitern bringen können. Das Haupt-Kontingent der Angriffs-Flotte verlässt sich auf ihre Wachsamkeit. «

»Danke«, erwiderte der Admiral. »Wir werden unsere Aufgabe meistern. «

Major Travis winkte Captain Hunter zu sich.
»Wie lange dauert die Umrüstung der letzten Schiffe? «, erkundigte er sich.

John schaute auf seine Uhr.
»Exakt noch 2 Tage«, teilte er mit. »Dann sind alle Schiffe durch. «

Er blickte die Zuhörer an.

»Ich möchte hier vorerst schließen und ihnen mitteilen, dass wir in exakt 2 Tagen starten. Morgen treffen wir uns wieder hier und zeigen ihren Abgesandten unser Heimat-System. Vorgesehen sind Besichtigungen der Stadt Tattarr, die gleichzeitig die Leitstelle des Neuen-Imperiums darstellt. Sie besichtigen den Planeten Erde und auch auf Wunsch noch weitere Kolonien in unserem System. Wir haben mehrere Großraum-Gleiter vorbereitet, die sie abholen werden. Heute bitte ich sie, unsere Gäste zu sein. Genießen sie die Speisen und Getränke, die wir nach alten natradischen Rezepten herstellen, oder lieber neue Gerichte von der Erde. Uns stehen aber auch landestypische Gerichte von ihren Heimatplaneten zur Verfügung. Bitte lernen sie sich kennen und tauschen sie Informationen aus. In dieser großen Vielfalt kommen wir nicht oft zusammen. Nutzen sie die Gelegenheit, um mehr von ihren fremden Nachbarn zu erfahren. «

Tosender Beifall ertönte. Major Travis dankte den Zuhören und schritt auf Heran zu.

»Hast du Hunger? «, fragte er seinen Freund.

Der lachte laut auf.
»Ich freue mich auf ein gutes Steak«, erwiderte er. »Bei uns ist so etwas verboten, aber hier liebe ich es. «

Die Gruppe verließ den Rednerbereich und suchte sich einen freien Tisch. General Poison und Noel, Tarel 7 und der Cyborg der Flotten-Kampf-Station Konstalarosa setzten sich hinzu.

»Ihr wisst in meiner Abwesenheit, was zu tun ist?«, fragte Major Travis.

Noel lächelte.
»Keine Sorge«, entgegnete er. »Einen Fehler, wie er seinerseits bei Admiral Tarin passierte, wird es nicht mehr geben. Die Heimat-Verteidigung ist alarmiert. Nicht nur hier bei uns, sondern auch auf allen Außenposten. Aber wie sie schon mitteilten, der Worgass-Wurmloch-Knoten ist noch nicht einsatzbereit. «

»Außerdem stehen die Flotten-Kampf-Stationen auch noch als Reserve zur Verfügung«, bemerkte der Cyborg der Konstalarosa.

»Das beruhigt mich sehr«, lächelte der Major.

Der Abend schien allen Gästen zu gefallen. Je später der Abend, um so lauter wurde die Geräuschkulisse. Die Personen von Terra wurden mit neuen Gebräuchen konfrontiert und ließen sich Informationen anderer Kulturen vermitteln. Zwischendurch wurden die Gespräche immer wieder durch ein lautes Lachen der lantranischen Gruppe unterbrochen. Selbst die zurückhaltenden Morina, versuchten neue Geschäfts-Abschlüsse zu realisieren. General Poison, Major Travis, Heran und Noel mischten sich unter alle Gruppen unterschiedlicher Rassen und versuchten an neue

Informationen zu gelangen. Heinze hatte mehrmals Major Travis signalisiert, dass er keine negativen Gedanken aufspüren konnte. Bei allen Anwesenden der einzelnen Nationen schlummerte der Wunsch, den Worgass die Invasions-Pläne zu vereiteln. Die Gruppen waren von Major-Travis perfekt eingestellt worden.

Die verbleibenden zwei Tage vergingen wie im Fluge. Die Gäste des Neuen-Imperiums waren begeistert von der Erde, der Atlantis-Basis, den orbitalen Werften, den Kolonien auf Luna und dem Mars. Ebenso von der alten Stadt Tattarr. Sie ließen sich die Außen-Werften Marid und Varid zeigen, ebenso die Pläne für den Jupiter-Mond Europa. Auch da sollten in Kürze eine Kolonie, mit Produktions- und Werft-Anlagen des Neuen-Imperiums entstehen.

Die Gäste waren zu den zentralen Transmitter-Stationen von Titan gebracht worden. Major Travis, General Poison und Noel waren ebenfalls eingetroffen.

Der Major trat die Stufen einer Plattform herauf.

»Liebe Verbündete, Freunde und Mitglieder des Neuen-Imperiums«, verkündete er. »Ihre letzten Schiffe wurden soeben aus den Werften entlassen und besitzen jetzt den modifizierten Schutz-Schirm neuster Entwicklung. Dieser kann nach unseren Erkenntnissen von den Worgass-Waffen nicht durchdrungen, oder zum Kollabieren gebracht werden. Das bedeutet mehr Sicherheit für ihre Schiffe und ihre Besatzungen. Wir starten in Kürze unsere

Mission. Halten sie sich alle an den Strategieplan. Unser erster Flug bringt uns in den Leerraum vor Andromeda. Von dort aus starten wir unsere getarnte Spionage-Aktion. Nach unserem Rückflug werden sie alle neuen Daten erhalten. Falls Änderungen nötig werden, werden wir dies mit allen Flotten-Befehlshabern besprechen. Ich wünsche uns allen eine erfolgreiche Mission zum Schutz der Milchstraße. «

General Poison war neben Major Travis getreten.
»Ich möchte noch etwas anmerken«, sagte er. »Falls sie erfolgreich waren, werden wir nach ihrer Rückkehr ein großes Fest arrangieren. Sie lernen einen schönen Bereich unseres Heimat-Planeten kennen und das Wichtigste ist, für Getränke und Speisen wird gesorgt sein. Diesmal auch für ihre kompletten Besatzungen. «

Lauter Beifall tönte auf.
»Jedoch werden wir uns vorher, mit aller Schärfe unserer Sinne, auf die bevorstehende Mission konzentrieren«, ergänzte er. »Ich wünsche ihnen allen einen erfolgreichen Abschluss der Mission. Gehen sie bitte zurück auf ihre Schiffe und starten sie ihre Antriebe. Es werden ihnen von den lantranischen Lotsen-Schiffen fünf Wurmlöcher geöffnet. Fliegen sie in kurzen Abständen durch. Sie kennen das Prozedere bereits. Kommen sie gesund zurück. «

Wieder tönte Beifall auf.
Major Travis gab den Transmitter-Technikern ein Zeichen.
»Durchgänge aktivieren«, befahl er.

Zahlreiche Transmitter-Bögen wurden aktiviert und brachten die Besucher zu ihren Schiffen zurück.

Major Travis stand mit Commander Brenzby, Sirin und Heinze In der Zentrale der Termar 1.

»Die Flotten-Verbände haben ihre Antriebe aktiviert und folgen uns in eigener Formation«, bemerkte der Commander.

»Ich sehe es auf dem CIC«, antwortete der Major. » Jetzt wird es ernst. Über 5.000 Schiffe und fünf Flotten-Träger warteten in geordneter Formation auf die Öffnung der Wurmloch-Fenster. «

»Übermittelung der Zuordnung der Durchflugsdaten«, befahl Major Travis.

»Die Daten werden gesendet«, antwortete der Funk-Offizier.

»Bitte einen Funkspruch an Heran absetzen«, ergänzte der Major. »Wir sind bereit, bitte die Wurmlöcher öffnen.«

Die Bestätigung kam umgehend.
Vor ihnen öffneten sich fünf helle Wurmlöcher. Die Flotte der Lantraner beschleunigte und flog hindurch.

»Befehl für den Durchflug senden«, bestätigte der Major.

»Der Befehl ist raus«, antwortete Sergeant Farmer.
»Fliegen sie uns durch«, befahl der Major seinem Steuermann.

Die Termar 1 flog als Spitze der Termar-Flotte in das Wurmloch hinein. Die weiteren Verbände steuerten die für sie geplanten Fenster an. Dicht auf dicht tauchten die Schiffe in den künstlichen Horizont ein und wurden hineingezogen. Der Durchflug dauerte nur wenige Sekunden. Dann erreichte die große Angriffs-Flotte den Leerraum vor dem Andromeda-System. Beeindruckend lag die große Sternen-Insel vor ihnen.

»Ortungen? «, fragte Major Travis. » Verzeichnen wir Fremd-Schiffe? «

»Nein«, antwortete Sergeant Dantow. »Ich registriere nur unsere eigenen Schiffe. Alle Flotten-Verbände sind wohlbehalten durchgekommen. Es sind keine Verluste zu verzeichnen. «

»Heran möchte andocken«, teilte Sergeant Farmer mit.

»Erteilen sie bitte die Genehmigung und sagen sie ihm, ich bin auf dem Weg «, antwortete Major Travis.

Der Funk-Offizier tippte die Meldung bereits in die Konsole vor ihm ein.

Als der Major das Schiff des Lantraner betrat, sah er Morass bereits bei Heran stehen.

»Morass«, fragte er erstaunt. »Wie kommst du so schnell auf das Schiff? «

»Ich bin über einen lantranischen Transmitter gekommen«, antwortete der Lizard. »Diesen hat mir Heran bei seinem letzten Besuch überlassen. Das vereinfacht die Besuche auf seinem Schiff etwas. «

»Dann war unser lantranischer Freund in deinem Fall großzügig«, erkannte der Major.

»Das habe ich gehört«, sagte Heran. »Du kannst dich auch nicht beklagen, Herr Major. Warte einmal ab, du wirst in der Zukunft noch einiges erwarten können. «

Major Travis blickte ihn gespannt an.
»Mehr sage ich dazu noch nicht«, beendete der Lantraner das Gespräch. »Gehen wir in die Zentrale. Ich möchte die Mission zum Abschluss bringen. «

Die geräumige Leitstelle des Evolutions-Schiffes leuchtete in einem diffusen Licht.

»Kampf-Beleuchtung einschalten«, befahl Heran seiner KI.

Ein gedämpftes, rotes Licht erfüllte den Raum.

»Darf ich einen Hyperkomm-Funkspruch absetzen? «, fragte Major Travis.

»Bediene dich«, antwortete Heran. Er reichte dem Major den Communicator.

»Hier spricht Major Travis, Flotten-Leitung "Mission Andromeda"«, sprach er in das Gerät. » An alle Flottenverbände. Wir werden jetzt die Aufklärungs-Mission starten. Nehmen sie bis zu unserer Rückkehr eine Warteposition ein. Wir informieren sie nach unserer Rückkehr über unsere Erkenntnisse. Ende der Mitteilung.«

Der Major gab den Communicator an Heran zurück.
»KI, öffne uns ein Wurmloch-Fenster nach Lizzit«, befahl er. »Die Koordinaten liefen vor. Schließe es sofort nach unserem Eintauchen. Es darf nicht lange geöffnet bleiben.«

»Ja, Gebieter, das Wurmloch wird nach dem Einflug verschlossen«, flüsterte die weibliche KI-Stimme.

Heran blickte Major Travis an.
»Hierdurch entsteht auf der Andromeda-Seite nur ein kurzer Blitz«, erklärte er. »Dieser wird vermutlich von der Worgass-Raumüberwachung als ein galaktisches Gewitter interpretiert werden. «

Der Major lächelte.

»Das hast du uns beim letzten Durchflug bereits erklärt«, erwiderte er. »Wollten wir uns nicht per Hyperraum-Anflug nähern? «

»Das würde bei dieser Entfernung zu lange dauern«, antwortete der Lantraner. »Wir haben bewusst außerhalb ihrer Ortungs-Systeme unseren Haltepunkt im Leerraum gewählt. «

»Wir sollten uns schon an unseren Plan halten, ansonsten brauchen wir keinen zu machen«, antwortete der Major ärgerlich.

Heran schaute ihn an und zog seine Augenbraue hoch. Er vermied es aber, weiter hierauf einzugehen.

Heran beschleunigte sein Schiff und flog auf die eingespeisten Koordinaten zu.

»Jetzt das Wurmloch öffnen«, befahl er seiner KI.

Kurz vor dem Evolutions-Schiff entstand ein helles Energie-Fenster. Innerhalb von nur wenigen Sekunden verschwand das lantranische Schiff hierin, um auf der anderen Seite wieder ausgespuckt zu werden. Direkt hinter Herans Schiff schloss sich der künstliche Ereignishorizont wieder.

Andromeda-Galaxie

Sirzan Wygrill, war von den Netzwerk-Denkern, als planetarer Kurator von Lizzit eingesetzt. Er war regimetreu und zuverlässig. Er war einer der wenigen Kuratoren, der das Zuchtvolk der Green-Lizards bis an ihre Grenzen trieb und sie für die Zwecke der Worgass ausblutete. Aus diesem Grunde wurde er vor langer Zeit von den Netzwerk-Denkern geehrt und als ein Mitglied des Konzils der Wissenden etabliert. Er verfügte über Informationen, die streng vertraulich waren und niemanden mitgeteilt werden durften. Die Stimme des Konzils entschied über die Pläne des Worgass-Imperiums. Sirzan Wygrill war zufrieden mit seiner Arbeit. Er stand in der zentralen Raumüberwachung seines Palastes und ließ eine Zählung der in den Umlaufbahnen parkenden Schiffe durchführen.

»Wir liegen gut in der Vorgabe«, sagte er zu seinem Ortungs-Offizier. »Es wurden wieder mehr Schiffe fertiggestellt, als es unser Plan verlangt. Es sieht fast so aus, als ob ich die Zahlen nach oben korrigieren kann. «

»Wir verfügen derzeit über exakt 658.300 Schiffe«, bestätigte der Ortungs-Offizier. »Alle wurden in den Umlaufbahnen verankert. «

Der Offizier blickte irritiert auf seinen Monitor.
»Was ist? «, fragte der Kurator.

»Ich habe soeben einen Energieblitz geortet«, erwiderte er. »Doch jetzt ist er wieder weg. «

»Ein Energieblitz, was kann das sein? «, fragte der Kurator.

Der Ortungs-Offizier schüttelte seinen Kopf.

»Ich bekomme keine Daten mehr«, antwortete er. »Er lag 20.000 Kilometer vor den Umlaufbahnen unserer Schiffe.«

»Kann das den geparkten Schiffen gefährlich werden? «, erkundigte sich der planetare Kurator.

»Kann ich nicht sagen«, entgegnete der Ortungs-Offizier. »Es scheint eine einmalige Erscheinung gewesen zu sein.«

»Beobachten sie weiter«, befahl Sirzan Wygrill. »Falls die Verzerrung öfter auftritt, möchte ich informiert werden. «
Er drehte sich um und verließ die Abteilung der Raumüberwachung.

Byron war zu dem Haus von Traise Zyran gekommen. Er war ungeduldig und wollte endlich die letzten Einzelheiten mit dem Vorsitzenden des Ältesten-Rates von Lizzit besprechen. Oyaise Tazran war bereits anwesend.

»Wir müssen vorsichtig sein«, sagte Traise. »Die Worgass haben überall Spione. Es kann sein, dass wir bereits unter ihrer Überwachung stehen. «

Byron schüttelte seinen Kopf.

»Ich bin den Sicherheits-Behörden bekannt«, erklärte er. « Falls sie meinen Besuch bei dir mitbekommen hätten, wäre bereits ein Greif-Trupp erschienen. «

»Was verschafft uns die Freude deines Besuches«, fragte Traise.

»Die Zeit läuft ab«, antwortete Byron. »Eigentlich wollten wir ja Morgen mit den zentralen Aktionen starten und die Übernahme der Produktions-Regimenter durchführen. Ich möchte die Bestätigung der Humanoiden haben. «

»Sie sollten uns schon längst informiert haben«, antwortete Oyaise Tazran. »Ohne ihre Unterstützung fällt unser Vorhaben ins Wasser. Das würde zu viele Leben unserer Kämpfer kosten. «

Byron drehte sich um und schaute aus dem Fenster. Vor dem Haus von Traise lag ein grünes Feld.

»Wann rechnen wir mit dem Kontakt? «, fragte er, ohne sich umzudrehen.

»Wir warten stündlich darauf«, erwiderte Traise. »Morass hat es mir versprochen. Auf ihn konnten wir uns immer verlassen. «

»Vielleicht ist ihm etwas zugestoßen? «, fragte Byron. » Die Worgass haben überall ihre Spione......«

Byron stutzte.

»Ist deine Wiese instabil? «, fragte er plötzlich. » Dort sind auf einmal tiefe Löcher in dem Untergrund entstanden. «

Traise und Oyaise kamen an das Fenster gelaufen.

»Das sehen wir jetzt auch zum ersten Mal«, erwiderte Traise.

Es klopfte an der Tür. Erschreckt blickten sich die Lizards an.

»Wer ist da? «, fragte Traise.

»Ich bin es, Morass«, klang die bekannte Stimme zurück.

»Bitte öffne uns. Erschrecke nicht, wir sind getarnt. «

Traise öffnete die Tür und wich zurück. Nichts war zu erkennen. Doch plötzlich schlug die Tür zu. Ein Flimmern entstand vor der Tür. Die Konturen von Morass wurden sichtbar. Das Tarnfeld erlosch.

»Du hast Besuch? «, fragte er freundlich.

» Das ist Byron«, stellte Traise den Mitstreiter vor. » Er ist der Leiter unserer Untergrundbewegung. «

Morass begrüßte ihn.

»Oyaise kennst du ja noch aus dem Regierungs-Rat. «, ergänzte Traise. «

Auch er wurde von Morass begrüßt.

»Wir haben bereits auf dich gewartet«, sagte Oyaise.

»Das kann ich mir vorstellen«, antwortete Morass. »Doch wir haben immer noch eine große Entfernung zu überbrücken. Die Abstimmung dieser Aktion erfordert auch bei uns eine gewisse Planung. Ich habe Freunde mitgebracht. Erschreckt nicht, sie werden sich jetzt enttarnen. Es sind Humanoide aus der Milchstraße, die mich unterstützen. «

Byron wich erschreckt zurück.
»Warum bringst du humanoide Teufel mit«, fluchte er.

Morass schaute ihn an.
»Beruhige dich«, erwiderte er. »Die einzigen Teufel sind die Worgass. Meine humanoiden Freunde sind einzigartig und hilfsbereit. Bis du bereit? Können sie sich enttarnen? «
Byron nickte und schaute gespannt auf das Flimmern. Heran und Major Travis enttarnten sich.

Sie begrüßten Oyaise und Traise. Vor Byron blieben sie stehen.

»Wir sind nicht so schlimm, wie die Worgass uns immer verunglimpfen«, sagte der Major auf Natradisch.

»Das ist mein erster Kontakt mit einer humanoiden Rasse«, erwiderte Byron. »Ich bitte für mein Verhalten um Entschuldigung. Mir reicht es, wenn der Vorsitzende unseres Ältesten-Rates ihnen vertraut. «

»Wir sind hier, um den Angriff mit ihnen abzustimmen«, sagte Heran. »Unsere Flotte wartet im Leerraum auf den Einsatz. «

»Wir sind bereit«, antwortete Byron. »Unsere Kämpfer wurden mit Waffen ausgestattet, ebenso wie die globalen Demonstranten. «

»Wie lange brauchen sie, um die Produktions-Regimenter zu übernehmen, die Hyperkomm-Funkstationen auszuschalten, die Garnisons-Stützpunkte zu überlaufen und den Palast des Worgass-Kurators einzunehmen? «

»Die Aktionen starten zeitgleich«, antwortete Byron. »Als erstes beginnen die globalen Demonstrationen. Diese kennen die Worgass bereits und werden nichts Verdächtiges hieran vermuten. Bisher wurden von uns nie Waffen eingesetzt, diesmal werden die Fußtruppen der Worgass-Soldaten überrascht sein. Erst wenn alle Truppen aus den Garnisonen ausgerückt sind und sich um die globalen Demonstrationen kümmern, werden die andere Verbände von uns, die wenigen verbliebenen Wachposten in den Kasernen überrennen. So bringen wir die Fluggleiter, Bodenpanzer und das restliche Waffenarsenal der Worgass in unseren Besitz.

Gleichzeitig werden wir die Hyperkomm-Funkanlagen sabotieren, oder vernichten. Das betrifft ebenfalls die Hyperkomm-Funkanlagen des Plastes. Hiernach wird die zentrale Energie-Versorgung des Planeten abgeschaltet. Hierdurch verfügt der Palast über keinen Informationen von Sensoren mehr, die er auf seinen Bildschirmen auswerten kann. Spezialtruppen werden in den Palast eindringen und die Worgass ausschalten. Gleichzeitig mit dem Ausfall der Energie-Versorgung werden die Produktions-Regimenter übernommen. Erst wenn alle Aktionen erfolgreich verlaufen sind, werden wir die Energie-Versorgung wieder aktivieren und mit der Evakuierung unserer Bevölkerung auf die Fracht-Schiffe beginnen. «

»Das hört sich nach einer guten Planung an«, bestätigte Major Travis.

Er schaute Heran an.
Dieser nickte.

»Wir werden ihnen ein Zeitfenster von 3 Stunden Vorlauf geben«, sagte er. »Dann greifen wir die Kampf-Schiffe der Worgass in der Umlaufbahn an und vernichten sie. Sorgen sie dafür, dass ihre Evakuierungs-Schiffe genügend Abstand zu den Umlaufbahnen der Kampf-Schiffe haben. Zur Sicherheit senden sie uns von ihren Schiffen den Code „Freiheit für die Green-Lizards". Wir erkennen dann, dass es sich um eine Gruppe Flüchtlings-Schiffe handelt. Schaffen sie es in dieser Zeit? «

Byron lächelte.
»Die Zeit ist mehr als ausreichend«, erwiderte er. »Wir alle haben lange auf diesen Moment hingearbeitet. Ein Sturm von Lizards wird sich auf unserem Planeten erheben und sein Gesicht verändern. «

»Einen Wunsch haben wir noch«, ergänzte der Major. »Uns liegen Informationen vor, dass der Kurator ein Mitglied des Konzils der Wissenden ist. Er verfügt über Informationen über eine Rasse, die hinter den Worgass steht und vermutlich die Fäden zieht. Wir brauchen den Kurator des Planeten lebend. Er muss uns die Daten aushändigen. «

»Davon wissen wir nichts«, antwortete Byron. » Sie scheinen besser informiert zu sein als wir. Ich werde Anweisung geben, dass der Kurator inhaftiert wird. Ihm wird nichts passieren. «

»Danke«, antwortete der Major. »Bitte instruieren sie ihre Truppen. Wir informieren unsere Flotte und werden das Zeitfenster einhalten. «

»Danke für ihre Unterstützung«, antworteten die drei Green-Lizard. Morass und seine humanoiden Freunde verabschiedeten sich, schalteten ihre Tarnvorrichtung wieder ein und verließen das Haus des Vorsitzenden des Ältesten-Rates von Lizzit.

Zwei Stunden waren seit dem Kontakt mit dem Untergrund Heimat-Planeten von Morass vergangen. Alle Flotten-Befehlshaber waren informiert worden, dass die Situation vor Ort sich nicht geändert hatte. Der Angriff konnte gemäß dem Strategie-Plan durchgeführt werden. Heran stand mit Major Travis auf der Brücke der Termar 1 und schaute auf den großen Flotten-Verband. Eine angespannte Ruhe war zu spüren.

»Ich weise meine Schiffe an, direkt acht Wurmlöcher zu öffnen«, sagte Heran. »Damit kommen wir schneller in unsere Angriffs-Position. «

»Ich skizziere das kurz als Befehl für die Flotte«, erklärte Commander Brenzby.

»Bitte schreiben sie mit«, sagte Heran.

1. Wurmloch: - Flotte der Lantraner,
2. Wurmloch: - Termar-Verband unter Major Travis,
3. Wurmloch: - Atlantis-Verband unter Senga-Hol,
4. Wurmloch: - Cuuda-Verband unter Captain Hunter,
5. Wurmloch: - Schiffe der Kaiser-Klasse,
6. Wurmloch: - Königs-Klasse-Schiffe,
7. Wurmloch: - Lord-Klasse-Schiffe,
8. Wurmloch: - Naada-Klasse-Trantos.

Zeitversetzt nach 15 Minuten werden weitere Fenster geöffnet«, ergänzte Heran.

9. Wurmloch: - Schiffe der Lizard-Klasse,
10.Wurmloch: - Schiffe der Nejekesio,
11.Wurmloch: - Schiffe der Morina,
12.Wurmloch: - Schiffe der Naadom,
13. Wurmloch: -Schiffe, kleine Magellanschen Wolke.

»Die Aufgaben wurden verteilt«, erklärte Heran. Sie wissen ja, dass sie ihre Schiffe bitte etwas versetzt von unseren Zerstörern positionieren sollten. Das kommt dem Wirkungsgrad unserer neuen Waffen sehr entgegen. «

»Das wurde von uns berücksichtigt«, antwortete der Major. »Wir bleiben im Tarnmodus, bis eure Schiffe sichtbar abdrehen und neue Koordinaten einnehmen.

»Gut«, antwortete Heran. »Erst wenn ihr erkennt, dass wir abdrehen und eine neue Position einnehmen, bedeutet das für euch, dass jedes lantranische Schiff seine vier Transform-Dimensions-Geschosse ausgestoßen hat. Nach diesem Zeitpunkt werden nur noch unsere Laser-Werfer zum Einsatz kommen. «

»Damit wäre alles geklärt«, sagte Major Travis.
Er schaute auf seine Uhr.

»Es ist so weit«, erklärte er. »Es sind noch 2 Minuten bis zum Angriff. «

Er blickte den Funk-Offizier an.
»Übersenden sie die Schiffs-Zuordnungen der Wurmloch-Fenster an die Flotte«, befahl er.

»Ich habe die Daten gesendet«, erwiderte Sergeant Farmer.

»Ich begebe mich jetzt auf mein Schiff«, sagte Heran. »Wartet ab, bis wir die Wurmloch-Fenster öffnen. «

Er drehte sich um und lief aus der Zentrale der Termar 1.

»Funkspruch an die Flotte«, befahl Major Travis.

»Die Tarnvorrichtung wird bereits während des Durchfluges aktiviert. Auf der anderen Seite, werden wir eine getarnte Warteposition, auf den vorgegebenen Koordinaten einnehmen. Diese Position liegt weit hinter der angreifenden lantranischen Flotte. Die komplette Gemeinschafts-Flotte wartet dort auf unseren ausdrücklichen Angriffsbefehl. Starten wir die Antriebe. «

Andromeda-System

Der Worgass-Kurator schaute auf seine Überwachungs-Bildschirme.

»Schon wieder diese Demonstrationen«, schimpfte er. »Die Lizards lernen nichts dazu. Bringt diesen Personen doch endlich Gehorsam bei. Meine Geduld ist zu Ende. Schickt alle Truppen aus. Sie sollen die Rädelsführer eliminieren. «

»Ich kümmere mich um die Demonstranten«, antwortete der Sicherheits-Offizier.

Sirzan Wygrill schaltete zwischen den einzelnen Städten des Planeten durch. Er schüttelte seinen Kopf.

»Diesmal sind alle Städte von den Demonstrationen betroffen«, stellte er fest. »Die Lizards scheinen sich abgesprochen zu haben. In den größeren Städten toben mehrere Gruppen von Unruhestiftern durch die Straßen. Das muss sofort aufhören. «

Er schaltete seinen Monitor um auf die Garnisons-Posten. Schnell sah er, wie sich die zahlreichen Worgass-Fußtrupps auf dem Weg machten, um die Unruheherde zu bekämpfen. Die Kasernen waren entleert.

»Das wird wieder zahlreiche Verluste unter ihrer Bevölkerung geben«, lachte er. »Die Echsen werden immer dumm bleiben. «

Er lehnte sich in seinem Stuhl zurück und beobachte das Szenarium. Im Laufschritt eilten die alarmierten Trupps in die Städte. Er schaltete seinen Monitor auf die Hauptstadt um. Auch hier waren in allen Stadtteilen Unruhen und Demonstrationen festzustellen. Der Worgass-Kurator überflog die Stellen in der Stadt.

»Es sind an die 35 Gruppen in der Stadt aktiv«, schätzte er. Die Stärke jeder Demonstration bezifferte er auf knapp 500 Lizards.

»Was wollen sie hiermit bezwecken? «, fragte er sich. » Wir werden nicht auf ihre Forderungen eingehen. Das haben wir noch nie gemacht und das wird auch in der Zukunft nicht passieren. Das Gesindel muss Gehorsam lernen. Wir müssen ein Exempel statuieren. Ich werde ihre Familien exekutieren lassen. Das werden sie so leicht nicht verkraften. Aber es wird sie von weiteren

Demonstrationen abhalten. Wir Worgass werden Stärke beweisen. «

Er sah, wie seine Fußtruppen die einzelnen Demonstranten erreicht hatten. Ohne eine Vorwarnung eröffneten die Worgass-Soldaten das Feuer auf die Menge.

Der Kurator schaute gespannt zu.
»So ist es richtig, sie sollen lernen zu gehorchen«, lachte er.

Ein Teil der Demonstranten lief in wilder Panik auseinander. Sie versuchten die schützenden Gassen zu erreichen. Worgass-Soldaten liefen ihnen hinterher. Plötzlich verharrten sie. Aus den Gassen tauchten schwer bewaffnete Lizards auf und schossen auf die Worgass-Soldaten. Sie kamen nicht mehr dazu, ihre Personen-Schutzschirme zu aktiveren. Sie wurden getroffen, nach hinten geschleudert und blieben verdreht im Schmutz liegen. Ihre Körper brodelten und veränderten sich in eine Wesensform, die Quallen ähnelte. Der Kurator geriet in Panik.

»Die Bestien schlachten meine Truppen ab«, erkannte er.

Er schaltete die einzelnen Städte durch. Überall das gleiche Bild. Aus versteckten Gassen drangen zahlreiche, bewaffnete Lizards und eröffneten das Feuer auf die Worgass-Fußsoldaten.

»Er werden immer mehr«, dachte der Kurator und winkte nach seinem Sicherheits-Berater.

Der eilte herbei.
»Sehen sie das, unsere Truppen werden abgeschlachtet«, fluchte der Kurator.

»Es ist mir unverständlich, wie die Lizards an die Waffen gekommen sind«, bemerkte der Sicherheits-Offizier.

»Fordern sie Luft-Unterstützung und die Panzer an«, befahl der Kurator.

»Irritiert drehte der Sicherheitsberater seinen Kopf und schaute ihm in die Augen.

»Alle Truppen sind im Einsatz«, antwortete er. »Sie haben ja aus Kostengründen immer mehr Sicherheitskräfte eingespart. Die Kasernen sind leer. Uns stehen keine weiteren Soldaten zur Verfügung. «

»Dann fordern sie von anderen Planeten Verstärkung an«, befahl der Kurator.

»Das wollte ich bereits«, antwortete der Sicherheits-Offizier. »Doch die Hyper-Funk-Anlagen des Planeten wurden sabotiert. Es baut sich keine Verbindung auf. «

»Das ist nicht möglich«, tobte der Kurator. »Ich will Vergeltung für das Geschehene. Sorgen sie sofort für eine

Lösung, ansonsten beenden sie ihr Leben in der Schmerz-Zentrifuge. «

Entsetzt lief der Sicherheits-Offizier aus dem Raum. Das Licht flackerte, dann erlosch es ganz. Alle Monitore und Anzeigen schalteten sich schlagartig aus.

»Was ist jetzt wieder los? «, fragte Sirzan Wygrill.

»Die Energie-Versorgung wurde unterbrochen«, meldete ein Mitarbeiter. »Die ganze Leitstelle ist ohne Energie. Wir sind blind. «

»Unsere Techniker sollen das in Ordnung bringen«, antwortete der Kurator.

»Das nützt nichts«, erwiderte ein Offizier. »Die Energieleitungen wurden außerhalb des Palastes zerstört. Wir müssen erst die alten Notstrom-Generatoren wieder in Gang bringen. «

Sirzan dachte nach.
»Alarmiert die Sicherheit«, befahl der Kurator. »Sie sollen den Palast schützen. Das ist ein Angriff auf unsere Bastion.«

Acht große Wurmlöcher hatten sich vor dem Planeten Lizzit geöffnet. Zufällige Beobachter würden nichts erkennen können, außer dem hellen Licht des künstlichen Horizontes. Nicht sichtbar traten die getarnten Schiffe aus, um ihre Angriffs-Positionen einzunehmen. Die acht starken Verbände positionierten sich auf den errechneten Koordinaten einer orbitalen Position. Die lantranischen Evolutions-Schiffe hatten sich um den Planeten verteilt, oberhalb der unterschiedlichen Umlaufbahnen der Worgass-Schiffe.

Diese waren immer noch auf Automatikbetrieb geschaltet und umrundeten den Planeten Lizzit in gewohnter Weise. Die deaktivierten KIs der Worgass-Schiffe waren nicht in der Lage, dass sich anbahnende Unheil zu erkennen.

Dann war es so weit. 100 Evolutions-Raumer enttarnten sich und verschossen erste Transform-Dimensions-Geschosse. Mit einer vorher nie gesehenen, gnadenlosen Präzision, detonierten die ersten Geschosse an vorher exakt errechneten Koordinaten in den Umlaufbahnen der Schiffe. Erst vorderseitig, dann rückseitig, linksseitig und rechtszeitig entstanden nach zahlreichen Expositionen kilometerlange Risse im Raum-Zeit-Gefüge.

Verwerfungen, die wie ovale Löcher aussahen, vergleichbar mit dem eines kilometerlangen Strudels im Ozean, entwickelten sie eine Eigenrotation und zogen alle im Umkreis befindlichen Gegenstände in ihren Schlund. Nicht synchron in einer Reihenfolge, sondern gezielt nach einem ausgewählten Schema verteilt, explodierten weitere lantranische Super-Bomben an vielen unterschiedlichen Stellen der einzelnen Umlaufbahnen.

Die Crew der Termar 1 sah, wie um den Planeten Lizzit herum, unzählige dieser aufgerissenen Löcher im Raum entstanden. Sie zogen magisch eine nicht überschaubare Menge, der im Automatik-Modus fliegenden Schiffe der Worgass an. Sie alle wurden kurzerhand von den künstlichen Rissen im Zwischenraum, verschlungen.

»Die Bomben explodieren nach einem gewissen Schema«, bemerkte Major Travis. »Die Lantraner wissen mit dieser Technik umzugehen. Vermutlich können sie keine Bombenteppiche legen, um nicht die Kontrolle über die Aufrisse zu verlieren? «

»Zu viele dicht an dicht angesiedelte Löcher, werden ein nicht kalkulierbares Risiko darstellen«, bemerkte, Commander Brenzby.

Die Flotte des Neuen-Imperiums beobachtete, wie immer mehr Schiffe, aus den programmierten Umlaufbahnen, in den Sog der Strudel gerieten und in den schwarzen Tiefen der Aufrisse verschwanden. Das geschah in solch einer Geschwindigkeit, dass die Crew der Termar 1 den Atem anhielt. Der Aufriss der Dimensions-Löcher schloss sich erst nach langen 15 Sekunden wieder. Das war Zeit genug, um ganze Flotten-Verbände in die Verdammnis zu ziehen.

Als ob nichts geschehen war beruhigte sich der aufgerissene Raum wieder, die wellenartige Kreiselbewegung des Strudels verebbte. Wo sich vorher noch ein tiefer Abgrund gezeigt hatte, dessen tiefes Ende nicht erkennbar war, verlief jetzt wieder der normale

Weltraum in seiner bekannten Form. Wieder explodierten unzählige Bomben dieser mörderischen Kraft, an unterschiedlichen Koordinaten der Umlaufbahnen. Keine so dicht an der nächsten positioniert, dass ein Aufriss mit einem anderen Loch in Berührung kommen konnte.

»Das ist Maßarbeit von Spezialisten«, staunte Major Travis. »Die Lantraner scheinen ihre Waffe ausgiebig getestet zu haben. «

Die Crew der Termar 1 schaute weiter interessiert auf das CIC.

Rund um den Planeten Lizzit entstanden weitere Risse im Raum, die sich sofort wieder in eine Kreiselbewegung verselbstständigten. Immer mehr Schiffe der Worgass, wurden von dem Sog erfasst und aus ihren Umlaufbahnen in die namenslose Tiefe gerissen. Wieder und wieder geschah das gleiche Szenarium. Dann endlich waren die Geschosse der lantranischen Schiffe verbraucht. Die Umlaufbahnen waren sichtlich ausgedünnt worden. Der ganze Angriff dauerte exakt 35 Minuten. Majestätisch drehten die Evolutions-Schiffe ab und gaben den Weg für nachfolgende Zerstörer frei.

»So etwas habe ich noch nicht gesehen«, flüsterte Sirin.

»Über welche hochstehende technische Entwicklung müssen die Lantraner verfügen? «, bemerkte Commander

Brenzby. » Es ist schon erschreckend, mit welcher Leichtigkeit sie diese Flotte dezimiert haben. «

Major Travis schaute gespannt auf das CIC.
»Stellen wir uns einmal einen richtigen Kampf vor«, sagte er. »Hierbei würden unzählige Schiffe mit ihren Besatzungen kurzerhand in den Untergang gezogen. Durch die engen Umlaufbahnen der Worgass-Schiffe, der genau errechneten Ziel-Positionierung jeder lantranischen Transform-Dimensions-Bombe, verlieren die Worgass mit jeder Detonation eine Anzahl Schiffe im vierstelligen Bereich. «

Eine exakte Berechnung der Größe eines solchen Dimensions-Risses war nicht möglich. Jede Verwerfung in der Raumstruktur verhielt sich anders.

»Die Lantraner sind immer wieder für Überraschungen gut«, sagte Major Travis. »Ihre Technik räumt in Minuten mit der Invasions-Flotte auf. «

»Ich möchte sie nicht als Gegner haben«, antwortete Commander Brenzby.

Der letzte Struktur-Riss hatte sich wieder geschlossen. Der Raum um den Planeten Lizzit, festigte sein Gefüge. Nichts deutet mehr auf die verschluckten Schiffe hin.

»Ortungen«, befahl Major Travis. »Bitte eine Schiffzählung durchführen. «

»Die Zählung läuft«, antwortete Sergeant Dantow. »Die Daten werden bereits vervollständigt«, ergänzte er. »Wir zählen derzeit noch ganze 224.000 Schiffe. Die Lantraner haben gute Arbeit geleistet. «

»Ihre Schiffe haben sich hinter unsere Linie zurückgezogen«, teilte der Ortungs-Offizier mit.

»Danke«, antwortete Major Travis. »Bitte den Befehl an die Flotte durchgeben. Sofort enttarnen und die verbleibenden Invasions-Schiffe unter Beschuss nehmen.«

»Der Befehl wurde gesendet«, bestätigte Sergeant Farmer.

Die Monitore zeigten, wie immer mehr Schiffe des Neuen-Imperiums sichtbar wurden. Die starken Laser-Türme der Kaiser-Klasse-Schiffe eröffneten das Feuer auf die unbemannten Schiffe. Sie entluden ihre 25 Waffentürme im Dauerfeuer. Massive Laser-Lanzen rasten auf die Schiffe der Worgass zu. Explosionen, Detonationen, aufgerissene Schiffe zeigten den Erfolg der Treffer an. Unzählige, künstliche Glutpilze entstanden auf den Umlaufbahnen der Schiffe.

Teilweise wurden zu nahe fliegende Schiffe der Worgass in Mitleidenschaft gezogen. Wie eine Kettenreaktion sprang der Explosionsfunke auf viele der fliegenden Schiffe über. Es war ein Schießen, wie auf Tonscheiben. Die Schiffe der Worgass waren nicht besetzt, die Antriebe deaktiviert, die Systeme heruntergefahren und die Schutz-Schirme abgeschaltet. Niemand hatte mit dem Angriff einer Flotte aus der Milchstraße gerechnet. Die Green-Lizards hatten dichtgehalten. Schuss um Schuss in die Antriebe der Worgass-Schiffe, dünnte die Invasions-Flotte aus. Grelle Explosionen erhellten den dunklen Weltraum. Überall um den Planeten Lizzit entstanden neue Kunstsonnen. Es war wie ein Freuden-Feuerwerk am Himmel.

Die Automatik der Worgass-Schiffe sendete zwar ein Notsignal an die zentrale Verwaltung, doch sie erhielt keine Antwort mehr. Pausenlos trommelten die Laser-Strahlen, der Schiffe aus der Milchstraße, auf neue Opfer ein und ließen sie explodieren. Die lantranischen Schiffe hatten sich etwas zurückgezogen und schossen auf abdriftende Schiffe, die bereits getroffen, aus ihren vorgegebenen Umlaufbahnen ausscherten. Sie beschäftigten sich mit der Beseitigung des umherfliegenden Weltraum-Schrotts.

Weitere Wurmlöcher öffneten sich. Die Flotte der befreundeten Fremd-Rassen war eingetroffen. Sie verteilte sich befehlsgemäß um den Planeten und eröffnete das Feuer auf alle erreichbaren Schiffe. Die Flotte der Worgass wurde immer weiter dezimiert. Im Sekundentakt materialisierten neue Schiffe aus geöffneten Wurmlochfenstern. Sie alle suchten sich ihre Opfer.

»Da draußen wimmelt es von Energie-Aufrissen«, sagte Sirin. »Die Flotte der Worgass hat keine Chance. «

»Es gab nie eine Chance für sie«, antwortete der Major. »Das war unsere Absicht und es ist unser Glück. Es muss doch jedem klar sein, falls ihre Flotte kampfbereit gewesen wäre, dann hätten wir nicht so ein leichtes Spiel gehabt. Vermutlich wäre es auch zu Verlusten auf unserer Seite gekommen. Dank unseres rechtzeitigen Eingreifens konnten wir dies verhindern. «

Die Demonstranten in den großen Städten des Planeten hatten sich mit dem Untergrund vereinigt. Die ahnungslosen, einmarschierenden Fußtruppen der Worgass, wurden in einen Hinterhalt gelockt. Der ganze Planet war auf den Beinen. Aus versteckten Gassen drangen massenhaft bewaffnete Lizards auf die Soldaten-Kohorten der Worgass zu. Obwohl sie sich wehrten und tapfer kämpften, wurden sie von dem Sturm der Massen überlaufen und niedergerungen. Der Schrei nach Freiheit drang aus allen Städten des Planeten gleichzeitig hervor. Der Aufstand hatte sich bereits verselbständigt. Die ganze Wut der Green-Lizards entlud sich an den Soldaten, die sie so lange geknechtet und unterdrückt hatten. Andere Wellen von Lizards griffen die nur noch schwach besetzten Garnison-Stützpunkte an und kämpften die Wachtruppen nieder.

Sie bemächtigten sie der schweren Waffen, der Panzer und vieler Flug-Gleiter in den Depots. Sie unterstützten voller Wut ihre kämpfenden Partisanen in den Städten.

Trotzdem gelang es vereinzelten Worgass-Soldaten noch auf einigen Stützpunkten ihre Kampf-Gleiter zu starten. Sie flohen vor den Bodenpanzern, die bereits ihre schweren Geschütze auf sie gerichtet hatten. Obwohl die Green-Lizards nicht in der Bedienung dieser Panzer geübt waren, gelang es ihnen einige fliehende Gleiter vom Himmel zu holen. Die Worgass-Geschwader glaubten, im Weltraum sicher zu sein. Sie wussten, dass dort die Angriffs-Schiffe für die geplante Invasion der Milchstraße parkten. Doch als sie aus der Atmosphäre stießen, erkannten sie erst das ganze Grauen ihres Dilemmas. Eiligst wurden weitere Notrufe abgesetzt.

Unzählige Trümmer schwebten in der Umlaufbahn um den Planeten Lizzit. Wieder erhellte sich das CIC der Termar 1. Fast gleichzeitig wurden 53 aufgehende Sonnen registriert.

»Das alles sind Treffer unserer Flotte«, bemerkte Commander Brenzby.

»Es steigen 180 Kampf-Gleiter von dem Boden auf«, meldete Sergeant Dantow.

»Dann haben die Worgass doch noch einige Gleiter starten können«, erkannte Major Travis. »Sergeant Farmer, informieren sie bitte Captain Hunter. Er soll sich um die Kampf-Gleiter kümmern. Übersenden sie ihm die Flugrouten. «

»Der Captain bestätigt bereits«, informierte der Funk-Offizier seinen Major.

Die Schiffe der Cuuda-Klasse flogen in breiter Aufstellung einen Abfangkurs. Sie schnitten den aufsteigenden Kampf-Jets der Worgass den Weg ab. Captain Hunter ließ das Feuer auf die Gleiter eröffnen. Die vordersten Schiffe wurden getroffen, platzten auf und vergingen in einem Feuerball. Die nachfolgenden hatten ihren Fehler bemerkt und scherten aus. Todesmutig eröffneten sie das Feuer auf die Cuuda-Schiffe. Sie flogen Schleifen und Kurven, feuerten aus beiden Flügel-Geschützen. Doch die Schirme der Cuuda-Schiffe fingen die Laser-Strahlen ohne Flackern ab.

Immer mehr Gleiter wurden von den wendigen Cuuda-Schiffen abgefangen. Alle getroffenen Schiffe, die nicht in einem Feuerball vergingen, trudelten qualmend dem Boden entgegen. Die wendigen Cuuda-Schiffe setzten den verbleibenden Gleiter nach. Es entwickelte sich eine rasante Verfolgungs-Jagd. Die im Dauerfeuer schießenden Cuuda-Schiffe dünnten den Verband der Kampf-Gleiter immer weiter aus. Vereinzelte Gleiter konnten sich absetzen.

»Startfreigabe für die Tarin-Jets«, befahl Captain Hunter. »Sie sollen die restlichen Jets jagen. Wir müssen alle erwischen. Ich möchte später keine Jets, bei möglichen Bodeneinsätzen erleben. «

»Die Jets werden ausgeschleust«, antwortete Leutnant Tannreich. »Die Piloten wurden instruiert, die Verfolgung aufzunehmen. «

Alarmsirenen heulten in der Termar 1 auf.
»Neue Ortungen? «, fragte Major Travis.

»Es werden an einigen globalen Garnisons-Stützpunkten bodengebundene Abwehr-Geschütze ausgefahren«, meldete Dore Dantow. »Sie beginnen mit der Boden-Abwehr. «

Die Abwehr-Geschütze spuckten ihre Strahlen in den Himmel.

Die Cuuda-Schiffe, des Verbandes von Captain Hunter, wurden massiv getroffen. Die neuen Schutz-Schirme absorbierten den Einflug problemlos. Nicht einmal eine leichte Verfärbung der starken Energie-Felder wurde sichtbar. Die auftreffenden Laser-Strahlen konnten von den Schutz-Schirmen der Cuuda-Schiffe aufgefangen, umgewandelt und für die Verstärkung des elgenen Energie-Schildes verwendet werden.

»Die Atlantis-Flotte signalisiert, dass sie sich hierum kümmert«, meldete Sergeant Farmer. »Sie fliegen einen zielorientierten Angriff auf alle Geschütz-Stellungen. Es ist nur noch eine Frage der Zeit, bis sie ausgeschaltet sind. «

»Perfekt«, antwortete Major Travis
.

Zufrieden betrachtete er das CIC. Die Position jedes lantranischen Schiffes, der Schiffe des Neuen-Imperiums und alle Schiffe der Flotte der befreundeten Fremd-Rassen wurden angezeigt. Ebenso leuchteten die Feindschiffe auf dem Display auf. Ein beeindruckendes Lichtermeer war zu sehen. Wieder leuchteten zahlreiche Detonationen auf dem CIC auf. Die Invasions-Flotte der Worgass dezimierte sich immer mehr.

Eine Angriffswelle, von 25 Naada-Schiffen des Trantos-Verbandes, raste auf ein vom Boden startendes 2.500-Meter-Schiff der Worgass zu. Ihr breitflächiger Beschuss, aus 375 Laser-Türmen, ließ den Schutz-Schirm des Giganten kurzfristig flackern, dann kollabieren und zusammenbrechen. Die nachfolgenden Treffer des Naada-Verbandes bohrten sich durch die Stahlhaut des Raumschiffes und drangen in sein Inneres vor. Noch in der Auftrieb-Bewegung explodierte das Schiff in der Atmosphäre. Ein gigantischer Glutball weitete sich aus und verwüstete den Raumschiff-Hafen und das Kontroll-Zentrum am Boden.

Die Schiffe der Gemeinschafts-Flotte machten Jagd auf Kampf-Gleiter, die von ihren unterschiedlichen Basen aufstiegen. Die Polizei-Schiffe der Morina erzielten dank ihrer modernen Technik schnelle Erfolge. Sie vernichteten die meisten Gleiter der Worgass. Die Schiffe der Najekesio schienen mit exzellenten Laser-Waffen bestückt zu sein. Sie entwickelten sich zu kleinen Kampf-Bastionen. Ihr pausenloses Dauerfeuer vernichtete Kampf-Raumer um Kampf-Raumer. Glühende Laser-Strahlen schlugen auf den Worgass-Schiffen ein und rissen metallische Außenstücke aus ihrer Haut. Die nachfolgenden Strahlen sprengten Aufbauten ab, oder blähten die getroffenen Schiffe zu einer Nova auf.

Flotten-Admiral Samram Nor'daram verfolgte mit einem Teil seines Flotten-Verbandes, eine Staffel von 117 Kampf-Gleitern, die vom Südpol des Lizzit-Planeten aufgestiegen waren. Strategisch wurden die Gleiter von den Schiffen aus der kleinen Magellanschen Wolke eingekesselt und unter Beschuss genommen. In Gruppen zu je drei Schiffen entluden die Damyrer ihre Laser-Türme auf die fliehenden Worgass-Gleiter. Der Aufprall der vereinigten Laser-Strahlen bohrte sich durch den Schirm des Gleiters in sein Inneres und ließ ihn explodieren. Es gab kein Entkommen für die gehasste Herren-Rasse. Noch zu gut war ihre Herrschaft in der Erinnerung der Damyrer. Kampf-Gleiter um Kampf-Gleiter fiel dem unnachgiebigen Angriff der Flotte zum Opfer. Die Gemeinschafts-Flotte aus der Milchstraße kämpfte sich zum Erfolg. Immer mehr Schiffe in den Umlaufbahnen wurden zerstört. Die Möglichkeit einer Invasion war für die Worgass in weite Entfernung gerückt.

Heran hatte den Sicherheitscode der Evakuierungs-Schiffe erhalten. Er befahl seiner Flotte, die Fracht-Schiffe der Green-Lizards hinter die kämpfenden Linien zu eskortieren. Behäbig nahmen die schweren Schiffe Fahrt auf. Die Schiffe der Lantraner hatten sich rückwärts an der nur langsam beschleunigenden Evakuierungs-Flotte positioniert und an ihren Flanken, um mögliche Laser-

Lanzen abzufangen. Endlich waren die Evakuierungs-Schiffe in relativer Sicherheit. Die Flotte der Lantraner baute sich als Schild vor ihnen auf.

Kazan Tyrill glaubte, seinen Augen nicht zu trauen. Immer mehr bewaffnete Lizards drangen in das 17. Produktions-Regiment ein. Der Mob hatte bereits viele seiner Sicherheits-Kräfte überwältigt. Er schlug auf den Alarmknopf. Schrillend durchdrang der Ton die Hallen. Die Energie war ausgefallen. Kazan hatte bereits den Notstrom aktiviert.

»Wir brauchen Verstärkung«, sagte er Ötazan Kniezal. »Informiere sofort die Soldaten-Garnison. «

»Sämtliche planetaren Hyper-Funk-Stellen sind ausgefallen«, kreischte der Funk-Offizier zurück. »Ich erreiche die Soldaten nicht. Wäre doch nur Zaran Hawil hier. Er wüsste, was zu tun ist. So werden wir alle umkommen. «

Kazan verdrehte die Augen.
»Können wir Myklan um Hilfe bitten? «, fragte Kazan. » Das ist der nächste Garnison-Planet in unserem Quadranten. Versuche einen Notruf abzusetzen. Sie sollen ihre ganze Flotte herschicken. Wir brauchen sie, um einen Aufstand der Lizards zu bekämpfen. «

»Der Notstrom wird nicht ausreichen, um sie zu erreichen«, erwiderte Ötazan. »Er ist hierfür nicht ausgelegt. Myklan wird auch nicht genügend Schiffe haben. Dort sind keine Produktions-Regimenter angesiedelt. «

»Versuche es einfach«, sprach Kazan ihn an. »Das ist in jedem Fall besser, als abzuwarten. Sie sollen schicken, was sie haben. «

Er lief an einen Schrank in der Ecke und riss ihn auf. Hektisch entnahm er zwei Laser-Gewehre. Eines warf er Ötazan zu.

»In diese Zentrale darf keiner eindringen«, verbarrikadiere dich. »Ich unterstütze unsere Sicherheits-Kräfte. «

Der Funk-Offizier rief dem leitenden Stellvertreter des 17. Produktions-Regimentes noch etwas nach, jedoch war dieser bereits aus der Tür hinausgeeilt. Ötazan sprang auf und verriegelte die Türe. Schnell eilte er an seine Konsole zurück und tippte den Notruf ein. Er schlug mit seiner Hand auf die Taste Senden. Die gleiche Eingabe wiederholte er mehrmals.

Kazan schlich durch die dunklen Gänge der Werft. Das Zischen von Laser-Waffen drang an sein Ohr.

»Wo sind die Sicherheits-Kräfte? «, fragte er sich. Schnell lief er auf den Kampflärm zu. In der großen Montagehalle hatten sich einige, wenige Sicherheits-Kräfte verschanzt und blockierten die Green-Lizards an ihrem weiteren Vorrücken. Kazan sprang zu ihnen hinter die Blockade.

Sein Laser-Gewehr hatte er aktiviert. Er schaute über den Schutzwall, legte auf einen Lizard an und traf ihn mitten in die Brust. Ein Aufschrei ließ ihn lächeln.

»Wieder einer weniger«, sagte er zu den Sicherheits-Kräften. »Wie konnten die Rebellen überhaupt hier eindringen? «

»Ein Teil der Arbeiter scheint die Sicherheits-Vorkehrungen manipuliert zu haben«, sagte der Experten. »Ein anderer Teil hat den Rebellen alle Tore geöffnet. Wir sitzen in der Falle. Gegen die große Anzahl von Angreifer sind wir machtlos. Es ist ein globaler Aufstand. Uns liegen Informationen aus allen Städten des Planeten vor. Es ist überall das Gleiche. «

»Wo sind unsere anderen Sicherheits-Kräfte? «, fragte Kazan.

Der Angesprochene schaute ihn an.
»Sie sind bereits gefallen«, antwortete er. »Wir sind die letzte Hürde. «

»Haltet aus«, mache er seinen Kollegen Mut. »Die Soldaten werden bald hier sein. «

Die Sicherheits-Kräfte schauten ihn irritiert an.
»Hören sie nicht ihren Funk ab? «, fragte einer. » Die Soldaten wurden von den Demonstranten abgeschlachtet. Die Garnisonen sind überrannt worden. Die Echsen haben sich dort festgesetzt. «

Kazan blickte ihn ungläubig an und fing an zu husten.

Flammen und Rauch breiteten sich aus.
»Die Lizards wollen uns ausräuchern«, erkannte er.

»Schnell erhob er sich und feuerte auf eine sichtbare Person. Ein Aufschrei bestätige ihm den Treffer.

»Die Löschvorrichtungen scheinen defekt zu sein«, sagte er. »Wir müssen sehen, dass wir hier wegkommen. «

Er wollte sich aufrichten, wurde aber von mehreren Laser-Strahlen wieder hinter die Deckung gezwungen.

»Ergebt euch«, sprach jemand die Green-Lizards an. »Uns geht es nicht um euer Leben. Ergebt euch und ihr werdet verschont. «

Kazan blickte in die Gesichter seiner Kollegen.
»Können wir ihnen vertrauen? «, fragte er.

Die Sicherheits-Kräfte zuckten mit ihren Schultern.
»So eine Situation war bisher noch nicht eingetreten«, erwiderte einer. »Doch diese Stellung halten wir nicht mehr lange. «

»Wir ergeben uns«, sagte Kazan zu den Angreifern. »Stellt den Beschuss ein. «

Er schaute seine Kollegen vom Sicherheits-Dienst an.

»Vielleicht ergibt sich später eine Möglichkeit zur Flucht«, flüsterte er ihnen zu. «

Das Zischen der Laser-Strahlen verebbte.
Kazan und seine Sicherheits-Kräfte warfen ihre Waffen über ihre Blockade. Vorsichtig standen sie auf. Ihre Hände hatten sie erhoben.

Langsam näherten sich zehn schwer bewaffnete Lizards ihrer Position.

»Mein Name ist Byron«, stellte sich der Vorderste vor. »Ich bin der Anführer unseres Untergrundes. Wir übernehmen ihr Produktions-Regiment. Wo finden wir den Leiter Zaran Hawil? «, fragte er.

»Ich bin der stellvertretende Leiter dieses Regimentes 17«, erklärte der Worgass. »Mein Name ist Kazan Tyrill. Zaran lebt nicht mehr. Wir haben ihn beseitigen lassen, weil er uns an Netzwerk-Denker verraten wollte. «

»Du bist das also«, antwortete Byron. »Dadurch hast du bei uns etwas gut. Durch deine Tat sind viele Unschuldige unseres Volkes gerettet worden. Wenn du uns jetzt noch die Zentrale übergibst, werden wir dich retten und von diesem Planeten evakuieren. Dir ist doch klar, dass deine Tat den Netzwerk-Denkern missfallen wird. «

Kazan überlegte nicht lange.
»Ich bin einverstanden«, antwortete er. »Hier erwartet mich der Tod in der Schmerz-Zentrifuge. «

Byron nickte.

»Nehmt sie gefangen«, befahl er seinen Begleitern. Die Sicherheits-Kräfte hatten die Aussage von Kazan vernommen. Erst jetzt verstanden sie, dass der Stellvertreter den Leiter ihres Regimentes beseitigt hatte. Der aufkeimende Hass vernebelte ihre Sinne. Sie griffen nach ihren noch am Boden liegenden Laser-Waffen. Das Feuer aus den Laser-Gewehren der Lizards beendete ihr Leben. Kazan musste mit ansehen, wie sie getroffen zu Boden gingen, ihre Körper anfingen zu brodeln und sich in ihre Urform zurückverwandelten. In die Körperform einer Quallen-ähnlichen Lebensform.

»War das nötig? «, fragte Kazan.

Byron lächelte.

»Wir hatten sie gewarnt«, antwortete er. »Vorwärts, wir müssen in die Zentrale. «

Kazan drehte sich wortlos um und ging voraus. Schnell hatte die Gruppe die Türe der Zentrale erreicht. Kazan wurde aufgefordert, die Tür zu öffnen. Er drückte einen Knopf des Öffnungsmoduls, das in der Wand eingelassen war.

»Ich bin es«, bestätigte er. »Ötazan öffne bitte die Türe. «

Ohne eine weitere Nachfrage sprang die Türe auf und die Gruppe des Untergrundes besetzte die Zentrale. Der Funk-Offizier blickte erstaunt seinen Vorgesetzten an.

»Verhalte dich ruhig«, empfahl Kazan ihm. »Alle anderen sind tot. Wir sind die letzten unseres Regimentes. «

Die Lizards verteilten sich an den Konsolen. Byron hielt einen Communicator vor seinem Mund.

»Hier ist Byron«, sprach er hinein. »Das 17. Regiment ist in unserer Hand. Schaltet die Energie-Versorgung wieder ein und beginnt mit der Evakuierung. Die Zeit läuft. «

Byron betrachte die Monitore und sah, wie Tausende von Lizards in die Halle liefen und auf die Transmitter-Plattformen zusteuerten. Dort entstand ein Pulk. Die Techniker hatten alle Hände voll zu tun, um keine Panik entstehen zu lassen. Er beobachte, wie sich die ersten Transmitter-Felder aufbauten. Dann gab ein Techniker die Freigabe. Die ersten Lizards durften durch das Energiefeld schreiten. Immer mehr Green-Lizards drängten nach.

Weitere 10 Lizards betraten die Zentrale.
»Alles ist vorbereitet«, teilte der Vorderste mit.

»Danke, sagte Byron. »Überwacht die Evakuierung unseres Volkes. Als letzte Personen schreitet ihr in den Transmitter. Vorher legt ihr eine zeitversetzte Bombe. Die Transmitter-Tore müssen nach euch verschlossen werden. Nehmt die Gefangen mit auf unser Schiff. Sie können uns wertvolle Informationen geben. Ihnen darf nichts geschehen. «

»Wir haben verstanden«, antwortete der Angesprochene.

»Haltet Kontakt zu mir«, ergänzte er. »Ich begebe mich zu dem Palast des Kurators und leite dort unseren Einsatz. Wir sehen uns in der neuen Welt. «

Major Travis schaute auf sein CIC.
»Das ist keine Raumschlacht, das ist pure Vernichtung von Material«, sagte er. »Wir können froh sein, dass keine Besatzungen auf den Schiffen sind, ansonsten wäre es ein Massaker. «

»Wie viel Fremdortungen noch? «, fragte er.
»Wir verzeichnen derzeit noch 53.758 Worgass-Schiffe«, antwortete Sergeant Dantow. »Die Vernichtungswelle geht dem Ende entgegen. «

»Gibt es Verluste unsererseits? «, erkundigte sich der Major.

»Kein einziges Schiff«, antwortete der Ortungs-Offizier. »Die Schutz-Schirme halten. «

»Funkspruch an das Termar-Geschwader«, befahl Major Travis. »Zehn Schiffe sollen sich zur Termar 1 gruppieren und unsere Flanken sichern. «

»Der Funkspruch wurde gesendet«, antwortete Sergeant Farmer. »Die Schiffe brechen ihren Angriff ab und flankieren unsere rechte und linke Seite. «

»Steuermann, nehmen sie Kurs auf den Wurmloch-Knoten«, befahl Major Travis. »Informieren sie unsere Begleit-Schiffe über unseren Angriff auf das noch im Bau befindliche Wurmloch und dessen Steuerungs-Basis. «

»Der Funkspruch wurde übermittelt. Die Bestätigungen ihres Befehls treffen bereits ein«, teilte Sergeant Farmer mit.

»Langsame Fahrt voraus«, befahl der Major.

Die 11 Schiffe des Termar-Verbandes nahmen Kurs auf und näherten sich schnell der Bau-Konstruktion.

»Sie haben ihre Wurmloch-Konstruktion fast fertiggestellt«, staunte Commander Brenzby. »Viel später hätten wir nicht kommen dürfen. «

»Laser-Türme auf den Wurmloch-Rahmen ausrichten«, befahl Major Travis. »Feuer frei. «

Die Waffen-Türme der Termar-Schiffe ließen ihre massiven Laserstrahlen auf den ungeschützten Torrahmen des Wurmloches zurasen. Der massive Aufprall ließ den Rahmen förmlich aufkochen. Er wurde erst Gelb, dann Rot, bis er schließlich explodierte und in tausende kleine Stücke zerriss.

»Unsere Hyper-Space-Kanone auf die Steuerungs-Basis ausrichten«, befahl Major Travis.

»Das Ziel ist anvisiert«, antwortete Sergeant Madson.

»Feuerfreigabe wird erteilt«, antwortete Major Travis.

Der Boden der Brücke der Termar 1 vibrierte, als das Geschoss mit immenser Energie die Termar 1 verließ und in den Hyperraum gedriftet wurde. Dreihundert Meter vor dem Ziel, materialisierte es wieder im Normalraum, nahm nochmals Fahrt auf und bohrte sich tief in die Ziel-Basis. Eine gigantische Feuerzunge entlud sich in das Weltall. Feuer, Rauch und Trümmer wirbelten auf. Umherfliegende Metallteile drifteten auf eigenen Bahnen davon. Die Steuerbasis des Worgass Wurmloch-Knotens existierte nicht mehr.

»Wir erhalten einen Funkspruch von dem Planeten«, teilte Sergeant Farmer mit.

»Legen sie auf die Lautsprecher«, befahl der Major.

»Hier spricht Traise Zyran«, hallte es aus den Lautsprechern. »Ich rufe Major Travis. Bitte melden sie sich. «

»Ich höre sie «, antwortete der Major. »Sprechen sie Traise. «

»Unser Aufstand war erfolgreich«, teilte Traise mit. »Alle Garnisonen, Produktions-Regimenter sind in unserer Hand. Die Worgass-Soldaten wurden eliminiert. Leider haben wir auch Verluste erlitten. Wir haben mit der Evakuierung angefangen. Unsere Leute gehen durch die Transmitter auf die Personen-Transporter. Die Hälfte unserer Leute ist bereits durch. Leider ist der Palast des Kurators noch sehr umkämpft. Können sie uns Luftunterstützung geben. Der Palast hat eine autonome Energie-Versorgung. Die Waffen-Türme machen uns sehr zu schaffen. «

»Ich leite Unterstützung zu ihnen«, erwiderte Major Travis. »Gedulden sie sich etwas. «

Die Leitung erstarb.
»Öffnen sie mir eine Leitung zu Captain Hunter«, befahl der Major seinem Funk-Offizier.

»Der Captain ist in der Leitung«, antwortete der Funk-Offizier. »Sie können sprechen. «

»Hier ist Major Travis«, sprach er in seinen Communicator. »Ich habe ein Anliegen an sie Captain. «

»Ein Anliegen? «, fragte John Hunter. » Wie komme ich zu dieser Ehre. «

»Lassen sie die Sprüche«, antwortete der Major. »Fliegen sie mit zehn Cuuda-Schiffen einen Einsatz, gegen den Palast des Kurators und schalten sie die Bodenabwehr aus. Danach nehmen sie Kontakt zu Traise Zyran auf. Er ist ein Verwandter von Morass. Schleusen sie Kampf-Roboter aus und stürmen sie den Palast. Wir brauchen den Kurator lebend. Sie wissen warum. Ich lasse sie zusätzlich von zehn Schiffen des Lizards-Verbandes unterstützen. Ich denke, das wird reichen. Morass wird sich direkt vor Ort bei ihnen melden. «

»Wird erledigt, Herr Major«, antwortete Captain Hunter. »Wir bereiten den Angriff vor. «

Die Leitung wurde beendet.
»Jetzt bitte noch um eine Verbindung zu dem Flagg-Schiff der Lizards. Ich möchte den Befehlshaber Morass sprechen. «

»Die Leitung baut sich auf. Sie können sprechen, Herr Major«, teilte Sergeant Farmer mit.

»Hier ist Morass Zyran«, tönte es aus der Leitung.
»Major Travis spricht«, antwortete der Befehlshaber der Verbände aus dem Neuen-Imperium. »Ich habe einen Notruf von Traise erhalten. Die Palast-Abwehr bereitet der Widerstands-Gruppe Probleme. Ich habe Captain Hunter zehn Schiffe zur Unterstützung hingeschickt. Mir wäre es lieb, wenn du auch mit zehn Schiffen eingreifen würdest. Dir werden die Lizards bestimmt eher vertrauen als dem Captain. Bitte unterstützen sie ihn. «

»Ich habe verstanden«, antwortete Morass. »Wir kümmern uns sofort hierum. «

Major Travis schritt an das CIC und erkannte, wie die informierten Cuuda-Schiffe in die Atmosphäre des Planeten eintauchten. Ihnen folgte im geringen Abstand ein Geschwader der Green-Lizards.

»Resonanzkontakt vor uns«, meldete Sergeant Dantow. »Ich registriere 250 Schiffe der Worgass vor uns, die gerade im Normalraum materialisieren. «

»Abstand zu uns«, fragte Major Travis.

»Die Entfernung beträgt 10.000 Kilometer«, antwortete Sergeant Dantow.

»Rufen sie unsere Termar-Flotte herbei«, befahl Major Travis. »Wir würden uns über etwas Unterstützung freuen. «

»Die Funkübermittelung wurde gesendet«, erwiderte Sergeant Farmer.

»Alarm-Bereitschaft für alle Termar-Schiffe«, befahl der Major. »sie sollen eine breite Linien-Formation aufbauen. Der Abstand pro Schiff beträgt 500 Meter. Backbord-Seite dem Feind zuwenden. Laser-Türme ausfahren und Schutz-Schirme aktivieren. Synchronisieren sie mit unseren Begleit-Schiffen. «

»Aye Major«, antwortete Sergeant Dantow. »Die Synchro läuft über die KIs. Sie sind untereinander verbunden. «

»Der Abstand beträgt nur noch 5.000 Kilometer, schnell annähernd«, teilte Ortungs-Offizier Dantow mit. »Ich messe einen Anstieg der Energiewerte. Sie fahren ihre Geschütz-Türme aus. «

»Ihr Hass ist immens«, sagte Heinze. »Sie wissen, dass wir Humanoide sind. Es ist möglich, dass sie unsere Schiffe kennen. Sie wollen uns vernichten. «

»Sollen sie das ruhig glauben«, antwortete der Major. »Wir warten noch. Sind die Laser-Türme ausgerichtet? «

»Ausgerichtet und auf Automatik eingerastet«, meldete Sergeant Madson. »Wir sind bereit. «

»Ich messe zwei weitere Subraum-Verzerrungen an«, meldete Sergeant Dantow. »Es sind 200 Schiffe der Termar-Flotte unter dem Kommando von Commander Stuart. Sie sind in den Rücken und an den Flanken der Worgass-Schiffe materialisiert. Eine weitere Termar-Flotte von 140 Schiffen materialisiert gerade hinter uns. Sie wird von Commander Malley befehligt. «

»Die Flotte der Worgass stoppt«, teilte Sergeant Dantow mit. »Sie scheinen mit der Situation nicht umgehen zu können. «

»Keiner hat es bisher gewagt, sich ihnen in den Weg zu stellen«, bemerkte Major Travis. »Das irritiert sie gewaltig. So wie ich die Worgass einschätze, wird sie ihr Stolz gleich zum Angriff zwingen. «

»Befehl an die Flotte von Commander Malley. Sie sollen sich neben uns formieren. Wir bauen einen Sperrgürtel auf. Kein Schiff darf an uns vorbei. Teilen sie mit, dass wir gleich den Angriff erwarten. «

Major Travis hatte den Satz kaum ausgesprochen, als Sergeant Dantow eine weitere Mitteilung an den Major übermittelte.

»Die Worgass sind wieder in einer Vorwärtsbewegung«, meldete er. »Ihre Flotte zieht sich auseinander. Sie greifen an. «

»Funkspruch an die Worgass«, befahl Major Travis. »Stoppen sie ihren Angriff, oder sie werden vernichtet. «

»Der Funkspruch wurde gesendet«, antwortete Sergeant Farmer. »Wir erhalten jedoch keine Antwort. «

»Wie ist der Abstand zu uns? «, fragte der Major.

»Es verbleiben noch 2.000 Kilometer«, antwortete der Ortungs-Offizier.

»Waffen-Leitstelle, Achtung bei 500 Kilometern Abstand selbstständig das Feuer eröffnen«, befahl der Major. »Ortung, bitte die Abstände melden. «

»Der Abstand beträgt 1.500 Kilometer, weiter fallend «, meldete Sergeant Dantow.

Die Anspannung war auf der Brücke der Termar 1 spürbar.

»Der Abstand beträgt noch 1.000 Kilometer«, teilte Dore Dantow mit. »Jetzt sind es 800 Kilometer, 700 Kilometer, 600 Kilometer, 500 Kilometer wurden erreicht. «

Die Geschütze der Termar-Schiffe entluden sich mit voller Wucht. Massive Laser-Zungen rasten auf die Schiffe der Worgass zu. Noch war keine Gegenwehr der angreifenden Schiffe zu registrieren. Ihnen schien die Entfernung noch zu weit zu sein. Nicht aber den Termar-Schiffen. Ihre Laser-Lanzen schlugen in die Schutzschirme der Worgass-Schiffe ein. Allein die erste Welle von 165 Laser-Salven, riss die Schirme vieler Schiffe der vordersten Formation auf und ließ sie kollabieren.

Die nachfolgenden Salven verursachten schwere Schäden an der Außenhaut der Schiffe. Die weiteren Salven verwandelten die vordersten Schiffe in künstliche Sonnen. Rückseitig hatte Commander Stuart das Feuer eröffnet. In breiter Linie rückten die Termar-Schiffe vor und schlugen breite Nischen in die Formation der angreifenden Worgass.

Schiff um Schiff verging in einem gewaltigen Feuerball. Die Flotte von Commander Malley hatte sich aufgeteilt. 50 Termar-Schiffe verstärkten die Linie von Major Travis, die anderen Termar-Kreuzer unterstützten die Schiffe, welche die Flanken des Worgass-Verbandes angriffen.

Jetzt eröffneten die Worgass-Schiffe ihr Feuer. Im Dauerbeschuss sandten sie ihre Laser-Strahlen den Termar-Schiffen entgegen. Diese waren jedoch alle mit dem neuen Super-Schutzschirm ausgestattet. Der Schirm sog die Strahlen förmlich auf, er wandelte die Energie um und leitete sie in den eigenen Schirm. Schiff um Schiff der Worgass endete als Energie-Eruption. Die Flotte der stolzen Herren-Rasse wurde dezimiert und vernichtet.

Schiffe der lantranischen Flotte eilten herbei und machten Jagd auf die gehassten Feinde. Ein einziger Schuss, aus den Geschützen eines Evolutions-Schiffes, ließ das getroffene Worgass-Schiff förmlich verdampfen. Wie Hornissen stießen der Verband der lantranischen Schiffe und die Schiffe der Termar-Flotte immer wieder zu.

»Es ist fast wie ein Abschlachten«, bemerkte Major Travis.

Er blickte Sergeant Farmer an.
»Rufen sie die Worgass«, sagte er. »Sie sollen sich ergeben, dann stellen wir den Beschuss ein. «

»Die Mitteilung wird übermittelt«, teilte Sergeant Farmer mit. »Wir erhalten eine Textnachricht als Antwort.

»Unsere Rache wird unbeschreiblich sein, erschien eine Mitteilung in natradischer Sprache auf dem Display.

Unser besonderes Interesse gilt ab sofort nur noch dem Sol-System. «

Dann brach die Mitteilung ab.
»Aufzeichnen«, sagte Major Travis. » Wir bewerten das später. «

Die Schlacht dauerte nicht lange. Die Worgass Schiffe hatten den starken lantranischen Geschützen und den natradischen Lasertürmen nichts entgegenzusetzen. Die im Dauerbeschuss auftreffenden Laser-Strahlen dünnten die Worgass-Flotte im Sekunden-Rhythmus aus. Die letzten Laser-Lanzen vernichteten die übriggebliebenen Worgass-Schiffe. Nur noch Wracks, Metallteile und sonstige nicht definierbare Utensilien waren zu orten.

»Werden Lebenszeichen angezeigt? «, fragte Major Travis.

Sergeant Dantow schüttelte den Kopf. »Ich vermute, sie haben ihre Selbstzerstörung aktiviert. Wenn ihr Schiff nicht mehr antriebsfähig, oder auch manövrlerfähig ist, zerstören sie es lieber. Die Netzwerk-Denker mögen keine verlorenen Schlachten. «

»Rückflug zur Flotte«, befahl Major Travis. »Synchronisieren sie mit den anderen Termar-Schiffen. Leiten sie den Befehl per Hyperkomm-Funknachricht auch an die lantranischen Schiffe weiter. «

»Aye Major, ihr Befehl wird aufgeführt. «

»Sergeant Hausmann, langsamer Schub vorwärts. Zurück zur Flotte. «

Die beiden Flotten näherten sich wieder dem Ursprungspunkt. Auch hier war man mit der Arbeit weit vorangeschritten. Die letzten Schiffe der Worgass waren zerstört worden.

»Statusbericht? «, fragte Major Travis.
»Die letzten 87 Worgass-Schiffe in der Umlaufbahn des Planeten werden gerade eliminiert«, sagte Sergeant Dantow.

»Sind die Evakuierungs-Schiffe unversehrt? «, fragte Major Travis.

»Unversehrt und gefüllt«, antwortete Sergeant Farmer. »Ich habe Mitteilung erhalten, dass die ganze Bevölkerung vollständig und komplett auf die Schiffe übergesetzt wurde. Die Transmitter-Anlagen auf dem Planeten wurden vernichtet. Lediglich die Einsatztruppe von Byron verschaffte sich derzeit noch Zugang zu dem Palast des Kurators. «

Der Major überlegte kurz.
»Öffnen sie mir einen Kanal an die ganze Flotte. «

»Sprechen sie, die Leitung ist offen«, antwortete Sergeant Farmer.

»Hier spricht Major Travis«, sprach er in den Communicator. »Die Gemeinschafts-Flotte aus der Milchstraße war erfolgreich. Unsere Mission ist gelungen. Stellen sie die Kampf-Handlungen ein und formieren sie sich in ihren Verbänden. Wir werden in Kürze unseren Rückflug antreten. Danke für ihren erfolgreichen Einsatz. Es erwartet sie alle eine große Siegesfeier auf Tarid. Die Bedrohung durch die Worgass konnte ausgeschaltet werden. Unser Rückflug bringt uns zuerst nach Lizzit 2. Dort werden die Flüchtlinge ihrer neuen Heimat übergeben. Dann geht es weiter nach Tarid. Fliegen sie die Umlaufbahn um Titan an. Von dort werden Gleiter ihre Besatzungen aufnehmen. Ende der Mitteilung. «

»Öffnen sie mir eine Hyperkomm-Funkverbindung an Flotten-Admiral Someska von der Najekesio-Flotte«, befahl Major Travis seinem Funk-Offizier.

»Die Verbindung wird aufgebaut«, antwortete Sergeant Farmer. »Sie können sprechen. «

»Hier spricht Major Travis«, sprach er In das Gerät. »Hallo Admiral Someska, danke für ihre Unterstützung. Unser Angriff geht dem Ende entgegen. Die Bevölkerung wurde evakuiert. Ich begebe mich mit einem Team zu dem Palast des Kurators. Würden sie mit einem Teil ihrer Flotte die Garnisons-Stützpunkte und die 43 Produktions-Regimenter vernichten. Wir sollten den Worgass die Möglichkeit nehmen, wieder mit einem neuen Aufbau ihrer Flotte zu beginnen. «

»Das machen wir gerne Major«, antwortete er. »Ich leite den Angriff selbst. Nichts mehr wird übrigbleiben. Danke für ihr Vertrauen. «

Die Leitung erstarb.
Er blickte Commander Brenzby an.

»Ich glaube, die Najekesio sind froh, dass sie beteiligt wurden«, sagte er. »Sie sind ganz in ihrem Element. «

Der Commander nickte.
»Es wird auch Zeit, dass sie umdenken«, sagte er. »Wir haben in der Vergangenheit genug Scherereien mit ihnen gehabt. «

»Bitte einen neuen Funkspruch an Heran«, wandte sich der Major an Sergeant Farmer. »Teilen sie ihm mit, dass wir auf dem Planeten landen werden. Ich würde mich über seine Gesellschaft freuen. «

»Der Funkspruch wurde gesendet«, antwortete der Sergeant. » Es kommt eine digitale Bestätigung herein. «

»Landeanflug einleiten, Sergeant Hausmann«, befahl Major Travis.

Dieser bestätigte kurz und senkte die Termar 1 zum Planeten Lizzit ab.

Die Termar 1 flog dem Planeten entgegen und durchstieß die Atmosphäre. Aus allen Städten stiegen Qualm und

Rauchwolken auf. Die Najekesio-Flotte hatte ganze Arbeit geleistet. Die Garnisonen der Worgass brannten. Auch ein Teil der Produktions-Regimenter stand bereits lichterloh in Flammen. Immer wieder schossen die Schiffe Najekesio aus dem Himmel herunter und bombardierten die Einrichtungen.

Major Travis stand mit Commander Brenzby an dem CIC und schaute sich das Geschehen an.

»Die immense Wut der geknechteten Green-Lizards hat ihre Widersacher zu Fall gebracht«, sagte er. »Die Geschichte schreibt ihre eigenen Regeln. Auch auf der Erde haben wir so etwas bereits erlebt. Die Knechtschaft endet mit dem Aufschrei der Massen. Das scheinen die Worgass aber nicht zu verstehen. «

Vor ihnen tauchte der Palast des Worgass-Kurators auf. In ausreichendem Abstand standen Cuuda-Schiffe, neben den Schiffen der Green-Lizards geparkt.

»Es muss für die Einwohner wie ein Wunder sein«, bemerkte Sirin. »Die humanoiden Teufel haben sich mit den Echsen verbündet. Das Ergebnis bedeutet Freiheit für eine ganze Welt. «

»Wirst du jetzt poetisch? «, fragte der Major.

Sirin lächelte ihn an.
»Ich habe gelesen, dass die Menschen solche Aussagen lieben. Es unterstreicht die Überlegenheit der Terraner. «

Der Major lachte sie an.

»Vielleicht denken wir so etwas, aber bei dem Aussprechen sind wir entsprechend vorsichtig«, erklärte er. »Hiermit kann man sich direkt wieder Feinde machen. «

»Landung abgeschlossen«, meldete Sergeant Hausmann.

»Commander Brenzby, Heinze, Sirin, ihr begleitet mich«, sagte Major Travis.

Tart 1 und Tart 2 fühlten sich nicht angesprochen, da sie sowieso mitgingen.

»Leutnant Bender«, sagte Major Travis. »Sie übernehmen das Kommando in meiner Abwesenheit. «

»Aye Major, viel Erfolg«, erwiderte der Leutnant.

Die kleine Gruppe der Termar 1 schritt die Laser-Brücke herunter und näherte sich Heran. Dieser wartete bereits auf sie.

»Das dauert immer, bis ihr da seid«, bemerkte er.
Der Major stellte sich neben ihn und musterte den Palast. Die zahlreichen Türme mit den Laser-Abwehrgeschützen waren zerstört. Überall waren Einschusslöcher in den Wänden des Palastes ersichtlich. Rauch und Qualm zog aus dem Innenhof ab. Vor dem großen Tor sicherten Kampf-Roboter den Eingang.

Die Gruppe schritt schnellen Schrittes vorwärts. Major Travis zog einen Communicator aus der Tasche. Er klappte ihn auf.

»Captain Hunter, hören sie mich? «, sprach er hinein.

»Klar und deutlich«, antwortete der Captain. »Sind sie unverletzt, ist Morass bei ihnen? «

»Es ist gut verlaufen«, teilte John Hunter mit. »Morass ist bei mir und den Kurator haben wir auch ergriffen. Er war ganz erstaunt, uns zu sehen. «

»Halten sie ihn fest, wir sind gleich bei ihnen«, beendete der Major das Gespräch.

Tart 1 und Tart 2 schritten voraus. Ihre roten Augen deuteten auf den aktivierten Kampfmodus hin. Ihnen entging in diesem Zustand nicht die geringste Kleinigkeit. Die Waffenarme waren bereit. Die Gruppe passierte die Kohorte der Kampf-Roboter, die den Eingang sicherten.

Vor ihnen lag die große Empfangs-Halle des Palastes. Byron, Captain Hunter, Morass und Traise standen in der Mitte und unterhielten sich mit dem Kurator. Er trug Handschellen. Rechts standen 35 Marines, links eine Gruppe von 100 Lizards, die dem Widerstand dienten. 150 Kampf-Roboter aus den Cuuda-Schiffen hatten sich an den Wänden verteilt. Sie wurden von den Lizards mit Argwohn betrachtet. Byron trat erschrocken einen Schritt zurück, als er Tart 1 und Tart 2 erblickte. Die

Personenschutz-Roboter traten zu Seite und gaben den Blick auf Major Travis frei. Major Travis begrüßte Byron und Traise.

»Jetzt sind sie an ihrem Ziel«, sagte er. »Die Worgass wurden besiegt. «

Traise und Byron lachten.
»Sie glauben gar nicht, wie froh wir sind«, sagte Traise. »Endlich gelingt es uns die Knechtschaft abzuschütteln. Ohne ihre Hilfe wäre es nie gelungen. «

»Ich bitte sie«, antwortete der Major. »Hier auf dem Planeten haben sie doch alles selbst geregelt. Wir waren nur hier, um die Invasions-Flotte unschädlich zu machen. Natürlich auch den Wurmloch-Knoten zu zerstören. «

»Sie sind so bescheiden, wie Morass sie beschrieben hat«, erwiderte Byron. »Sie wissen allzu gut, dass die Verstärkung bereits im Anmarsch war. Die 250 Schiffe der Worgass hätten wir nicht aufhalten können. «

Major Travis lachte.
»Dafür sind wir ja da«, antwortete er. »Morass ist in der Milchstraße dem Neuen-Imperium beigetreten. Das bedeutet, wir unterstützen uns gegenseitig. Das ist das Ziel unserer Lebens-Philosophie. Ein gutes Miteinander, die Akzeptanz aller Rassen und Nationen und ein friedliches Zusammenleben. Das trifft jetzt auch für ihre Umsiedler zu. «

Heinze zupfte an dem Ärmel von Major Travis. Dieser senkte seinen Blick.

»Der Kurator denkt an Flucht«, sagte Heinze. »Er will sich in ein kleines Tier verwandeln und aus den Handschellen rutschen. «

»So weit wird es nicht kommen«, bemerkte Heran. »Er zog eine Spritze hervor und drückte sie dem Kurator in die Schulter.

»Das Serum blockiert seine Fähigkeiten als Formwandler«, sagte er. »Es muss alle 6 Monate aufgefrischt werden. Nicht dass er sich noch in einen Lizard verwandelt. «

»Ist das möglich? «, fragte Byron. » Dann sollten wir ihn lieber töten. «

»Das können sie später immer noch«, antwortete Heran. »Wir sollten ihm lieber die Informationen entlocken, die er als Mitglied des Konzils der Wissenden angesammelt hat. «

Heran trat an ihn heran.
»Wo sind die Informationen der Wissenden? «, fragte er den Worgass-Kurator in seiner eigenen Sprache.

Sirzan Wygrill wusste, wer vor ihm stand. Er spuckte Heran an.

Heran schlug dem Kurator mit der flachen Hand mehrmals ins Gesicht.

»Missgeburt eines Höllenhundes«, sprach er Heran an. »Nie werde ich euch zu Diensten sein. «

»Er scheint dich zu kennen? «, fragte der Major.

Heran schaute ihn irritiert an.
»Wir versuchen es einmal auf unsere Art«, ergänzte er.

»Heinze kannst du ihn motivieren, das Versteck der Informationen preiszugeben«, fragte Major Travis.

»Ich will es gerne probieren«, antwortete der Ro.
Er legte seinen Kopf zu Seite, die Augen wurden glasig.
Sein Geist drang in das Gehirn des Kurators ein.

»Hör auf damit«, heulte Sirzan auf. »Geh aus meinem Kopf heraus.«

Die Umherstehenden schauten irritiert zu. Tiefer und tiefer drang Heinze in die Gedanken des Kurators ein. Er erkannte die Gemeinheit und Boshaftigkeit in seinen Entscheidungen. Er erhielt die Informationen über die Knechtschaft der Lizards und die Hinrichtungen, die Sirzan befohlen hatte. Der Kurator krümmte sich vor Schmerzen. Dann hatte Heinze es gefunden. Eine Zusammenkunft der Wissenden im Palast des Kurators. Die Gespräche wurden auf einem Daten-Kristall gespeichert. Er sah den Ort des

Versteckes und zog sich aus dem Kopf des Kurators zurück. Erschöpft sackte der Kurator zu Boden.

Heinze schaute dem Major in die Augen.
»Nicht immer ist der Weg der Erkenntnis weit entfernt«, sagte er.

Er zeigte auf die vor ihnen stehende Statue.
»Unter diesem Steinbildnis eines Worgass befindet sich ein Geheim-Versteck. «

Heinze hob seine Hand. Allein mit seiner Phy-Kraft bewegte er die Statue einen halben Meter zurück. Eine Öffnung im Sockel wurde sichtbar. Freischwebend hing die Statue hinter dem Sockel in der Luft.

»Brauchen wir diese noch? «, fragte er Morass.

Der Lizard schüttelte den Kopf.
Heinze ließ die Statue los. Mit einem lauten Knall schlug sie auf den Boden auf und zersplitterte in viele kleine Teile. Ein Schrei ging durch die Menge.

Major Travis gab Tart 1 einen Wink. Dieser trat vor, leuchtete in das Loch des Sockels, griff hinein und holte einen roten Daten-Kristall heraus. Diesen übergab er Major Travis. Der Kurator zerrte an seinen Fesseln.

»Die Informationen werden euch nichts nützen«, tobte er voller Wut. »Wir werden euch aus dem Weltall sprengen und alle Erinnerungen an eure Rasse aus den Köpfen der Hinterbliebenen tilgen. «

»Ich glaube eher daran, dass euer Ende langsam sichtbar wird«, bemerkte Heran. »So wie hier, werden sich nach und nach alle unterdrückten Planeten erheben und die Worgass-Knechtschaft abschütteln. Sie alle werden von der Rettung des Lizards-Volkes erfahren. Du bist unser Gefangener. Ich denke, du wirst uns noch wertvolle Informationen geben. «

Der Kurator wollte etwas hierauf sagen, jedoch stieß ihm Heran eine zweite Spritze in die Schulter. Daraufhin erschlaffte der Körper des Worgass und sackte zusammen.

»Er ist für die nächsten Stunden ruhiggestellt«, bemerkte Heran. »Führt ihn ab. «

»Ich habe herausbekommen, wer die Meister der Worgass sind«, teilte Heinze plötzlich mit. Morass, Byron Sirin, Captain Hunter und Heran schauten Heinze gespannt an. Er wartete einen Augenblick.

»Die Meister der Worgass haben auch noch einen anderen Namen. Vermutlich handelt es sich um die Daraner, oder um die Arthropoden. Diese Informationen waren nicht genau zu klären. «

Der Major bemerkte, wie Heran schluckte.
»Du kennst diese Rassen«, fragte er.

Sein Freund nickte.

»Die Daraner sind die einzige Rasse im Universum, die vor vielen Jahrtausenden, einen starken Flotten-Verband von uns vernichten konnte. «

»Das sind keine guten Aussichten«, bemerkte Major Travis. »Darüber unterhalten wir uns später. Lasst sie uns zurückfliegen. Ich möchte nicht noch weitere Flotten der Worgass hier anlocken. «

Die Umherstehenden nickten.

»Morass, können sie ihre Leute alle in ihren Schiffen aufnehmen? «, erkundigte sich der Major.

»Das geht«, entgegnete er. »Wir machen uns etwas eng. « Die Gruppe löste sich auf, der Kurator wurde von den Untergrund-Kämpfern abgeführt. Captain Hunter gab seinen Truppen den Rückzugsbefehl.

Die Schiffe stiegen auf und vereinigten sich mit der wartenden Flotte. Morass übernahm die Koordination der wartenden Evakuierungs-Frachter.

Die lantranischen Schiffe öffneten 15 Wurmloch-Fenster, welche die Gemeinschafts-Flotte aus der Andromeda-Galaxie dem neuen Planeten der Green-Lizards brachte. Raise wurde mit der Koordination und der Landung der Evakuierungs-Schiffe betraut. Ihr stand ein ganzes Heer von Freiwilligen zur Seite, die alle glücklich waren, die so lange Vermissten aus der alten Heimat, aufnehmen und, betreuen zu dürfen.

Morass, Byron und Traise flogen mit der Flotte weiter ins Sol-System. Hier war eine große Siegesfeier angesagt. Alle Flotten-Verbände wurden in der Peripherie von Titan geparkt. General Poison hatte alle verfügbaren Gleiter zusammengezogen, um die Besatzungen der Schiffe zu den Transmitter-Ports zu bringen. Dieser Aufwand zog sich über drei Stunden hin. Jetzt aber saßen alle Personen in der großen Festhalle der EWK auf der Isle of Man zusammen. Das Dach der Halle war geöffnet worden. Es war ein sonniger Tag, die nahe See wehte eine angenehme Brise herüber.

Zahlreiche Bedienstete kümmerten sich um die Belange der Gäste. Speziell den fremden Nationen sollte die Schönheit des Planeten Tarid gezeigt werden. Mehrere Einheiten Marines und zahlreiche Kampf-Roboter sicherten das Gelände ab. Die obere Weltraumbehörde, Vertreter der UN, hochrangige Präsidenten einiger Nationen der Erde, gehörten ebenfalls zu den geladenen Gästen der EWK.

Morass, Byron und Traise standen außerhalb der Halle an einer Klippe. Hier hatte man einen guten Blick über die Hauptstadt Douglas und die ruhige See. Weiter hinten lag ein Strand, Boote durchquerten das Wasser, Surfer und Badegäste gingen ihren Vorlieben nach.

»Werden wir auch einmal so ausgelassen das Leben genießen, wie diese Menschen hier?«, fragte Byron. Morass schaute ihn an.

»Der Anfang ist gemacht«, antwortete er. »Warte einmal ab, bis du unseren neuen Planeten siehst. Er ist ein Juwel unter den vielen Sternen am Himmel. «

Die Najekesio-Gruppe stand unter mehreren Sonnen-Schirmen. Ihre helle Haut war sehr empfindlich. Sie lachten und waren ausgelassen. Immer wieder lobten sie sich selbst, für den gelungen Einsatz.

Die Gruppe der Lantraner bewegte sich mitten im Geschehen und ließ sich wieder Krüge Bier servieren. Heran lachte laut auf.

»Der Vorteil an diesem Planeten ist, das Getränk bekommt man überall«, erklärte er. »Zwar in einer leicht abgeänderten Form, doch nach dem zweiten Krug schmeckt es überall gleich. «

Alle Lantraner lachten und hoben ihren Krug.

Die Morina versuchten erneut Geschäfts-Kontakte zu schließen. Sie hatten sich unter alle Teilnehmer gemischt und sondierten den Bedarf an besonderen Waren.

Die Naado saßen mit Barenseigs zusammen, der ihnen Geschichten aus der Vergangenheit des natradischen Imperiums erzählte. Die Flotte aus der kleinen

Magellanschen Wolke schien das Fest ebenfalls zu genießen. Sie bestellten etwas bei Service-Robotern, die an unterschiedlichen Grillen hantierten.

Fanfaren ertönten. Das war das Zeichen für die Gäste, in der Halle ihre reservierten Plätze einzunehmen. Wieder ertönten die Fanfaren. Die außerhalb der Halle stehenden Grüppchen lösten sich auf. Langsam und bedächtig schritten die unterschiedlichen Personen in die Fest-Halle und suchten ihre Platznummer.

General Poison, Noel und hohe Militärs der EWK standen auf einer Ehren-Bühne und schauten auf die Massen der unterschiedlichen Kampf-Gruppen. Es standen ausreichend Sitzgelegenheiten in der großen Halle zur Verfügung. Die Mitte war mit einem roten Teppich ausgelegt, der von dem Eingang bis zur erhobenen Bühne reichte. Rechts und links von diesem standen unzählige Parade-Soldaten der EWK Spalier.

Die Gala-Uniformen der Offiziere der einzelnen Rassen strahlten in der Sonne in unterschiedlichen Farben. Viele von ihnen trugen glänzende Abzeichen auf ihrer Uniform. Wieder ertönten die Fanfaren. Commodore Von Häussen trat hinter General Poison hervor und übergab ihm eine verzierte Holzschatulle. Der General wartete noch, bis sich alle Gäste gesetzt hatten. Er gab den Marines ein Zeichen die Türe zu verschließen. Ein letztes Mal ertönten die Fanfaren.

General Poison trat näher an das Mikrofon heran.

»Liebe Gäste, Freunde und Mitglieder des Neuen-Imperiums «, begann er seine Ansprache. »Wir sind heute hier zusammengetroffen, um einen großen Sieg zu feiern. Eine bisher nie dagewesene Gemeinschafts-Mission intelligenter Rassen aus der Milchstraße, mit der Unterstützung unserer Freunde aus der kleinen Magellanschen Wolke, hat uns alle vor einer nie dagewesenen Bedrohung gerettet. Diese Mission wird in die Geschichts-Bücher unserer unterschiedlichen Rassen eingehen. Es hat uns gezeigt, dass ein furchtbarer Feind, alle negativen Einstellungen zu möglichen Nachbarn beseitigen kann.

Durch unser Auseinanderzugehen konnte die Bedrohung erfolgreich eliminiert werden. Diese Mission wird ein Beispiel für nachfolgende Rassen sein, sich in gleicherweise mit anderen Nationen zu verständigen. Großes lässt sich nur gemeinschaftlich erschaffen. Wir haben in der Milchstraße den ersten Schritt hierzu getan. Lassen wir darauf aufbauen und uns in der Zukunft mit mehr Vertrauen begegnen. Es ist zu unser allem Nutzen.

Tosender Beifall tönte durch den Saal. Die Zuhörer klatschen und traten mit ihren Stiefeln rhythmisch auf den Boden.

General Poison hob seine Hände.
»Ich weiß, sie möchten zu dem gemütlichen Teil der Feier kommen«, erklärte er. »Stellvertretend für sie alle, möchten wir noch kurz die Befehlshaber und Kommandeure ihrer Flotten auszeichnen. «

General Poison öffnete die Schatulle vor ihm. Er griff hinein und holte einen Orden hervor und hielt ihn hoch.

»Die Ehrenmedaille des Neuen-Imperiums, ist die höchste militärische Auszeichnung, die wir vergeben können«, teilte er mit. »Sie zeigt unsere Milchstraße und einige Schiffe, die ihren Schutz garantieren. Diese goldene, achteckige Medaille wird nur in Sonderfällen vergeben. Sie steht für den Mut, den Einsatz und die Tapferkeit unserer Soldaten, ab jetzt auch für den uneingeschränkten Zusammenhalt unserer Nationen. Ich bitte jetzt nachfolgende Personen zu mir auf die Bühne.

Kommissar Kahlewa und Admiral Samram Nor'daram aus der kleinen Magellanschen Wolke.

Prince Ulear Tomatover, Flottenbefehlshaber der morinischen Verbände.

Admiral Fantarus, Befehlshaber der Kampf-Schiffe der Naado.

Flotten-Admiral Someska, Befehlshaber der Flotte der Najekesio.

Heran, Kommandeur der lantranischen Gruppe.

Captain Holt, Kommandeur der Trantos-Flotte.

Captain Senga-Hol, Kommandeur des Atlantis-Verbandes.

Captain John Hunter, Kommandeur der Cuuda-Flotte.

Commander Bligh, Kommandeur unserer Kaiser-Klasse Flotte.

Commander Frei, Kommandeur unserer Flotte der Königs-Klasse.

Captain Cecil Deans, Kommandantin unserer Flotte der Lord-Klasse.

Morass Zyran, Raise Zyran, Admiral Draise Zosan und Admiral Uyaise Mazrin, Kommandanten der Lizards-Flotte.

Major Travis, Kommandant des Termar-Verbandes. «

Der General blickte sich um.

»Ferner möchte ich nicht versäumen, ebenfalls nachfolgende Personen zu ehren«, fuhr er fort.

»Die Commander Brenzby, Cottle, Malley, Stuart, unseren Freund Heinze aus dem Volk der Ro, Prinzessin Sirin und den Gildor Barenseigs. Erst durch sie ist eine Beteiligung aller Nationen möglich geworden. «

Während sich die Angesprochenen erhoben und sich über den roten Teppich zur Ehrenbühne begaben, ertönte wieder der Fanfaren-Chor. Die Personen schritten nacheinander auf die Bühne und blieben vor General Poison stehen.

Dieser griff in die Schatulle und steckte Kommissar Kahlewa und Admiral Samram Nor'daram den Ehren-Orden an. Dann bedankte er sich mit militärischer Ehrenbezeugung für den Einsatz. Die weiteren Ehrungen folgten Schlag auf Schlag. Die geehrten Gäste erwiderten den Gruß und gingen an den wartenden Militärs vorbei, die alle ihren Glückwunsch aussprachen. Die Zeremonie dauerte einige Minuten. Dann stellten sich die Auserwählten in einer Reihe auf. Wieder erklang tosender Beifall, der von den lauten Fanfaren unterdrückt wurde.

General Poison hob die Hände.
»Hiermit möchte ich meine Rede beenden«, teilte General Poison mit. »Jetzt möchte ich noch einmal meinen Dank an alle beteiligten Gruppen aussprechen. Ich erlaube mir, für die ganze Milchstraße zu sprechen. Eine große Gefahr für uns alle, konnte erfolgreich ausgeschaltet werden.

Das Neue-Imperium wird im Gegenzug ihnen ebenso zur Seite stehen, falls sie in Bedrängnis geraten sollten, wie sie uns Beistand gewährt haben. Dieses Versprechen gebe ich ihnen mit auf ihren Heimweg. Ich hoffe sehr, dass dieser Fall niemals für eine Gruppe von uns eintritt, doch wenn es passieren sollte, werden wir mit unserer ganzen Stärke zu ihrer Unterstützung da sein und den Weltraum erschüttern. «

Tosendender, langanhaltender Beifall tönte durch die Halle.

»Jetzt aber genug des Geredes«, ergänzte der General. »Wir haben außerhalb dieser Halle Festzelte aufgebaut, die für ihr leibliches Wohl sorgen werden. Genießen sie die unterschiedlichen Speisen der Regionen. Unsere lantranischen Freunde zeigen ihnen gerne, wo sie die Getränke finden können. «

Die Gäste standen auf und verließen die große Halle. Sie verteilten sich über die große Außenfläche und widmeten sich der Verköstigung. Das Fest war gelungen und endete erst in später Nacht. Speziell eingeteilte Service-Einheiten brachten die unterschiedlichen Gruppen wieder zu den Transmitter-Ports, um nach Titan zu gelangen. Dort warteten bereits die Gleiter-Crews, um die Besatzungen zu ihren Schiffen zu bringen. Leider verzögerte sich ihr Rückflug etwas. Die Lantraner waren noch auf dem Fest geblieben. Sie teilten allen Fragenden mit schwerer Stimme mit, dass sie erst am nächsten Tag ein Wurmloch-Fenster für den Rückflug öffnen könnten. Sie verwiesen auf die derzeitige Konstellation der Sterne hin, die eine zu frühe Öffnung eines Wurmloch-Fensters verhinderten. Doch diese Erklärung nahm ihnen keiner ab.

Vorschau